全国中级注册安全工程师职业资格考试精品教材

安全生产专业实务

金属冶炼安全

全国中级注册安全工程师职业资格考试用书编写组 组编

哈尔滨工程大学出版社
Harbin Engineering University Press

内容简介

本书主要根据考试大纲要求，以核心考点为基础，结合经典习题对金属冶炼安全技术、相关法规和标准进行专业的讲解，并从实践出发，把控考试趋势。本书通过对历年真题考点分布进行分析，总结性解读了核心考点；并精心筛选了具有代表性的典型习题进一步加强和巩固考生对相应知识考点的掌握，为考生点明考试的命题趋势和备考重点；使考生能在较短的时间内科学、有效地掌握金属冶炼安全生产专业知识并综合运用安全生产法律、法规、标准和政策、安全生产理论和方法，分析和解决安全生产实际问题。

图书在版编目(CIP)数据

安全生产专业实务．金属冶炼安全／全国中级注册安全工程师职业资格考试用书编写组组编．—哈尔滨：哈尔滨工程大学出版社，2021.7(2023.9重印)

全国中级注册安全工程师职业资格考试精品教材

ISBN 978-7-5661-3078-5

Ⅰ．①安… Ⅱ．①全… Ⅲ．①冶金－安全技术－资格考试－自学参考资料 Ⅳ．①X931②TF088

中国版本图书馆CIP数据核字(2021)第112685号

安全生产专业实务——金属冶炼安全

ANQUAN SHENGCHAN ZHUANYE SHIWU——JINSHU YELIAN ANQUAN

选题策划 李惊宇
责任编辑 张 彦
封面设计 天 一

出版发行 哈尔滨工程大学出版社
社 址 哈尔滨市南岗区南通大街145号
邮政编码 150001
发行电话 0451-82519328
传 真 0451-82519699
经 销 新华书店
印 刷 河南承创印务有限公司
开 本 787 mm×1 092 mm 1/16
印 张 16
字 数 410千字
版 次 2021年7月第1版
印 次 2023年9月第3次印刷
定 价 70.00元
http://www.hrbeupress.com
E-mail:heupress@hrbeu.edu.cn

前言

安全生产是与人民群众生命财产安全息息相关的大事，是经济社会协调健康发展的标志。《注册安全工程师分类管理办法》指出，相关企业必须配备相应数量和级别的安全工程师。为了贯彻落实习近平新时代中国特色社会主义思想，适应我国经济社会安全发展需要，提高安全生产专业技术人员素质，根据2019年1月25日应急管理部与人力资源和社会保障部发布的《注册安全工程师职业资格制度规定》和《注册安全工程师职业资格考试实施办法》，以及2021年12月2日人力资源和社会保障部公布的2021年版《国家职业资格目录》，注册安全工程纳入国家职业资格目录，属于专业技术人员职业资格准入类。注册安全工程师级别设置为：高级、中级、初级。由此可知，注册安全工程师的地位已进一步得到提升，重视安全生产已成为政府和社会各领域的基本共识。

中级注册安全工程师职业资格考试是应相关政策要求，客观评价中级安全生产专业技术人员的知识水平和业务能力的考试。中级注册安全工程师职业资格考试设安全生产法律法规、安全生产管理、安全生产技术基础、安全生产专业实务四个科目。其中，安全生产法律法规、安全生产管理、安全生产技术基础为公共科目，安全生产专业实务为专业科目。安全生产专业实务科目分为：煤矿安全、金属非金属矿山安全、化工安全、金属冶炼安全、建筑施工安全、道路运输安全和其他安全（不包括消防安全），考生在报名时可根据实际工作需要选择其一。

为满足广大考生应试复习的需要，帮助考生在短时间内科学、有效地掌握中级注册安全工程师考试的相关知识，全国中级注册安全工程师职业资格考试用书编写组的专家们认真研读现行考试要求，并结合现行法律法规及行业规范，倾力打造了本系列图书。

本系列图书具有以下特点：

（1）紧扣考试大纲，突出重点难点。本系列图书紧扣现行考试大纲，将现行国家规范、标准的内容进行提炼，删繁就简，总结出重难点和常考点，帮助考生归纳精华知识点，使其在短时间内消化吸收，提高备考效率。

（2）多种形式复习，强化知识记忆。在讲解知识点时，本系列图书配以丰富的图形、表格等，使各知识点清晰明了，简明扼要。在安全生产专业实务科目中，单独设置"案例分析"模块，并通过"提示""链接""记忆技巧"等方式使考生轻松理解、掌握知识点。

（3）把握试题难易，注重强化练习。依据历年真题中知识点的考查分布，在内文中穿插"典型例题"，帮助考生在巩固知识点的同时进一步提升自己的应试能力。

此外，我们特向购买本系列图书的考生提供三大特色服务，考生可在学习本系列图书的同时通过观看视频、线上做题（天一网校 APP）、获取实时备考资讯等方式，实现线上、线下有效备考。

因图书出版具有特定的时效性，为保障考生利益以及做好后续产品维护，编写组将持续关注新颁布或修订的考试大纲、相关法律法规、标准规范等，如有调整将实时更新相应电子版文件至天一网校，并向购买本系列图书的考生免费提供。具体获取途径如下：注册登录 www.tianyiwangxiao.com→选择首页中的“资源下载”→选择“建筑工程”下的“注册安全工程师”，可获取图书增值服务。

本系列图书如有不足之处，恳请广大读者予以指正。

如有与本系列图书相关的问题或建议，欢迎您致电 4006597013 或者通过 QQ：1400594158 与我们联系，我们将以更加优质、便捷的方式为您提供多方位、多层次的服务。

扫描二维码
获取天一网校APP

全国中级注册安全工程师职业资格考试用书编写组

目录

第一章　生产工艺流程

知识架构

- 生产工艺流程
  - 冶金和金属的概述
    - 冶金的方法和内容
      - 火法冶金
      - 湿法冶金
      - 电冶金
        - 电热冶金
        - 电化学冶金
    - 金属
      - 黑色金属
        - 铁、铬、锰
      - 有色金属
        - 重金属
        - 轻金属
        - 贵金属
        - 稀有金属
  - 黑色金属的生产工艺
    - 选矿
    - 造块
      - 烧结法
      - 球团法
    - 焦化
    - 高炉炼铁
    - 炼钢
      - 转炉炼钢
      - 电炉炼钢
    - 连铸
      - 回转台
      - 中间包
      - 结晶器
      - 拉矫机
    - 轧制
      - 热轧
      - 冷轧
  - 有色金属的生产工艺
    - 铝的生产工艺
      - 开采铝矿石
      - 制取氧化铝
      - 电解铝冶炼
      - 铝加工
    - 铜的生产工艺
      - 火法冶炼
      - 湿法冶炼
  - 冶金行业安全生产特点
    - 冶金生产高温冶炼过程中产出的铁水、钢水危险性极大
    - 各种工业气体使用量大，危险性较大
    - 冶金企业大量使用起重机械、压力容器和压力管道等特种设备，危险性大
    - 冶金生产设备大型化、机械化、自动化程度较高，高温作业、煤气作业岗位多，作业现场人员类型复杂
    - 冶金企业粉尘、噪声、高温、有毒有害等职业危害严重，治理困难
    - 主体生产对辅助系统的依赖程度高，易引发重特大事故

考点解读

考点一　冶金和金属的概述

1. 冶金

冶金是指从矿物中提取金属及金属化合物,并采用各种加工方法将金属制成具有一定性能的金属材料的过程和工艺。冶金的方法和内容如表 1-1 所示。

表 1-1　冶金的方法和内容

冶金的方法	内容
火法冶金	火法冶金是指在高温下将矿石或精矿经过冶炼和精炼反应以及熔融操作,以分离其中的金属和杂质,获得相对纯净金属的过程
湿法冶金	湿法冶金是指在常温或低于 100 ℃的温度下,利用浸出剂将矿石、精矿、焙砂及其他物料中有价金属溶解在溶液中,进行金属分离、富集和提取的过程
电冶金	电冶金是指利用电能从矿石或精矿中精炼和提取金属的过程。按电能形式可以分为电热冶金和电化学冶金

2. 金属

一般情况下,金属可以分为黑色金属和有色金属:

(1)黑色金属。一般黑色金属指的是铁、铬、锰三种金属。其中,纯铁和锰的颜色为银白色;而铬的颜色为灰白色。因为铁的表面容易生锈,覆盖一层黑色的四氧化三铁与棕褐色的三氧化二铁的混合物,所以看上去是黑色的。

(2)有色金属。狭义上讲,除铁、铬、锰三种金属以外的其他金属都属于有色金属。广义上讲,有色合金也属于有色金属。有色金属可大致分为四类,分别是重金属、轻金属、贵金属、稀有金属。

考点二　黑色金属的生产工艺

黑色金属冶炼中,钢铁工业是国家的基础工业之一,工业、农业、国防、交通运输、乃至人们的许多日常生活用品都离不开钢铁材料。下面主要讲解钢铁的生产工艺。

现代钢铁生产过程是将铁矿石在高炉内冶炼成生铁,用铁水炼成钢,再将钢水铸成钢锭或连铸坯,经轧制等塑性变形方法加工成各种用途的钢材。具有上述全过程生产设备的企业,成为钢铁联合企业。

1. 选矿

选矿是根据矿石中各种矿物不同的物理、化学性质,把矿石磨细筛分,通过磁选法、浮选法、重选法等方法除去或降低矿石中的杂质,来获得钢铁的冶炼原料。

2. 造块

造块是原料的加工工艺,有烧结法和球团法两种方法。

(1)烧结生产是指利用铁矿石、溶剂、燃料及返矿按一定比例为高炉提供原料的过程。

(2)球团生产是指采用不适宜烧结的精矿粉和其他含铁粉料造块的一种方法。

3. 焦化

焦化生产是指把炼焦配煤在常温下装入炭化室后,煤在隔绝空气的条件下受到来自炉墙和炉底(1 000 ~1 100 ℃)的热流加热,煤料即从炭化室墙到炭化室中心方向,一层一层地经过干燥、预热、分解、产生胶质体、胶质体固化、半焦收缩、转变为焦炭的过程。

4. 高炉炼铁

高炉炼铁生产是指将铁矿石或烧结球团矿、锰矿石、石灰石和焦炭按一定比例混匀送至料仓,进入高炉,从高炉下部吹入 1 000 ℃左右的热风,利用焦炭与氧气的氧化还原反应,将铁矿石的氧化铁还原成纯铁,之后进行出铁、出渣作业的过程。高炉炼铁生产的主要产品是生铁,副产品主要有高炉煤气、高炉渣(包括水渣和干渣)、瓦斯灰等。

5. 炼钢

炼钢生产是指将铁水脱碳、脱氧、升温、去除气体和非金属夹杂、合金化的过程。炼钢可采用转炉炼钢或电炉炼钢。其中,转炉炼钢的主要原料为铁水、废钢及铁合金,在不借助外加能源的情况下,依靠铁水本身产生的热量在转炉内完成炼钢的工程。

6. 连铸

连铸是指转炉(或电炉)生产的钢水在精炼炉中精炼后,将钢水铸成不同类型和规格的钢坯。连续铸造段是将精炼钢水连续铸造成钢坯的生产过程。其主要设备包括回转台、中间包、结晶器和拉矫机。

7. 轧制

轧制是指在旋转的轧辊间改变钢锭、钢坯形状的压力加工过程。根据轧制温度的不同,轧钢的方法可分为热轧和冷轧。

链接

钢铁企业的基本生产工艺大致分为选矿→造块(烧结、球团)→焦化→炼铁(高炉)→炼钢(电炉或转炉)→连铸→轧制(冷轧、热轧)等过程;辅助系统有制氧或制氮、燃气、循环水系统、烟气除尘及煤气回收等。

考点三　有色金属的生产工艺

根据矿物原料的不同和各金属本身的特性,有色金属的冶炼方法主要有火法冶金、湿法冶金以及电冶金三种,以火法冶金为主。本考点主要介绍铝、铜两种金属的生产工艺。

1. 铝的生产工艺

铝的生产过程大致可分为 4 个环节,即开采铝矿石、制取氧化铝、电解铝冶炼、铝加工。氧化铝的生产方法有碱法(最常用)、酸法、酸碱联合法与热法四大类。其中,碱法生产氧化铝有拜耳法、烧结法以及拜耳－烧结联合法等多种流程。碱法生产氧化铝是指采用碱(氢氧化钠或碳酸钠)来处理铝矿石,使铝矿石中的氧化铝转变成铝酸钠溶液。铝矿石中含有铁、钛及硅等金属杂质,而这些金属杂质是无法溶解的化合物,利用这一特性将无法溶解的化合物残渣(由于含氧化铝而呈红色,故称为赤泥)与溶解液分离,从净化后的铝酸钠溶液中分解析出氢氧化铝,氢氧化铝与母液分离、洗涤后进行焙烧,得到氧化铝产品,分解母液在生产中可循环使用。

现代电解铝工业生产一般采用冰晶石－氧化铝熔融电解法。熔融冰晶石是溶剂,氧化铝是溶质,以碳素体作为阳极,铝液作为阴极,通入强大的直流电后,在 950～970 ℃的温度下,在电解槽内产生电化学反应。阳极的主要产物是二氧化碳和一氧化碳气体,其中,含有一定量的氟化氢等有害气体和固体粉尘,该气体需要经过净化处理后方可排空。阴极的主要产物是铝液,铝液经过真空抬包从电解槽内抽出,送至铸造车间,在保温炉内经净化澄清后,浇铸成铝锭或直接加工成线坯、型材等。

2. 铜的生产工艺

目前世界上铜的生产冶炼方法主要有两种:一种是火法冶炼;另一种为湿法冶炼。其中,主要以火法冶炼生产精炼铜。

(1)火法冶炼。目前精炼铜的产量 80% 是通过火法冶炼生产的。火法炼铜具有原材料适应性好,耗能少,生产效率高,二次回收利用率高等优点。

火法炼铜的熔炼方式可分为两种:一种是以高炉熔炼、反射炉熔炼和电炉熔炼为代表的传统冶炼方式;另一种是以闪速炉熔炼和熔池熔炼为代表的现代冶炼手段。自20世纪中叶以来,由于能源消耗和环境污染等问题,传统冶炼方式已逐渐被现代冶炼方式所替代,铜冶炼技术得到迅速发展,其中,具有代表性意义的是氧气和富氧技术的广泛应用。

火法炼铜工艺过程主要包括造锍熔炼、铜锍(冰铜)吹炼、粗铜火法精炼和阳极铜电解精炼。其中,阳极铜电解精炼是以火法精炼产出的铜作为阳极板,用电解产出的纯铜薄片作为阴极片,以硫酸铜和硫酸的水溶液作为电解液。

(2)湿法冶炼(SX－EW法)。湿法冶金占铜产量较小,只有10%～20%。湿法炼铜是用溶剂浸出铜矿石或铜精矿将铜溶解进溶液中,然后再从经过净化处理后的含铜溶液中回收铜的过程。该工艺炼铜设备相对简单,多在矿山附近就近生产,成本比较低,不会产生硫酸,且无二氧化硫污染。但是杂质含量较高,铜的熔炼周期长、效率低、生产能力小,金属回收难度大,回收率不确定等缺点同样突出。

湿法炼铜工艺过程主要包括浸出、萃取、反萃取和金属制备(电沉积或置换)。

链接

铜熔炼是铜冶炼工艺的重要环节,目前铜熔炼一般采用闪速熔炼技术和富氧吹炼铜技术。

典型例题

【单选题】铜冶炼技术包括火法冶炼技术和湿法冶炼技术,关于火法冶炼技术特点的说法,错误的是(　　)。

A. 生产效率高　　B. 二次回收率利用低

C. 原材料适应性好　　D. 耗能少

B。【解析】火法冶炼技术具有原材料适应性好,耗能少,生产效率高,二次回收利用率高等优点。

考点四　冶金行业安全生产特点

冶金行业安全生产的特点与其生产工艺密切相关。钢铁生产过程包括烧结、炼铁、炼钢、轧钢、焦化、制氧等多个环节,具有企业规模大、工艺流程长、配套专业多、设备大型化、操作复杂、连续作业等特点。

冶金生产既具有生产工艺条件所决定的高动能、高势能、高热能所带来的重大危险因素,又有化工生产常见的有毒有害物质,还有一般机械行业常见的机械伤害事故。其特点是危险源点多、危害大,高温作业和煤气作业多、作业环境差。

冶金企业主要危险有害因素如下6方面:

(1)冶金生产高温冶炼过程中产出的铁水、钢水危险性极大。一旦由于罐体倾翻、泼溅、炉体烧穿导致铁水、钢水遇水,就会爆炸,导致人员大量伤亡,并造成重大经济损失。铁水喷溅还易造成灼烫事故。

(2)各种工业气体使用量大,危险性较大。冶金工业大量使用煤气作燃料,煤气的来源多,包括焦炉、高炉、转炉煤气等,使用场所更多,如炼铁、炼钢、轧钢以及其他辅助生产都要用到煤气做燃料;煤气输送管网和设备复杂,对主体生产系统影响大,一旦失控立即影响到主体生产系统;煤气还极易导致中毒、爆炸事故,造成人员大量伤亡。氧气是冶金工业重要的氧化剂,用量大,也极易发生爆炸事故。氮气作为保护气体,使用范围越来越大,易发生窒息事故。

(3)冶金企业大量使用起重机械、压力容器和压力管道等特种设备,危险性大。起重机械负荷大,吊运高温物体,作业环境恶劣,可能发生起重事故,一旦发生铁水罐、钢水罐倾翻事故,后果十分严重。压力容器和压力管道内的介质通常为高温、高压、有毒有害物质,运行线路长,监测、维护困难。

(4)冶金生产设备大型化、机械化、自动化程度较高,高温作业、煤气作业岗位多,作业现场人员类型复杂。作业时经常涉及高空,高温,高速运动机械,易燃、易爆、有毒气体泄漏、腐蚀等危险状况,作业空间狭窄,立体交叉作业,容易发生中毒窒息、火灾爆炸、灼伤、高处坠落、触电、起重伤害和机械伤害等事故。

(5)冶金企业粉尘、噪声、高温、有毒有害等职业危害严重,治理困难。在一些老企业,职业病患病人数超过了工亡人数,尤其是焦化厂和炼铁厂,作业条件十分恶劣。随着自动化水平的不断提高,单调作业引起疲劳等问题的影响越来越大。

(6)主体生产对辅助系统的依赖程度高,一旦出现紧急状况,处置不当极易引发重特大事故。

提示

对于冶金行业安全生产特点,考生需重点掌握。

同步自测

单项选择题(每题的备选项中,只有1个最符合题意)

1. 矿石(或精矿)经预处理、熔炼、精炼后,在高温下发生一系列物理化学变化,使金属和杂质分离,获得纯金属的过程叫作(　　)。
   A. 火法冶金　　B. 湿法冶金
   C. 电热冶金　　D. 电化冶金
2. 电解精炼铜过程中,铜通过火法冶金精炼铸成阳极板,用(　　)作为阳极片。
   A. 纯铁薄片　　B. 纯铜薄片
   C. 纯银薄片　　D. 纯铝薄片
3. 下列选项中,不属于有色金属冶炼的是(　　)。
   A. 铝冶炼　　B. 铁合金冶炼
   C. 铜冶炼　　D. 锌冶炼
4. 关于冶金行业安全生产特点的说法,错误的是(　　)。
   A. 作业现场人员类型复杂　　B. 涉及的危险作业类别较少
   C. 存在的危险有害因素较多　　D. 可能发生重特大安全事故

答案详解

单项选择题

1. A。**【解析】**冶金方法可分为火法冶金、湿法冶金和电法冶金。其中,火法冶金是指在高温下将矿石或精矿经过冶炼和精炼反应以及熔融操作,以分离其中的金属和杂质,获得相对纯净金属的过程。
2. B。**【解析】**电解精炼铜是以火法精炼产出的铜作为阳极,用电解产出的纯铜薄片作为阳极片,以硫酸铜和硫酸的水溶液作为电解液。
3. B。**【解析】**在冶金工业中,根据金属的分类一般分为黑色金属冶金工业和有色金属冶金工业。其中,有色金属冶金工业主要包括各种有色金属(如铝、铜、铅、锌等)的生产。
4. B。**【解析】**冶金生产过程中,涉及吊装作业、动火作业、受限空间作业、高处作业、抽堵盲板作业等危险作业的类别较多,较难控制,易引发事故的发生。故选项B错误。

第二章　烧结球团安全

知识架构

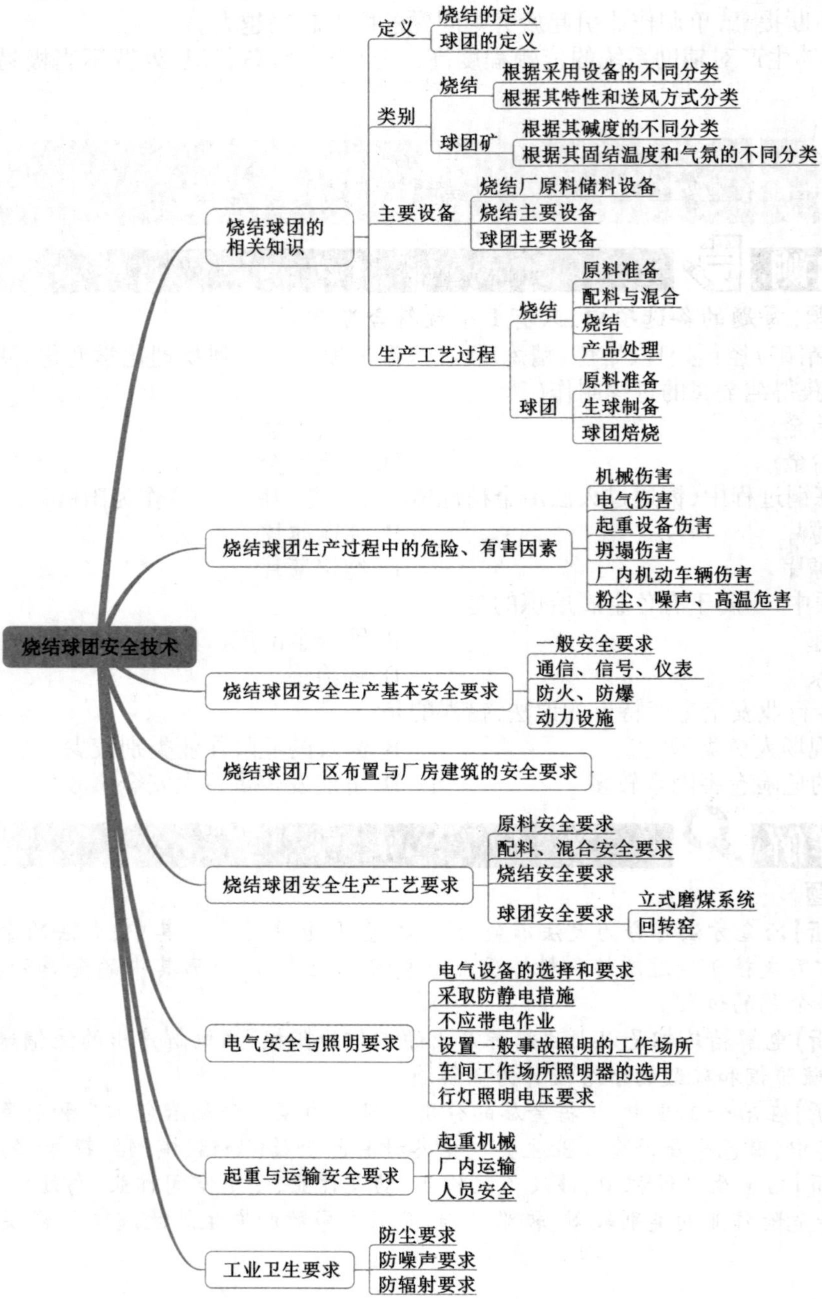

考点解读

考点一　烧结球团的相关知识

1. 定义

(1)烧结是指将粉状料(如粉矿)或细粒料(如精矿)进行高温加热,在不完全融化的条件下烧结成块的过程。

(2)球团是指将细磨精矿制成能满足冶炼要求的球状物料的一个加工过程。

2. 类别

(1)烧结根据采用设备的不同,可分为带式烧结机烧结(常用)、间歇式烧结盘烧结、步进式烧结机烧结、回转窑烧结、环冷烧结机烧结、烧结锅烧结和平地吹烧结;烧结根据其特性和送风方式的不同,可分为鼓风烧结、抽风烧结和在烟气中烧结,抽风烧结又可分为连续式和间歇式烧结。

(2)球团所得的产品称为球团矿。球团矿根据其碱度的不同,可分为酸性球团矿(操作简单、强度好、品位高、便于长途运输)和溶剂性球团矿;球团矿根据其固结温度和气氛的不同,可分为金属化球团矿、氧化球团矿和冷固球团矿。

3. 主要设备

(1)烧结厂原料储料设备主要包括堆取料机(堆料机、取料机、堆取料机)、翻车机(转子式和侧翻式)、带式输送机、破碎机(对辊破碎机、四辊破碎机和锤式破碎机)等。

(2)烧结主要设备包括烧结机、混合机、环冷机、抽风机、除尘器和成品振动筛等。其中,连续式烧结设备包括带式烧结机和环式烧结机等。除尘器根据不同的除尘机理可以分为过滤式除尘器(如颗粒层除尘器和布袋除尘器)、机械除尘器(如惯性除尘器、重力沉降室和旋风除尘器)、湿式除尘器(如高能文氏管除尘器和低能湿式除尘器)、电除尘器、电袋复合除尘器等。振动筛根据振动轨迹可分为圆振动筛、椭圆振动筛和直线振动筛。

(3)球团主要设备包括造球机、混合机、辊压机、抽风机、除尘器、链篦机、环冷机、带式焙烧机、干燥窑、回转窑、立式磨煤系统等。其中,造球机主要有圆盘造球机和圆筒造球机。圆盘造球机是一个带边板的平底钢质圆盘,工作时绕中心线旋转。它的主要构件是圆盘、刮刀、给水管、转动装置和支撑机构。

4. 生产工艺过程

(1)烧结生产工艺过程。以带式抽风烧结机生产烧结矿为例,烧结生产工艺过程主要包括烧结原料的准备、配料与混合、烧结和产品处理等工序。

①烧结原料的准备。烧结原料一般包括含铁原料、溶剂、燃料(主要为焦粉和无烟煤)。

②配料与混合。配料主要是为了获得化学成分和物理性质稳定的烧结矿,满足高炉冶炼的要求。混合主要是指为了使烧结料的成分均匀,水分合适,易于造球,从而获得粒度组成良好的烧结混合料。根据原料性质不同,可采用一次混合或二次混合两种流程。

③烧结。烧结作业是烧结生产的中心环节,包括布料、点火、烧结等主要工序。

④产品处理。将成品经过热破碎、冷却、冷筛分及成品运输等工序将烧结饼进行冷却、整粒分级(成品烧结矿的粒度为5~50 mm,铺底料的粒级为10~20 mm,返矿的粒度一般小于5 mm)。

(2)球团生产工艺过程。球团生产工艺过程主要包括原料准备、配料、混合、造球、干燥和焙烧、冷却、成品和返矿处理等工序。

链接

烧结过程直接影响显微结构中的晶粒尺寸、气孔尺寸及晶界形状和分布，进而影响材料的性能。

考点二　烧结球团生产过程中的危险、有害因素

1. 机械伤害

烧结球团生产中使用的机械设备主要有带式输送机、料场堆取料机、圆盘给料机、带式给料机、圆筒混合机、圆筒烘干机、梭式布料机、九辊布料装置、齿辊、烧结台车、引风机、除尘器、刮板输送机、斗式提升机、单辊破碎机、环(带)冷机、振动筛、泥辊筛及振动给料机等。

机械设备的运动，具有很大的运动惯性和运动势能，人体不慎接触运动的设备的危险部位，就可能造成设备对人体夹击、碰撞、剪切、卷入、绞入、碾压等多种伤害。机械对人的伤害是直接的，也是很危险的，如人体靠近或伸入设备的运转部位就会造成挤压伤害、缠绕伤害。由于烧结生产设备多，范围大(如有的带式输送机有800多米长)，生产连续作业，因此机械伤害是烧结生产过程中主要的危害因素之一。

2. 电气伤害

通常，电力是烧结球团设备运行的主要动力，也是现场照明的主要能源。电力的输送环节中可能发生电气短路、漏电，容易引起接触人员的触电伤害、火灾或爆炸，造成设备财产损坏事故。

人体的触电伤害有电击、电伤两种。电击的主要原因是设备异常带电，即电气系统中原本不带电的部分因电路故障而异常带电。人体接触带电设备，电流通过人体(特别是通过心脏)将刺激人体组织，使肌肉发生痉挛、心室颤动等，如不能迅速脱离带电体，就可能危及生命安全。电伤是电流的热效应、化学效应、机械效应等对人体所造成的伤害，其伤害多见于机体的外部，往往在机体表面留下伤痕，通常包括：电烧伤、电烙伤、皮肤金属化、电光眼等多种伤害。造成电伤的主要因素有电荷短路、带电分合闸等造成强烈的电弧，高温的电弧光对人体造成伤害。

雷击也会造成建筑、设备和人体的伤害，强大的雷击电流往往造成设备、设施的巨大损坏，而被雷击几乎无生还可能。

烧结球团露天作业多，各种电气设施因日晒雨淋，容易造成绝缘损坏漏电及电气室中短路放炮，加上雷雨天的雷击伤害，因此电气伤害也是烧结厂的主要危害因素之一。

3. 起重设备伤害

烧结球团生产、检修、维护中常使用起重设备辅助作业，如电动葫芦、单梁起重机等，存在着起重设备伤害。起重设备伤害主要有重物坠落伤害、挤压伤害、触电伤害、高处坠落伤害。起重设备伤害的危险性较大，往往造成人体伤残甚至死亡。

4. 坍塌伤害

处理料仓、矿槽或在原料场料堆下方作业，都有可能因为原料突然坍塌而造成人员伤害，甚至由于被埋人员未及时救出而缺氧窒息死亡。

5. 厂内机动车辆伤害

厂内机动车辆伤害主要表现在车辆在行驶中引起的人体坠落和物体倒塌、飞落、挤压，以及车辆的碰撞、碾压等造成的伤害事故。每个厂都有车辆的物料运输，有的甚至以车辆运输为主，厂区道路通常都不很宽敞，弯道也多，高处架设的设施也多，加上照明、车

况不好及司机个人素质等原因,车辆造成的事故也多。由于车辆(特别是重车)的惯性大,一旦发生事故,造成的损失都较大,人员受到车辆伤害往往致残甚至死亡。

6. 粉尘、噪声、高温危害

粉尘危害是烧结球团厂最主要的有害因素之一,这主要是由于烧结球团生产的原料及辅助原料多是粉末状,多由敞开的设备输送,加之生产过程中的振动、筛分、混匀、给(卸)料等,都容易产生扬尘。人体接触粉尘的时间越长,危害也越大。

现场各种设备的振动、噪声,可对人体产生危害,干扰人的正常生活、工作,影响人体健康。

生产过程中,烧结机、工业炉、高炉返矿缓冲槽等设备均不同程度地放散出大量辐射热和对流热,车间内气温较高,尤其在夏季,当室外环境温度较高和空气相对湿度较大时,运行检修人员机体可出现热蓄积,即机体产热和受热与散热平衡破坏,体温升高,易发生中暑。高温不仅影响人体的体温调节和水盐代谢及循环系统,还可以抑制中枢神经系统,使工人在作业中注意力分散,准确性下降,易疲劳,从而引发工伤事故。

典型例题

【单选题】烧结球团工艺涉及的危险、有害因素不包括(　　)。

A. 触电　　B. 爆炸

C. 高处坠落　　D. 弧光

D。**【解析】**烧结球团工艺涉及的危险、有害因素一般有机械伤害、高处坠落、起重伤害、车辆伤害、坍塌、触电、爆炸、粉尘、噪声、高温、火灾以及噪声等。

考点三　烧结球团安全生产基本要求

1. 一般安全要求

(1)车间主要危险源或危险场所,应设有醒目的安全标志。安全色和安全标志应分别符合《安全色》和《安全标志及其使用导则》的规定。

(2)直梯、斜梯、防护栏杆和平台,应符合《固定式钢梯及平台安全要求》的有关规定。

(3)通道、走梯的出入口,不应位于吊车运行频繁的地段或靠近铁道。否则,应设置安全防护装置。

(4)皮带机、链板机需要跨越的部位应设置过桥,烧结面积 50 m^2 以上的烧结机应设置中间过桥,烧结机台车旁应设观察平台。

(5)水封槽和水沟上应设安全措施。

(6)设置裸露的运转部分,应设有防护罩、防护栏杆或防护挡板。

(7)吊装孔应设置防护盖板或栏杆,并应设警示标志。

(8)行车及布料小车等在轨道上行走的设备,两端应设有缓冲器和清轨器,轨道两端应设置电气限位器和机械安全挡。

(9)厂房内、转运站、皮带运输机通廊,均应设有洒水清扫或冲洗地面等设施。排水沟、池应设有盖板,砂泵坑四周应设置安全栏杆。

(10)应建立操作牌、工作票制度,以及停送电和安全操作确认制度。

(11)应建立严格的设备使用、维护保养和检修制度。

(12)设备检修或技术改造,应制定相应的安全技术措施。多单位、多工种在同一现场施工时,应建立现场指挥机构,协调作业。

2. 通信、信号、仪表

(1)厂、车间、主要操作室和岗位之间,应设有上下相互联系的电话或对讲机。

(2)生产中应采用下列信号及安全防护设施:

①煤气、空气压降报警和指示信号(音响及色灯),煤气管道压力自动调节和煤气紧急自动切断装置。

②空气冷却器和水冷装置的水压降信号,油冷却器油压降信号,稀油润滑系统的油压降信号。

③抽风机轴承、电机的温升信号,球磨机、棒磨机轴承温升信号。

④事故信号(音响及色灯)。

⑤单机运动的设备和联锁系统的设备,应设置预告和启动信号。

(3)主抽风机室应设有监测烟气泄漏、一氧化碳等有害气体及其浓度的信号报警装置。煤气加压站和煤气区域的岗位,应设置监测煤气泄漏显示、报警、处理应急和防护装置。

(4)在有粉尘、潮湿或有腐蚀性气体的环境下工作的仪表,应选用密闭式或防护型的,并安装在仪表柜(箱)内。

(5)在有爆炸危险的场所,应选用防爆或隔离火花的保安型仪表。

(6)测量潮湿气体的导压管、蝶阀以及低湿易凝介质的管路,应采取保温或伴热措施。

(7)对黏稠性介质、含固体物介质、腐蚀性介质或在环境温度下可能气化、冷凝、结晶、沉淀的介质,应采用隔离式的测量仪表。

(8)仪表系统的接地(包括保护接地、工作接地、屏蔽接地以及保安仪表接地等)应符合国家有关规定。

3. 防火、防爆

根据《烧结球团安全规程》,防火、防爆的基本要求如下:

(1)应设有完整的消防水管路系统,确保消防供水。

(2)主要的火灾危险场所,应设有与消防站直通的报警信号或电话。

(3)厂房建筑的防火要求,应符合《建筑设计防火规范(2018 年版)》的有关规定。

(4)配电室、电缆室(电缆垂直通道)、油库和磨煤室,应设有烟雾火灾自动报警器、监视装置及灭火装置,火灾报警系统宜与强制通风系统联锁;应采取防火墙、防火门间隔和遇火能自动封闭的电缆穿线孔等建筑措施。新建、改建、扩建的大型烧结球团厂的主控室,应设有集中监视和显示火警信号的装置。

(5)机头电除尘器应设有防火防爆装置。

(6)煤气加压站、油泵室、油罐区、磨煤室及煤粉罐区周围 10 m 以内,不应有明火。在上述地点动火,应开具动火证,并采取有效的防护措施。

(7)烧结工艺中的燃料加工系统,其除尘设施不应使用电除尘,应使用布袋式除尘器。

链接

烧结机头电除尘器箱体内部属于受限空间,其烟气中含有煤气,存在中毒、窒息等危险,因此要做好现场通风和监护。作业中应定时监测,至少每 2 h 监测一次,如监测分析结果有明显变化,则应加大监测频率;作业中断超过 30 min 应重新进行监测分析,对可能释放有害物质的受限空间,应连续监测。

根据《冶金烧结球团烟气氨法脱硫设计规范》,氨罐和氨管道的防火防爆措施应符合下列要求:

(1)应设置可靠的防火防爆措施和火灾报警系统,合理选择和配备消防设施。

(2)贮罐和管线在安装投用前、检修前、检修后的投用前应使用氮、蒸汽等介质置换或保护,经检测合格后方可使用或检修。

(3)在氨罐区敷设电缆时,应采取阻燃措施或采用阻燃电缆。

(4)应有消除静电和防雷击等措施,设备、管线应接地。

此外,液氨罐区应设置固定式氨含量检测仪表,并具备声光报警功能。

4. 动力设施

(1)厂内煤气生产使用应遵守《工业企业煤气安全规程》相关规定。

(2)厂内各种气体管道应架空敷设。易挥发介质的管道及绝缘电缆,不应架设在热力管道之上。

(3)各燃气管道在厂入口处,应设总管切断阀。燃气管道不应与电缆同沟敷设,并应进行强度试验及气密性试验。

(4)应有蒸汽或氮气吹扫燃气的设施,各吹扫管道上,应设防止气体串通的装置或采取防止串通的措施。

(5)厂内使用表压超过 0.1 MPa 的油、水、煤气、蒸汽、空气和其他气体的设备和管道系统,应安装压力表、安全阀等安全装置,并应采用不同颜色的标志,以区别各种阀门处于开或闭的状态。

(6)管道的涂色和标示,应符合《工业管道的基本识别色、识别符号和安全标识》的规定。

(7)使用煤气,应根据生产工艺和安全要求,制定高、低压煤气报警限量标准。

(8)煤气管道应设有大于煤气最大压力的水封和闸阀;蒸汽、氮气闸阀前应设放散阀,防止煤气反窜。

(9)煤气设备的检修和动火、煤气点火和停火、煤气事故处理和新工程投产验收,应执行《工业企业煤气安全规程》的相关规定。

(10)厂内供水应有事故供水设施。

(11)水冷系统应按规定要求试压合格,方可使用。水冷系统应设流量和水压监控装置,使用水压不应低于 0.1 MPa,出口水温应低于 50 ℃。

(12)最低气温在 -5 ℃以下的场所,对间断供水的部件应采取保温措施。

典型例题

【单选题】根据烧结球团的安全生产技术要求,烧结面积为( )m^2 以上的烧结机,应设置中间过桥。

A. 35　　B. 40

C. 45　　D. 50

D。【解析】皮带机、链板机需要跨越的部位应设置过桥,烧结面积 50 m^2 以上的烧结机应设置中间过桥,烧结机台车旁应设置观察平台。

【单选题】根据烧结球团的安全生产技术要求,水冷系统应设流量和水压监控装置,使用水压不低于( )MPa。

A. 0.1　　B. 0.2

C. 0.3　　D. 0.5

A。【解析】水冷系统应按规定要求试压合格,方可使用。水冷系统应设流量和水压监控装置,使用水压不低于 0.1 MPa,出口水温应低于 50 ℃。

考点四 烧结球团厂区布置与厂房建筑的安全要求

(1)厂址选择,应防止洪水、海潮、飓风等危害;应避开不良地质条件。

(2)主要厂房及烟囱,应有良好的工程地质条件。否则,应采取措施,达到要求后方可建厂。

(3)新建的烧结球团厂,应位于居民区及工业场区常年最小频率风向的上风侧,厂区边缘至居民区的距离应大于 1 000 m。

(4)烧结室和球团焙烧室的主厂房的配置，应与季节盛行风向相垂直。

(5)厂区办公、生活设施宜设在烧结机或球团焙烧机(窑)季节盛行风向上风侧 100 m 以外。

(6)烧结机、单辊破碎机、热筛和球团焙烧机的尾部应设有起重设施和检修用的运输通道。

(7)采用热振筛的机尾返矿站和环冷机、带冷机的尾部均应设在 ±0.0 平面以上。

(8)皮带运输机通廊净空高度，一般不应小于2.2 m，热返矿通廊净空高度一般不应小于2.6 m；通廊倾斜度为6°～12°时，检修道及人行道均应设防滑条，超过12°时，应设踏步。

考点五　烧结球团安全生产工艺要求

1.原料安全要求

(1)原料场应有下列设施：

①工作照明和事故照明。

②防扬尘设施。

③停机或遇大风紧急情况时使用的夹轨装置。

④车辆运行的警示标志。

⑤升降、回转、行走的限位装置和清轨器。

⑥行走机械的主电源，采用电缆供电时应设电缆卷筒；采用滑线供电时，应设接地良好的裸线防护网，并悬挂明显的警示牌或信号灯。

⑦原料场设备设施应设置防电击、雷击安全装置。

(2)原料场卸车设施和中和混匀设施的检修，应遵守下列规定：

①检修作业区域设明显的标志和灯光信号。

②检修作业区上空有高压线路时，应架设防护网。

③检修期间，相关的铁道设明显的标志和灯光信号，有关道岔锁闭并设置路挡。

链接

翻车机是一种大型卸车设施，其主要危险有害因素有：作业时易发生机械碰撞伤害；矿槽箅子磨损或缺失，易发生跌倒摔伤或坠落伤害；翻车机区域有车辆进出频繁，易造成人员碰撞伤害；处理捅槽堵料、粘料故障时，易发生风管脱落伤人或物料飞溅伤眼的危险。翻车机的安全控制措施有：作业前，压车、靠车装置必须处于松开状态；作业时，翻车机 3 m 以内及车皮内严禁有人；作业完成后，必须切断电源开关；通槽时，不得直接在隔板上作业，应搭跳板；篦板磨损严重时，不得冒险作业，应先联系处理等。

(3)堆取料机和抓斗吊车的走行轨道，两端应设有极限开关和安全装置，两车在同一轨道、同一方向运行时，相距不应小于5 m。

(4)原料仓库应符合下列要求：

①堆料高度应保证抓斗吊车有足够的安全运行空间，抓斗处于上限位置时，其下沿距料面的高度不应小于0.5 m。

②应设置挡矿墙和隔墙。

③容易触及的移动式卸料漏矿车的裸露电源线或滑线，应设防护网，上下漏矿车处应悬挂警示牌或信号灯。

(5)运转中的破碎、筛分设备，不应打开检修门或孔；检修或处理故障，应停机并切断电源和事故开关，挂“禁止启动”标志牌。

(6)气力输送系统中的贮气包、吹灰机或罐车，均应设有安全阀、减压阀和压力表，其设计、制造和使用应符合国家现行压力容器的有关规定。

(7)气力输送或罐车送达的终点矿槽应予密闭,其上部应设置余压消除装置和除尘设施。

(8)检修吹灰机和罐车的罐体,以及打开罐体装料孔,应预先打开卸压阀。

2. 配料、混合安全要求

(1)配料矿槽上部移动式漏矿车的走行区域,不应有人员行走,其安全设施应保持完整。

(2)粉料、湿料矿槽倾角不应小于65°,块矿矿槽不应小于50°。采用抓斗上料的矿槽,上部应设安全设施。

(3)人员进入料仓捅料时,应系安全带(其长度不应超过50 cm),在作业平面铺设垫板,并应有专人监护,不应单独作业。应尽可能采取机械疏通。

(4)配料圆盘应与配料皮带输送机联锁。

(5)不应有湿料和生料进入热返矿槽。

(6)进入圆筒混合机检修和清理,应事先切断电源,采取防止筒体转动的措施,并设专人监护。

3. 烧结安全要求

(1)新建、改建、扩建烧结机的圆辊给料机和反射板,应设有机械清理装置。

(2)点火器应符合下列要求:

①设置空气、煤气比例调节装置和煤气低压自动切断装置。

②烧嘴的空气支管应采取防爆措施。

(3)点火器检修应遵守下列规定:

①事先切断煤气,打开放散阀,用蒸汽或氮气吹扫残余煤气。

②取空气试样作一氧化碳和挥发物分析,一氧化碳最高容许浓度与容许作业时间应符合《工业企业煤气安全规程》的规定。

③检修人员不应少于两人,并指定一人监护。

④与外部应有联系信号。

(4)烧结机点火之前,应进行煤气引爆试验;在烧结机点火器的烧嘴前面,应安装煤气紧急事故切断阀。

(5)烧结平台上不应乱堆乱放杂物和备品备件,每个烧结厂房烧结平台上存放的备用台车,应根据建筑物承重范围内准许5块至10块台车存放,载人电梯不应用作检修起重工具,不应有易燃和爆炸物品。

(6)烧结机台车轨道外侧安装防护网;检修时,热返矿未倒空前不应打水。

(7)在台车运转过程中,不应进入弯道和机架内检查。检查进入应索取操作牌,停机、切断电源,挂上“禁止启动”标志牌,并设专人监护。

(8)更换台车应采用专用吊具,并有专人指挥,更换栏板,添补炉篦条等作业,应停机、停电进行。

(9)主抽风机室高压带电体的周围应设围栏,地面应敷设绝缘垫板。

(10)主抽风机启动前应检查水封水位是否符合相关规定。

(11)主抽风机操作室应与风机房隔离,并采取隔音和调温措施;风机及管道接头处应保持严密,防止漏气。

(12)进入大烟道作业时,不应同时从事烧结机台车、添补炉篦等作业。应切断点火器的煤气,关闭各风箱调节阀,断开抽风机的电源执行挂牌制度。

(13)进入大烟道检查或检修时,先用一氧化碳检测仪检测废气浓度,符合标准后方可进入,并在人孔处设专人监护。作业结束后,确认无人后,方可封闭人孔。

(14)进入单辊破碎机、热筛、带冷机和环冷机作业时,应采取可靠的安全措施,并设专人监护。

(15)检测仪、空气呼吸器等防护装置应定期送有相应资质的单位进行检验。

4. 球团安全要求

(1)进入磨机检修时,应确定磨机上方是否有黏料,防止垮塌伤人,并与上下岗位联系好,停电并挂上“禁止启动”的标志牌,设专人监护。

(2)重油的贮存与输送应符合下列要求:

①油罐周围设防火围墙或铁丝网,并定期检查和维修。

②油泵室内采用防爆型电气设备。

③油管建成后进行压力试验。

④管内油速不应超过 4 m/s,油管采取伴热和保护措施。

⑤吹洗油管路时,关闭各计示仪表通路及油泵两端的阀门。

⑥油罐内最低油位不应低于加热器顶面的高度。

⑦加热用的蒸汽应使用饱和蒸汽,不应使用过热蒸汽。

(3)煤粉制备与输送应遵守下列规定:

①所有设备均采用防爆型的。

②磨煤室周围留有消防车通道。

③煤粉罐及输送煤粉的管道,有供应压缩空气的旁路设施,并应有泄爆孔,泄爆孔的朝向,应考虑泄爆时不致危及人员和设备。

④贮煤罐停止吹煤时,煤在罐内贮存的时间:烟煤不应超过 5 h,其他煤种不应超过 8 h,罐体结构应能保证煤粉从罐内完全自动流出。

⑤当控制喷吹煤粉的阀门或仪表失灵时,应能自动停止向球团焙烧炉内喷吹煤粉并报警。

⑥煤粉燃烧器和煤粉输送管道之间,应设有逆止阀和自动切断阀。

⑦煤粉管道停止喷吹煤粉时,应用压缩空气吹扫管道;停止喷吹烟煤时,应用氮气吹扫。

⑧磨煤机出口的煤粉温度应低于 80 ℃,贮煤罐、布袋除尘器中的煤尘,温度应低于 70 ℃,并应有温度记录和超温、超压警报装置。

⑨检查煤粉喷吹设备时,应使用铜质工具。

⑩煤粉仓应设温度计、一氧化碳监测仪表。

⑪煤粉仓罐应设充惰气设施。

⑫针对煤粉仓罐煤粉自燃及着火,应设专门的灭火设施。

⑬进原煤仓罐及煤粉仓罐作业时,应保证通风良好,有害气体浓度不超标准。

链接

立式磨煤系统的安全控制措施有:磨煤机开机前应先启动排风机,将可能产生的易燃易爆气体全部排出;燃气炉温度低于 60 时,检修人员方可进入;应使用铜质工具检查煤粉喷吹设备;磨煤机内着火时,立式磨煤系统应紧急停车,应向仓内喷入氮气或生料粉以逐步控制火情,严禁打开仓顶各人孔门、观察孔等,也不可在未采取任何措施情况下轻易将燃烧的煤粉排出仓外。

(4)在煤气区域作业或检查时,应带好便携式煤气报警仪,且应有两人以上协助作业:一人作业,一人监护。

(5)煤气设备检修时,应确认切断煤气来源,用氮气或蒸汽扫净残余煤气,取得危险作业许可证或动火证,并确认安全措施后,方可检修。

(6)清理球盘积料时,应保证球盘传动部分无人施工,防止因物料在盘内偏重带动球盘,造成传动部分突然动作而伤人。

(7)更换造球机刮刀前,应先将跳板搭好,扎牢。拆卸或安装刮刀棒时,应由两人以上相互配合作业,应保证站位牢靠,同时应防止工具、刮刀棒掉落伤人。

链接

造球机维修的安全措施有:拆卸或安装刮刀棒时,应由两人以上相互配合作业;清理溜料板粘料,禁止逆球盘旋转方向铲料,禁止触及转动部位;作业人员禁止进入球盘下方清理积料,若要清理应使用专用耙子;作业人员禁止进入球盘传动部位区域清理球盘积料;操作人员作业时应佩戴防护耳塞,并禁止长期工作在噪声及振动区域。

(8)燃烧室点火之前,应进行煤气引爆试验。

(9)点火时,应携带煤气报警仪,并有人监护。不应有明火,防止发生火灾。定期对煤气管道进行检查,防止煤气泄漏,造成煤气中毒。

(10)在炉口捅料时,应穿戴好防护用品,防止烫伤。捅料时用力应适度,以免损坏三角炉篦和炉篦条。

(11)竖炉停炉或对煤气管道及相关设备进行检修时,应通知煤气加压站切断煤气,打开支管的两个放散阀,并通入氮气或蒸汽,4 h 以上方可检修,并用一氧化碳测试仪检查。

(12)进入竖炉炉内作业应遵循以下准则:

①待竖炉排空,冷却 4 h 后,方可进入炉内作业。

②检修时进入炉内作业应搭好跳板、挂梯,系好安全带,穿好隔热服,戴好防护眼镜,以防止坠落摔伤或烫伤。

③从上部进入炉内作业应带好安全带作业(安全带的挂绳应附装钢绳)。

④进入炉内前,应检查附在炉壁、导风墙上的残渣是否掉落,如没有,应清理干净后,方可在竖炉下部工作。

⑤在炉内下方作业应先将齿辊及油泵停下并挂检修牌,关好上部炉门,并设专人监护,然后再进入炉内搭设好防护设施后方可作业。

(13)竖炉点火时,炉料应在喷火口下缘,不应突然送入高压煤气,煤气点火前应保证煤气质量合格,并保证竖炉引风机已开启,风门打开。

(14)竖炉应设有双安全通道,通道倾斜度不应超过 45°。

(15)进入烘干设备作业,应预先切断煤气,并赶净设备内残存的煤气。

(16)回转窑一旦出现裂缝、红窑,应立即停火。在回转窑全部冷却之前应继续保持慢转,停炉时,应将结圈和窑皮烧掉。

(17)拆除回转窑内的耐火砖和清除窑皮时,应采取防窑倒转的安全措施,并设专人监护。

典型例题

【单选题】回转窑是对散状物料或浆状物料进行加热处理的煅烧设备,在链篦机–回转窑球团生产系统中用于完成氧化球团的焙烧工序。关于回转窑生产过程中安全控制措施的说法,正确的是(　　)。

A. 进入窑内作业,采取防窑倒转的安全措施,并设专人监护

B. 窑内温度 600 ~800 ℃时,不许油煤混喷,应单独喷煤

C. 油枪点不着时,可以用汽油或酒精助燃

D. 回转窑在停火后立即停止运转,保留结圈和窑皮

A。【解析】当窑内温度在 800 ℃以下时,不可单独喷煤,必须采用油煤混喷。故选项 B 错误。当油枪点不着时,严禁用汽油或者酒精助燃,否则可能发生爆燃。故选项 C 错误。回转窑一旦出现裂缝、红窑,应立即停火。在回转窑全部冷却之前,应继续保持慢转,停炉时,应将结圈和窑皮烧掉。故选项 D 错误。

考点六　电气安全与照明要求

(1)应执行国家有关电气安全的规定,并参照《电业安全工作规程(发电厂和变电所电气部分)》的规定执行。

(2)产生大量蒸汽、腐蚀性气体、粉尘等的场所,应采用封闭式电气设备;有爆炸危险的气体或粉尘的作业场所,应采用防爆型电气设备。

(3)电气设备(特别是手持式电动工具)的金属外壳和电线的金属保护管,应有良好的保护接零(或接地)装置。

(4)烧结机厂房、烟囱、竖炉等,应设有避雷装置,双烟道烟囱底部应设隔墙,防止窜烟。

(5)重油、煤粉等的金属罐区,应采取防静电措施。

(6)不应带电作业。特殊情况下不能停电作业时,应按有关带电作业的安全规定执行。

(7)厂房自然采光和照明,应能确保作业人员工作和行走的安全。

(8)设置一般事故照明的工作场所,应符合表 2-1 的规定。

表 2-1　设事故照明的工作场所

车间	设事故照明的工作场所
原料	原料仓库、堆取机料、龙门吊车、卸车机
配料	配料室、配料矿槽、混合料矿槽
烧结	烧结机平台、主抽风机室
球团	油库、煤粉室、重油罐区、煤粉罐区、造球机室、竖炉仪表室、回转窑、带式焙烧机平台
其他	主要通道及主要出入口、主控室、操作室、高压配电室、油泵室、煤气加压站、调度室

(9)车间工作场所照明器的选用,应遵守下列规定:

①在有腐蚀性气体、蒸汽或特别潮湿的场所,应采用封闭式灯具或防水灯具。

②在易受机械损伤和振动较大的场所,灯具应加保护网和采取防振措施。

③有爆炸危险的气体或粉尘的工作场所,应采用防爆型灯具。

(10)需要使用行灯照明的场所,行灯电压一般不应超过 36 V,在潮湿的地点和金属容器内,不应超过 12 V。

典型例题

【单选题】烧结球团安全要求中,关于电气安全与照明要求的说法,错误的是(　　)。

A. 对于产生大量蒸汽的场所,应采用封闭式电气设备

B. 手持式电动工具的金属外壳无须设置保护接地装置

C. 主要通道及主要出入口应设置一般事故照明

D. 需要使用行灯照明的场所,行灯电压一般不超过 36 V

B。**【解析】**电气设备(特别是手持式电动工具)的金属外壳和电线的金属保护管,应有良好的保护接零(或接地)装置。故选项 B 错误。

考点七　起重与运输安全要求

(1)起重机械的使用、维修和管理,应遵守《起重机械安全规程》和《起重机 手势信号》的规定。

(2)起重机械应标明起重吨位,应装设卷扬限制器、行程限制器和启动、事故、超载的信号装置。

(3)吊物不应从人员或重要设备上空通过,运行中的吊物距障碍物应在0.5 m以上。

(4)拆装吊运备件时,不应在屋面开洞或利用桁架、横梁悬挂起重设施。不应用煤气、蒸汽、水管等管道作起重设备的支架。

(5)厂内运输应遵守《工业企业厂内铁路、道路运输安全规程》的规定。

(6)铁道运输车辆进入卸料作业区域和厂房时,应有灯光信号及警示标志,车速不应超过5 km/h。

(7)皮带运输机应符合《带式输送机 安全规范》规定。

(8)人员不应乘、钻和跨越皮带。

链接

带式输送机作为金属冶炼企业常用的物料传输设备,操作不当极易引发机械伤害事故。其安全措施有:通廊两侧的人行道净宽不得小于0.8 m;如系单侧人行道,则不得小于1.3 m;沿输送带走向每隔50~100 m,应设一个横跨输送带的过桥,过桥走台平面的净空高度应不小于1.6m;胶带输送机侧面的人行道其倾角大于6°的应有防滑措施,大于12°的应设踏步;开车前,应认真检查带式输送机的转动部分是否有障碍物卡住,电气设备接地是否良好;开车后,应检查输送带是否有异常,电动机等设备运转是否正常;处理输送带堵料、压料时,更换或清理输送机托辊时,应停机挂检修指示牌,并由专人监护。

考点八 工业卫生要求

(1)所有产尘设备和尘源点,应严格密闭,并设除尘系统。作业场所粉尘和有害物质的浓度,应符合《工业企业设计卫生标准》《工作场所有害因素职业接触限值 第1部分:化学有害因素》的规定。

(2)除尘设施的开停,应与工艺设备联锁;收集的粉尘应采用密闭运输方式,避免二次扬尘。

(3)对散发有害物质的设备,应严加密闭。

(4)生产球团产生的有害气体,应良好密闭,集中处理。

(5)工作场所操作人员每天连续接触噪声的时间、接触碰撞和冲击等的脉冲噪声,应符合《工业企业设计卫生标准》的规定。应积极采取防止噪声的措施,消除噪声危害。达不到噪声标准的作业场所,作业人员应佩戴防护用具。

(6)作业场所放射性物质的允许剂量,不应超过《电离辐射防护与辐射源安全基本标准》的标准。使用放射性核素时,应遵守《电离辐射防护与辐射源安全基本标准》的规定。

(7)使用放射性装置的部位或处所,周围应划定禁区,并设置放射性危险标志。

(8)使用放射性同位素的单位,应建立和健全放射性同位素保管,领用和消耗登记等制度。放射性同位素应存放在专用的安全贮藏处所。

同步自测

单项选择题(每题的备选项中,只有1个最符合题意)

1. 根据球团矿的碱度,一般分为酸性球团矿和熔剂性球团矿。其中,酸性球团矿的特点不包括(　　)。

A. 品位高　　　　B. 强度好
C. 便于长途运输　　　　D. 成本高

2. 原料场应设置行走机械的主电源，若采用电缆供电时，应设置(　　)。
   A. 接地良好的裸线保护网络　　B. 防电击安全装置
   C. 警示牌或信号灯　　D. 电缆卷筒
3. 原料仓库堆料高度应保证抓斗吊车有足够的安全运行空间，抓斗处于上限位置时，其下沿距料面的高度不应小于(　　)m。
   A. 0.2　　B. 0.3
   C. 0.4　　D. 0.5
4. 除尘是烧结过程中的重要环节，也是保护工人免受粉尘危害的主要措施。根据除尘机理，下列属于机械除尘器的是(　　)。
   A. 惯性除尘器　　B. 过滤式除尘器
   C. 湿式除尘器　　D. 电袋复合除尘器

答案详解

单项选择题

1. D。**【解析】**根据球团矿的碱度，一般分为酸性球团矿和熔剂性球团矿。其中，酸性球团矿与熔剂球团矿相比，具有操作简单、强度好、品位高、长途运输方便的优点。
2. D。**【解析】**原料场的必要设施包括：工作照明和事故照明；防扬尘设施；停机或遇大风紧急情况时使用的夹轨装置；车辆运行的警示标志；升降、回转、行走的限位装置和清轨器；行走机械的主电源，采用电缆供电时应设电缆卷筒；采用滑线供电时，应设接地良好的裸线防护网，并悬挂明显的警示牌或信号灯；原料场设备设施应设置防电击、雷击安全装置。
3. D。**【解析】**原料仓库应符合下列要求：(1)堆料高度应保证抓斗吊车有足够的安全运行空间，抓斗处于上限位置时，其下沿距料面的高度不应小于0.5 m。(2)应设置挡矿墙和隔墙。(3)容易触及的移动式卸料漏矿车的裸露电源线或滑线，应设防护网，上下漏矿车处应悬挂警示牌或信号灯。
4. A。**【解析】**根据不同的除尘机理，除尘器可以分为过滤式除尘器(如颗粒层除尘器和布袋除尘器)、机械除尘器(如惯性除尘器、重力沉降室和旋风除尘器)、湿式除尘器(如高能文氏管除尘器和低能湿式除尘器)、电除尘器、电袋复合除尘器等。

第三章 焦化安全

知识架构

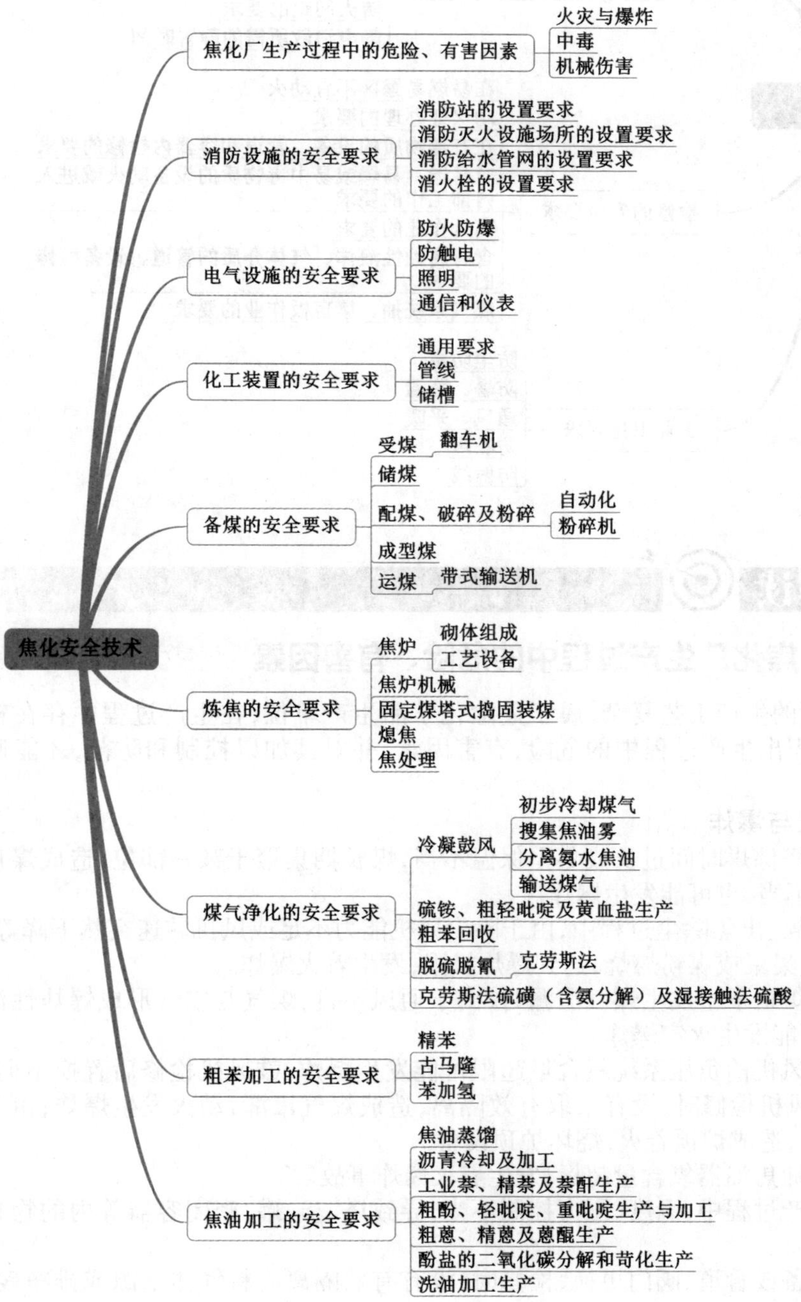

- 焦化安全技术
  - 焦炉煤气制甲醇的安全要求
    - 压缩
    - 转化
    - 甲醇合成
    - 甲醇罐区
  - 油品、酸、碱装卸与运输的安全要求
    - 绝缘的设置要求
    - 铁路油品装卸设备与建（构）筑物之间的防火间距
    - 装卸栈台、铁轨、车体及鹤管，应有可靠的防静电措施
    - 铁路运输甲类液体油品的要求
    - 防火间距的要求
    - 静电消散所需的静置时间
  - 检修的安全要求
    - 在易燃易爆区不宜动火
    - 动火证办理的要求
    - 在有毒物质的设备、管道和容器内检修的要求
    - 对易燃、易爆或易中毒物质的设备动火或进入内部工作的要求
    - 高处作业的要求
    - 含有腐蚀性液体、气体介质的管道、设备检修的要求
    - 煤气系统抽、堵盲板作业的要求
  - 工业卫生要求
    - 防尘防毒
    - 防暑、降温
    - 通风、采暖
    - 防噪声
    - 防射线

考点解读

考点一　焦化厂生产过程中的危险、有害因素

焦化厂的生产工艺复杂，属于危险化学品生产单位，在生产过程中存在较高的危险性，只有辨识出生产过程中的危险、有害因素，并对其加以控制和防范，才能避免事故的发生。

1. 火灾与爆炸

(1) 煤塔储煤时间过长或冬季保温不当，煤长期集聚于某一部位，造成煤自燃发生火灾，若处理不当，也可能发生爆炸。

(2) 装煤、出焦除尘过程中，由于除尘风机能力不足或风机转速突然下降等原因，导致大量荒煤气集聚或煤粉燃烧，达到爆炸极限，发生着火爆炸。

(3) 焦炉地下室发生煤气泄漏时，由于通风不良，煤气与空气形成爆炸性混合气体遇激发能源可能发生火灾爆炸。

(4) 鼓风机前负压系统氧含量超限可能发生爆炸；鼓风机检修后置换不彻底，启动时发生爆炸；风机检修时，没有采取有效隔离，造成煤气窜漏，动火发生爆炸；由于停电风机停车等原因，造成炉顶着火，烧坏炉顶设备。

(5) 电捕焦油器氧含量超标，发生着火爆炸事故。

(6) 生产过程中，温度、压力控制不当，导致塔、釜、罐、密闭容器等内的物料失控发生火灾或爆炸。

(7) 设备或管道、阀门更换、检修时，没有有效隔离物料气体来源或排净残渣，并未进行检测，物料气体发生倒流或窜漏，遇激发能源，造成火灾爆炸。

（8）法兰、阀门、管道等因检修安装质量等问题或设备老化腐蚀、水封失效等原因，造成物料气体泄漏，遇激发能源，造成火灾爆炸。

（9）物料在管道内流动速度过快与管壁发生摩擦，而且运输、装卸过程中都会产生静电，如果不采取措施，就有可能发生着火爆炸。

（10）槽、塔、釜、罐等内的物料中含有硫化物可腐蚀内壁，生成硫化亚铁，硫化亚铁在常温下容易自燃，而容器内有挥发性物质，可能发生爆炸。

（11）锅炉、压力容器因超压、超温、缺水，安全阀、压力表失效或超期使用等原因发生爆炸。

2. 中毒

（1）苯类、酚类、氨水、初馏分、吡啶等有毒液体因操作喷溅或跑、冒、滴、漏可能引起中毒。

（2）作业及检修时，未进行有效防护或有毒气体报警器失灵，煤气（尤其是高炉煤气）、硫化氢、氰化氢等有害气体在设备密封不良或因设备管道阀门腐蚀、设备检修、操作失误等情况下发生泄漏，可能造成中毒。

（3）进入槽、罐、塔、釜等检修、检查未进行置换，又未采取有效的防护措施，可造成中毒。

（4）因生产场所通风不良，危险物质在高温、高压等情况下失控，也会造成中毒。

（5）在焦化生产中，会有少量的硫化氢和氰化氢等有毒气体，可能造成中毒。

3. 机械伤害

（1）焦炉四大机车（装煤车、推焦机、拦焦机、熄焦车）运行过程中，职工站位不当、精神不集中、躲避不及时，易发生挤伤、撞伤或死亡事故。

（2）推焦机、拦焦机、熄焦车连锁控制不当，或操作失误，会造成红炭落地、车毁人亡的事故。

（3）对各种正在转动设备进行加油清扫或检修，会造成伤害事故。

（4）在检修设备时，未进行拉闸断电交换牌，由于操作人员误操作，导致设备运转，可能造成机械伤害。

除了火灾与爆炸、中毒、机械伤害外，焦化厂生产过程中的危险、有害因素还有灼烫与酸碱灼伤、车辆伤害、触电、高处坠落、物体打击、起重伤害、坍塌、噪声、高温和粉尘等。

考点二　消防设施的安全要求

（1）大中型焦化厂宜设消防站，消防站应设在便于车辆迅速出动的位置。

（2）粗苯生产、粗苯加工、焦油加工和甲醇等主要火灾危险场所，应有直通消防站的报警信号或电话，并应有灭火设施。

（3）下列场所应设消防灭火设施：

①粗苯、精苯储槽区，应设固定式或半固定式泡沫灭火设施，槽区周围应有消防给水设施。

②粗苯和精苯的洗涤室、蒸馏室、原料泵房、产品泵房、装桶间，精萘、工业萘、萘酐及焦油泵房，精萘和工业萘的转鼓结晶机室、吡啶储槽室、装桶间，均应设固定式或半固定式蒸汽灭火设施。

③管式炉炉膛及回弯头箱，萘酐生产中的汽化器、氧化器、薄壁冷却器，应设固定式蒸汽灭火设施。

④二甲酚、蒽、沥青、酚油等闪点大于 120 ℃的可燃液体储槽或其他设备和管道易泄漏着火地点，应设半固定式蒸汽灭火设施。

（4）灭火蒸汽管线蒸汽源的压力，不应小于 0.4 MPa，其操纵阀门或接头应安装在便于操作的安全地点。

（5）泡沫混合液管线宜地上敷设，不应从槽顶跨越。与泡沫发生器连接的立管段应固定在槽壁上，防火堤内的水平管段应敷设在管墩管架上，但不应固定。

(6)消防给水管网应采用环状管网,其输水干管不应少于两条。

(7)多层生产厂房应设消火栓。塔区各层操作平台应按规定设置灭火器,并宜设蒸汽灭火接头。

(8)甲、乙、丙类液体储槽区的消火栓应设在防火堤外,距槽壁 15 m 范围内的消火栓,不应计算在该槽可使用的数量内。

(9)各厂房、建筑物、库房等应备有灭火器,灭火器的类型及配置数量应符合《建筑灭火器配置设计规范》的规定。

(10)干熄炉主框架中装入层平台及干熄炉底层平台应设置事故用水管。

链接

甲、乙、丙类液体的地上式、半地下式储罐或储罐组,其四周应设置不燃性防火堤。防火堤的设置应符合下列规定:(1)防火堤内的储罐布置不宜超过 2 排,单罐容量不大于 1 000 m^3 且闪点大于 120 ℃的液体储罐不宜超过 4 排。(2)防火堤的有效容量不应小于其中最大储罐的容量。对于浮顶罐,防火堤的有效容量可为其中最大储罐容量的一半。(3)防火堤内侧基脚线至立式储罐外壁的水平距离不应小于罐壁高度的一半。防火堤内侧基脚线至卧式储罐的水平距离不应小于 3 m。(4)防火堤的设计高度应比计算高度高出 0.2 m,且应为 1.0~2.2 m,在防火堤的适当位置应设置便于灭火救援人员进出防火堤的踏步。(5)沸溢性油品的地上式、半地下式储罐,每个储罐均应设置一个防火堤或防火隔堤。(6)含油污水排水管应在防火堤的出口处设置水封设施,雨水排水管应设置阀门等封闭、隔离装置。

考点三　电气设施的安全要求

1. 防火防爆

(1)焦化厂主要爆炸危险环境区域的划分,应符合《爆炸危险环境电力装置设计规范》的规定。其中,煤气净化区域主要生产场所建筑物火灾危险性分类和爆炸危险环境区域如表 3-1 所示。

表 3-1　煤气净化区域主要生产场所建筑物火灾危险性分类和爆炸危险环境区域

火灾危险性类别	爆炸危险环境区域	装置或场所
甲类	1 区	煤气鼓风机室;粗苯产品泵房;溶剂脱酚的溶剂泵房
乙类	2 区	脱酸蒸氨泵房
乙类	21 区	硫磺冷却、结片、包装等部位及硫黄仓库
丙类	2 区	冷凝泵房;苯洗涤泵房
—	2 区	初冷及电捕;预(中)冷塔、脱硫塔;氨苯洗涤塔、终冷塔;硫铵饱和器;脱苯塔、两苯塔、再生器;粗苯储槽;脱酸塔、蒸氨塔;溶剂脱酚的萃取塔;精脱萘塔;干式脱硫塔;无水氨吸收塔;无水氨解吸塔、精馏塔

(2)爆炸危险场所电气设备和线路的设计、安装、施工、运行、维修和安全管理,应符合《爆炸危险环境电力装置设计规范》及有关规程与规范的规定。

(3)无法得到规定的防火防爆等级设备而采用代用设备时,应采取有效的防火、防爆措施。

(4)变、配电所不应设置在甲、乙类厂房内或贴邻建造,且不应设置在爆炸性气体、粉尘环境的危险区域内。供甲、乙类厂房专用的 10 kV 及以下的变、配电所,当采用无门窗洞口的防火墙隔开时,可一面贴邻建造,并应符合现行国家标准《爆炸危险环境电力装置设计规范》等规范的有关规定。乙类厂房的配电所必须在防火墙上开窗时,应设置密封固定的甲级防火窗。

(5)架空电线严禁跨越爆炸和火灾危险场所。

(6)爆炸和火灾危险场所不宜采用电缆沟配线;若需设电缆沟,则应采取防止可燃气体、易燃、可燃液体或酸、碱等物质漏入电缆沟的措施,装置内的电缆沟,应有防止可燃气体积聚或含有可燃液体的污水进入沟内的措施。电缆沟通入变配电室、控制室的墙洞处,应填实、密封。

电缆等可燃物与热力管线等发热体应保持适当的安全距离,避免热辐射引起自燃;因故无法做到的,应采取预防措施。

对易受外部影响着火的电缆密集场所或可能着火蔓延而酿成事故的电缆回路,可采取以下防火阻燃措施:

①电缆穿过竖井、墙壁、楼板或进入电气盘、柜的孔洞处,用防火堵料密实封堵。

②在重要的电缆沟和隧道中,按要求分段或用软质耐火材料设置阻火墙。

③对主要回路的电缆,可单独敷设于专门的沟道中或耐火封闭槽盒内,或对其施加防火涂料、防火包带。

④在电力电缆接头两侧及相邻电缆 2 ~ 3 m 长的区段施加防火涂料或防火包带。

(7)当爆炸和火灾危险场所设检修电源时,检修电源应为满足环境危险介质要求的防爆电源。

(8)在 1 区内应采用铜芯电缆;在 2 区内宜采用铜芯电缆,当采用铝芯电缆时,与电气设备的连接应有可靠的铜 – 铝过渡接头等措施。所有导线和电缆,5 年内至少做一次绝缘试验。

(9)在容易积存爆燃性粉尘的环境,非铠装电缆或阻燃电缆表面附着的可燃性导电粉尘应定期清扫。

2. 防触电

(1)设备的电气控制箱和配电盘前后的地板,应铺设绝缘板。变、配电室,应备有绝缘手套、绝缘鞋和绝缘杆等。

(2)滑触线高度不宜小于 3.5 m;低于 3.5 m 时,其下部应设防护网。防护网应良好接地。

(3)车辆上配电室的人行道净宽,不宜小于 0.8 m。裸露导体布置于人行道上部且离地面高度小于 2.2 m 时,其下部应有隔板,隔板离地不应小于 1.9 m。

(4)电气设备(特别是手持电动工具)的金属外壳和电线的金属保护管,应与 PE 线或 PEN 线相连接,手持电动工具应有漏电保护。

(5)电动车辆的轨道应重复接地,轨道接头应用跨条连接。

(6)行灯电压不应大于 36 V,在金属容器内或潮湿场所,则电压不应大于 12 V。安全电压的电路应是悬浮的。

3. 照明

(1)自然采光不足的工作室内,夜间有人工作的场所及夜间有人、车辆行走的道路,均应设置照明。

(2)车辆及其附近的照明,不应使司机感到眩目。

(3)甲、乙类液体储槽区,宜采用从非爆炸危险区高处投光照明,需要局部照明时,应采用防爆灯。

(4)作业场所的照度不应低于表 3-2 的规定。

表 3-2 主要作业场所的照度

车间和作业场所	最低照度/lx
配煤室,转运站,破(粉)碎机室,筛焦楼,储焦槽,熄焦泵房	100
受煤槽及翻车机室,焦炉一层端台、机焦两侧烟道走廊	50
焦炉地下室,胶带机通廊	30
煤气净化泵房	100
室外塔槽平台	30
控制室、操作室	300

(5)下列场所应设应急照明，正常照明中断时，应急照明应能自动启动：

①受煤坑地下通廊、翻车机室底层。

②焦炉交换机室、地下室、机焦两侧烟道走廊。

③回收车间鼓风机室。

④精苯车间室内厂房。

⑤中央变电所和集中控制的仪表室。

(6)生产装置上的照明灯，不宜面对可燃气体(蒸汽)的放散管、储槽顶部人孔(观察孔)和管道法兰盘，也不宜装在可能喷出可燃气体的水封槽和满流槽上部。

4. 通信和仪表

(1)下列单位(或岗位)之间应设直通电话或直通信号：

①厂调度室与各车间、工段、重要岗位及热力供应、电力供应、水力供应、煤气防护、消防和医疗卫生等单位。

②集中控制台与有关岗位。

③受煤与储煤有关岗位。

④运焦与筛焦有关岗位。

⑤鼓风机、焦炉交换机与联合企业煤气管理部门。

⑥相关的重要岗位之间。

(2)易燃、可燃或有毒介质导管不应直接进入仪表操作室，应通过变送器把信号引进仪表操作室间。

典型例题

【单选题】在潮湿的工作场所，使用手持电动工具工作的工作人员，为避免触电应(　　)。

A. 将手持电动工具的外壳与 PE 线断开

B. 站在铁板上工作

C. 穿防静电鞋操作

D. 站在绝缘胶板上操作

D。【解析】为避免触电，设备的电气控制箱和配电盘前后的地板，应铺设绝缘板。变(配)电室，应备有绝缘手套、绝缘鞋和绝缘杆等。电气设备(特别是手持电动工具)的金属外壳和电线的金属保护管，应与 PE 线或 PEN 线相连接，手持电动工具应有漏电保护。

考点四　化工装置的安全要求

1. 通用要求

(1)化产工艺装置宜布置在露天或敞开的建(构)筑物内。

(2)储槽、塔器及其他设备的外壳，应有设备编号、名称及规格等醒目标志。

(3)各塔器、容器的对外连接管线，应设置可靠的隔断装置。

(4)各塔器、容器和管线的放散管，应遵守下列规定：

①建(构)筑物内设备的放散管，应引出建(构)筑物外，且不危及人员安全。

②室外设备的放散管，应高出本设备 2 m 以上，且应高出相邻有人操作的最高设备操作平台 2 m 以上。

③煤气放散管，应符合《工业企业煤气安全规程》的有关规定。

(5)设备经常放散的有害气体、蒸汽宜按种类分别集中，导入煤气系统或经净化处理后放散。

(6)有冷凝液产生的可燃气体管线应设冷凝水排水器。

(7)生产、储存和装卸甲类液体与可燃气体的管线及设备,应设接地装置,并应遵守下列规定:

①管线至少两端接地。

②直径小于 20 m 的储槽,至少 2 处接地;大于 20 m 的,至少 4 处接地。

③仅为防静电的接地,接地电阻一般不大于 100 Ω,兼作防雷的,应遵守《建筑物防雷设计规范》的有关规定;与其他用途的接地极共用时,应取其中数值最小者。

④汽车罐车、铁路罐车和装卸栈台、铁路钢轨,应设专用接地线。进出苯类储槽的管道,其法兰应作静电跨接。

⑤用泵输送苯等烃类液体应按《防止静电事故通用导则》的规定限制管道流速;当管道内明显存在水等第二物相时,其流速应限制在 1 m/s 以内。

(8)停产不用的塔器、容器、管线等,应清扫干净,并应打开放散管和隔断对外连接;报废不用的设备和管线,清扫干净后应立即拆除。

(9)甲、乙类生产场所的设备及管线,其保温应采用不燃或难燃保温材料,并应防止可燃物渗入绝热层。

(10)压力容器、压力管道的设计、制造、施工、使用和管理,应符合国家现行的相关规范和规程的规定。

(11)煤气净化各种洗涤塔下应设有液位报警或自动调节,或采用液封。

(12)塔器的窥镜、液面计,其玻璃应能耐高温,并应严密。

(13)管式炉点火前,应确保炉内无爆炸性气体。

(14)管式炉出现下列情况之一,应立即停止煤气供应:

①煤气主管压力降到 500 Pa 以下,或主管压力波动危及安全加热。

②炉内火焰突然熄灭。

③烟筒(道)吸力下降,不能保证安全加热。

④炉管漏油、漏汽。

⑤煤气管道泄漏。

(15)在轨道上行走的设备,其两端应有缓冲器,轨道两端应设电气限位器和机械安全挡。

(16)在同一轨道上行走的两台设备,应有防止碰撞的信号或自动联锁装置。

(17)行走设备和无法安装防护罩的转动设备,均应设声、光信号及制动闸,声音信号应区别于其他专用信号。

(18)转动设备和提升设备周围,应设防护栏杆或其他隔离设施;自动或遥控的设备,其周围应有防止人员接近的措施和警示标识。

(19)安全装置不完善不允许启动的设备,均应设安全联锁装置。

2. 管线

(1)全厂性的工艺管线,宜集中布置形成管线带,并采用地上架设。

(2)可燃气体或甲、乙、丙类液体的管线,不应穿越仪表室、变电所、配电室、办公室、休息室及与该管线无关的储槽区或生产厂房。

(3)可燃气体或甲、乙、丙类液体的管线,不宜地下敷设;需用管沟敷设时,在管沟进出装置和厂房处应妥善隔断。管沟内不应积聚可燃气体、蒸汽。

(4)腐蚀性介质的管道,应敷设在管线带的下部。

(5)蒸汽管与易燃物管道同向架设时,蒸汽管应架设在上方。

(6)输送易凝可燃液体的管道及阀门均应保温,不应使用明火烘烤。

(7)阀门应安装在易检修、更换和便于操作的位置,大型阀门手轮离操作台面的高度宜为 1.2 m 左右。

（8）阀门应有开、关旋转方向和开、关程度的指示，旋塞应有明显的开、关方向标志。

（9）严禁用管道上的调节配件代替隔断阀门，按要求应该堵盲板的操作不应以只关阀门代替堵盲板。

（10）事故排放管应坡向事故排放储槽，管道上应尽量少设弯头、支管，除设备附近的隔断阀门外，沿排放管全长都不应设旋塞和阀门。

（11）盲板及其盲板圈的手柄应有明显区别。

（12）穿过防火堤的管道，其管沟必须填平。与油库无关的管道不应穿过其防火堤。

（13）不应利用甲、乙、丙类液体及可燃气体的管道作零线或接地线。

（14）水、蒸汽、空气等辅助管线与甲、乙、丙类液体或有毒液体、可燃气体的设备、机械、管线连接时，若有发生倒流的可能，则辅助管线上应有可靠的隔断装置。

（15）供油泵在停电、停汽或其他情况下可能发生倒流时，应在其出口管道上安装逆止阀。

（16）酸、碱、酚和易燃液体的输送，应采用密封性能可靠的泵。

（17）酸、碱、酚等液体管道的法兰应加保护罩，法兰位置应尽量避开经常有人操作的地方。

（18）污水总排出管应设水封井。全厂性下水道的干管、支干管，在各区（装置区、储槽区、辅助生产区）之间，应用水封井隔开；水封井之间管道长度不应超过 300 m。

（19）管线涂色应符合《工业管道的基本识别色、识别符号和安全标识》的规定。

3. 储槽

（1）储槽的布置及防火间距，应符合《建筑设计防火规范（2018 年版）》《石油化工企业设计防火标准（2018 年版）》中的相关规定。

（2）甲、乙、丙类液体储槽之间的防火间距，不应小于表 3-3 的规定。

表 3-3　甲、乙、丙类液体储槽之间的防火间距/m

液体类别	单槽容积/m^3	固定顶槽			浮顶储槽	卧式储槽
		地上式	半地下式	地下式		
甲、乙类	≤1 000	0.75D	0.5D	0.4D	0.4D	不小于 0.8
甲、乙类	>1 000	0.6D				
丙类	不限	0.4D	不限	不限	—	

注：a. D 为相邻较大立式储槽的直径（m）；矩形储槽的直径为长边与短边之和的一半。

b. 不同液体、不同形式储罐之间的防火间距不应小于本表规定的较大值。

c. 两排卧式储罐之间的防火间距不应小于 3 m。

d. 设置充氮保护设备的液体储罐之间的防火间距，可按浮顶储罐的间距确定。

e. 当单罐容量小于或等于 1 000 m^3 且采用固定冷却消防方式时，甲、乙类液体的地上式固定顶罐之间的防火间距不应小于 0.6D。

f. 同时设有液下喷射泡沫灭火设备、固定冷却水设备和扑救防火堤内液体火灾的泡沫灭火设备时，储罐之间的防火间距可适当减小，但地上式储罐不宜小于 0.4D。

g. 闪点大于 120 ℃的液体，当储罐容量大于 1 000 m^3 时，其储罐之间的防火间距不应小于 5 m；当储罐容量小于或等于 1 000 m^3 时，其储罐之间的防火间距不应小于 2 m。

（3）带盖储槽应设放散管，可能堵塞的放散管应设蒸汽吹扫管。

（4）设有蒸汽加热器的储罐，应采取防止液体超温的措施。

（5）可燃液体的储罐，应设液位计和高位报警器，必要时可设自动联锁切断进液装置。

（6）甲、乙类液体储槽的注入管，应有消除静电的措施。储罐的进料管，应从罐体下部接入；若从上部接入，应延伸至距罐底 200 mm 处。

（7）甲、乙、丙类液体的地上、半地下储槽或储槽组，其防火堤的设置、堤内储槽的布置应符合《建筑设计防火规范（2018 年版）》《储罐区防火堤设计规范》的规定。

(8)甲类液体半露天堆场,乙、丙类液体桶装堆场和闪点大于120 ℃的液体储罐(区),当采取了防止液体流散的设施时,可不设置防火堤。

(9)酸、碱和甲、乙、丙类液体高位储槽,应设满流管或液位控制装置。

(10)浓硫酸储槽顶部应设脱水器,或采用其他防水措施,槽底的出口管应设两道阀门。

链接

防火间距是指防止着火建筑的辐射热在一定时间内引燃相邻建筑,且便于消防扑救的间隔距离。

考点五 备煤的安全要求

1. 受煤

(1)解冻库和卸煤装置的煤车出入口,应设置信号灯。

(2)解冻库不应由1人单独操作。

(3)翻车机应设置事故开关、自动脱钩装置、翻转角度极限信号和开关,以及人工清扫车厢时的断电开关,且应设置制动闸。

(4)翻车机转到90°时,其红色信号灯熄灭前禁止清扫车底。翻车时,其下部和卷扬机两侧禁止有人工作和逗留。

(5)重车和空车调车机前后,应设置行程限位开关和信号装置,并应有制动闸。

(6)用调车机牵引时,其轨道上应设置活动挡车器。

(7)严禁在车厢连接时上下车。

(8)螺旋卸煤机和链斗卸煤机应设置夹轨器。

(9)螺旋卸煤机的螺旋和链斗卸煤机的链斗起落机构,应设置提升高度极限开关。

(10)卸煤机械离开车厢之前,禁止扫煤人员进入车厢内工作。

(11)翻车机铁路线及其周围的工业建筑布置和配挂车设备应符合《工业企业厂内铁路、道路运输安全规程》和铁路部门的其他相关管理规定。

(12)翻车机自动卸车作业时,铁路线路应集中联锁控制。

2. 储煤

(1)起重机械的设计、制造、检验、报废、使用和管理,应遵守《起重机械安全规程》的有关规定。

(2)煤场堆取料机平行布置时,两条线上堆取料机悬臂前端回转轨迹不宜发生相交。

(3)堆取料机应设置下列装置:

①风速计。

②防碰撞装置。

③运输胶带联锁装置。

④与煤场调度通话装置。

⑤回转机构和变幅机构的限位开关及信号。

⑥手动或具有独立电源的电动夹轨钳。

(4)堆取料机供电地沟,应有保护盖板或保护网,沟内应有排水设施。

(5)禁止推土机横跨门式起重机轨道。

(6)煤堆应有防止自燃的措施,煤堆上宜喷覆盖剂或水。

(7)煤槽上部的入口应设金属盖板或围栏,煤流入口应设篦子,受煤槽的篦格(篦缝)

不应大于0.2 m×0.3 m(0.2 m),翻车机下煤槽篦格(篦缝)不应大于0.4 m×0.8 m(0.4 m),粉碎机后各煤槽篦缝不应大于0.2 m。

(8)煤槽的斗嘴应为双曲线型,煤槽应设振煤或疏通装置。

(9)地下通廊应有防止地下水浸入的设施,其地坪应坡向集水沟,积水沟必须设盖板。

(10)煤塔顶层除胶带通廊外,还应另设一个出口,煤塔顶部宜设通风窗口。

(11)进入煤槽、煤塔扒煤或清扫时,应采取可靠的防止垮煤埋压的安全措施,系好安全带,且应有人监护。人工捅料时,应采取可靠的安全措施。

链接

储存煤的形式:

(1)斗轮堆取料机露天储煤场。其储存量大,投资少,利于煤料的脱水和混匀,但环境污染大、煤料自然流失多。

(2)圆形室内煤场。其储存量大,占地少,环境污染小,煤料自然流失少,但缺失煤料混匀的过程。

(3)筒仓煤库。其占地少,环境污染小,煤料自然流失少,但缺失煤料脱水和混匀的过程。

3. 配煤、破碎及粉碎

(1)配煤操作应自动化;采取核子秤配煤时,其辐射量应满足职业健康安全卫生要求,应设置醒目的警示标识。

(2)配煤盘下的胶带输送机与配煤斗槽立柱之间的距离,在跑盘一侧不应小于1 m。

(3)粉碎机、破碎机前应设除铁器。

(4)破碎机和粉碎机,应有电流表,盘车前应断电。

(5)锤式粉碎机应有打开上盖的起重装置。

(6)粉碎机运转时,禁止打开其两端门和小门。

4. 成型煤

(1)混合机和成型机,应设电流表、电压表、超负荷自动停机的联锁及相互自动联锁装置。

(2)进入混合机的沥青、焦油渣配管应全封闭,并安装蒸汽保温管。

(3)热态中不应进行点检、清扫等作业。

(4)混合机外壁应安装保温材料。

(5)成型机应设门开机停的联锁装置。

(6)各机进出口,应设置带净化器的抽风机或集中除尘。

(7)焦油渣设备应按启动顺序设置联锁装置;斗式提升机上下应设限位开关。

5. 运煤

(1)运煤系统应采用具有监视、操作、控制和保护功能的工业控制计算机系统。

(2)胶带输送机应有下列装置:

①胶带打滑、跑偏及溜槽堵塞的探测器。

②机头、机尾自动清扫装置。

③倾斜胶带的防逆转装置。

④胶带输送机至机头、机尾应安装紧急停车装置(两侧通行时,两侧均应安装)。

⑤自动调整跑偏装置。

(3)胶带输送机通廊两侧人行通道，净宽不应小于0.8 m，如系单侧人行通道，则不应小于1.3 m。人行通道上不应设置入口或敷设蒸汽管、水管等妨碍行走的管线。

(4)胶带输送机不应采用可燃材料建筑，并应符合相关规范的规定。

(5)沿胶带输送机走向每隔50～100 m，应设一个横跨胶带输送机的过桥。过桥走台平面的净高度不应小于1.6 m。

(6)胶带输送机侧面的人行道，其倾角大于6°的，应有防滑措施；大于12°的，应设踏步。

(7)胶带输送机宜加罩。未加罩的应在机架两侧的下列地点，设置钢制挡板：

①人工挑拣杂物处。

②除铁器下需要人工拣出铁物处。

③起落胶带分流器及清扫溜槽处。

④人工跑盘和人工采样处。

⑤其他经常有人操作的地方。

(8)胶带输送机支架的高度，应使胶带最低点距地面不小于400 mm。

(9)胶带输送机的转动装置、机头、机尾和机架等与墙壁的距离，不应小于1 m。机头、机尾和拉紧装置应有防护设施。

(10)采用长溜槽运煤，应设防堵振煤装置。

(11)需人工清扫的溜槽，上部应设平台。

(12)胶带运输机卸料小车应设夹轨钳，其轨道两端应有限位开关。

(13)胶带输送机机运行时，不应用铁锹等工具处理、清理转动部位。

(14)管状胶带输送物料前，应安装除铁器。

链接

备煤生产过程中常见的危险、有害因素：火灾和爆炸、高处坠落、机械伤害、车辆伤害、触电、坍塌等。

典型例题

【单选题】当胶带输送机侧面的人行道倾角大于12°时，应设置(　　)。

A. 防护栏　　B. 防滑条

C. 坡道　　D. 踏步

D。【解析】胶带输送机侧面的人行道，其倾角大于6°的，应有防滑措施；大于12°的，应设踏步。

考点六　炼焦的安全要求

1. 焦炉

(1)焦炉炉顶表面应平整，纵、横拉条不应突出表面。

(2)焦炉应采用水封式上升管盖、隔热炉盖等措施。

(3)炉端台顶部应设操作工人休息室。

(4)焦炉上升管应设防热挡板或采取其他隔热措施。

(5)在对着上升管管口的横贯管管段下部宜设防火罩。

(6)集气管、放散管的排出口应设置自动点火装置，放散管的高度应高出集气管走台

5 m以上。若为人工操作，其开闭应能在集气管走台上进行。

（7）集气系统应设事故用工业水管，集气管操作台上部应设清扫孔。

（8）禁止在距打开上升管盖的炭化室5 m以内清扫集气管。

（9）桥管、集气管和吸气管上的清扫孔盖和活动盖板等，均应用小链与其相邻构件固定。

（10）清扫上升管宜机械化。

（11）上升管盖、桥管承插口、装煤孔、炉门和小炉门等，应采取防止冒烟的措施。

（12）煤塔漏嘴不宜采用煤气火焰保温。若采用煤气火焰保温，必须采取相应的安全措施。

（13）焦炉机侧操作台上预留的向余煤提升机的下部煤斗放煤的下煤口，应有篦缝不大于0.2 m的篦子。

（14）单斗余煤提升机，应有上升极限位置报警信号、限位开关及切断电源的超限保护装置。

（15）单斗余煤提升机正面（面对单斗）的栏杆，不应低于1.8 m，栅距不应大于0.2 m。

（16）单斗余煤提升机下部，应设单斗悬吊装置。地坑的门开启时，提升机应自动断电。

（17）单斗余煤提升机的单斗，停电时，应能自动锁住。

（18）焦炉机侧、焦侧消烟梯子或平台小车（带栏杆），应有安全钩。

（19）机侧、焦侧抵抗墙四角，距离操作平台上方1 m处应设置压缩空气管接头。

（20）在不妨碍车辆作业的条件下，机侧操作平台应设一定高度的挡脚板。

（21）横铁可以旋转的炉门上下横铁之间应设拉杆，其他结构的炉门应确保炉门横铁与炉框门钩能自动锁住。

（22）炉门修理站旋转架，上部应有防止倒伏的锁紧装置或自动插销，下部应有防止自行旋转的销钉。

（23）炉门修理站卷扬机上的升、降开关，应与旋转架的位置联锁，并能点动控制；旋转架的上升限位开关应准确可靠。

（24）焦炉地下室、机焦两侧烟道走廊、交换机室、煤气预热器室和室内煤气主管周围，严禁吸烟。

（25）机焦两侧烟道走廊出入口，应设在煤塔、炉间台、大间台的机侧或炉端台的尽头处。

（26）机焦两侧烟道走廊外设有电气滑触线时，烟道走廊窗户应用铁丝网防护。

（27）地下室应加强通风，其两端应有安全出口。

（28）地下室煤气分配管的净空高度不宜小于1.8 m。

（29）地下室煤气管道的冷凝液排放旋塞的材质，不应采用铜质。

（30）地下室煤气管道末端应设自动放散装置，放散管的根部应设清扫孔。

（31）地下室焦炉煤气管道末端应设防爆装置。

（32）机焦两侧烟道走廊和地下室，应设换向前3 min和换向过程中的音响报警装置。

（33）交换机室或仪表室不应设在烟道上。焦炉仪表室应配备便携式一氧化碳报警器和空气呼吸器。

（34）在无充氮情况下，煤气调节蝶阀和烟道调节翻板，应设有防止其完全关闭的装置；有自动充氮保护装置的，充氮前应关闭。

(35)交换开闭器调节翻板应有安全孔,保证蓄热室封墙和交换开闭器内任何一点的吸力均不低于5 Pa。

(36)高炉煤气因低压而停止使用后,在重新使用之前,应采取可靠的安全措施。

(37)出现下列情况之一,应停止焦炉加热:

①煤气主管压力低于500 Pa。

②烟道吸力下降,无法保证蓄热室、交换开闭器等处吸力不小于5 Pa。

③换向设备发生故障或煤气管道损坏,无法保证安全加热。

(38)采用高炉煤气、发生炉煤气等贫煤气加热的焦炉地下室必须设置固定式一氧化碳检测及报警装置。

(39)不应在烟道走廊和地下室带煤气抽、堵盲板。

(40)从下喷管往上观看砖煤气道时,应佩戴防护眼镜。

(41)焦炉地下室水封应保持完好状态。

链接

焦炉砌体的组成包括炭化室、燃烧室、炉顶区、斜道区、蓄热室、烟道和基础等。焦炉的工艺设备包括加热煤气设备和荒煤气导出设备。其中,加热煤气设备包括加热煤气管道(单热式和复热式)和交换转动装置(改变焦炉加热系统内空气、煤气和废气的流动方向)。荒煤气导出设备可适度冷却荒煤气,并将荒煤气顺利导出。

2. 焦炉机械

(1)推焦机、拦焦机、电机车、装煤车开车前必须发出音响信号;行车时严禁上、下车;除行走外,焦炉机械的各单元操作应实现程序控制;司机室内,应铺绝缘板。

(2)推焦机、拦焦机和电机车之间,应有通话、信号联系和联锁,并应严格按信号逻辑关系操作,不应擅自解除联锁。

(3)推焦机、装煤车和电机车,应设压缩空气压力超限时空压机自动停转的联锁。司机室内,应设置风压表及风压极限声、光信号。

(4)推焦机的走行装置应与启闭炉装置及推焦、平煤等操作设置联锁;装煤车的走行装置应与螺旋给料、启闭炉盖、升降导套、集尘干管对接阀启闭装置及煤塔受煤操作等装置设置联锁;拦焦机的走行装置应与送煤装置、推焦装置以及启闭炉门装置等设置联锁;导烟除尘车的行走装置与启闭炉盖、集尘干管对接阀启闭器装置等设置联锁。

(5)推焦机和拦焦机宜设置清扫炉门、炉框以及清理炉头尾焦的设备。

(6)应沿推焦机全长设能盖住与机侧操作台之间间隙的舌板,舌板与操作台之间不应有明显台阶(只适用于4.3 m及以下焦炉)。

(7)推焦杆应设行程极限信号、极限开关和尾端活牙或机械挡。带翘尾的推焦杆,其翘尾角度应大于90°且小于96°。

(8)平煤杆和推焦杆应设手动装置,且应有手动时自动断电的联锁。推焦机宜设置事故停电时退回推焦杆、平煤杆的动力装置。

(9)推焦中途因故中断推焦时,电机车和拦焦机司机未经推焦指挥许可,不应把车开离接焦位置。

(10)拦焦机的两条主要走行轨道均设在焦炉焦侧操作台上时,拦焦机和焦炉炉柱上应分别设置安全挡和导轨。

(11)电机车司机室应设置指示车门关严的信号装置。

（12）寒冷地区的电机车轨道应采取防冻措施。

（13）装煤车与炉顶机、焦两侧建筑物的距离，不应小于 800 mm。

（14）交换传动装置必须按先关煤气，后交换空气、废气，最后开煤气的顺序动作。交换机应设有手动装置。

3. 固定煤塔式捣固装煤

（1）装煤车煤槽活动壁、前挡板、锁壁的张开和关闭应设置信号显示。煤槽活动壁及前挡板未关好时，捣固机不应进行捣固。

（2）装煤车活动接煤板的升起和落下应设置信号显示，当升起时应设置切断装煤车行走的闭锁装置。

（3）装煤车托煤板没有退回到原位时，应设置切断装煤车行走的闭锁装置。

（4）捣固机捣固锤的落下和提起、安全挡的开、关应设置信号显示。

（5）捣固机应设置捣固锤落下后切断装煤车走行的闭锁装置。

（6）装煤车向炭化室装煤时，在煤饼到位后，应设置切断装煤电机继续前进的限位。托煤板抽出到位、锁壁退回到位，应设置限位控制。严禁没有限位设施的装煤车进行装煤操作。

4. 熄焦

（1）湿法熄焦应符合下列要求：

①粉焦沉淀池周围应设置防护栏杆，水沟应设置盖板。

②凉焦台应设置水管。

③不应使用未经二级（生物）处理的酚水熄焦。

④粉焦抓斗司机室宜设在旁侧或采用遥控操作方式。

（2）干法熄焦应符合下列规定：

①应保证干熄焦装置整个系统的严密性。投产前和大修后均应进行系统气密性试验。

②干熄焦锅炉及其附件的设计、制造、施工、验收、检测及检修均应符合《蒸汽锅炉安全技术监察规程》《特种设备安全监察条例》的规定。

③干熄焦排出装置区域应通风良好，干熄焦排出装置的振动给料器及旋转密封阀周围，应设置一氧化碳和氧气浓度的检测、声光报警装置；干熄焦排出装置的排焦溜槽及运焦带式输送机位于地下时，排焦溜槽周围及运焦通廊的地下部分，应设置一氧化碳和氧气浓度的检测、声光报警装置。

④干熄焦装置最高处，应设置风向仪和风速计，并具备风速报警功能，当风速大于 20 m/s时，干熄焦提升机应停止作业。提升机应设置锚定装置。

⑤干熄焦提升机提升机构制动器应具备制动间隙自动补偿和自动补偿失效报警功能。提升机钢丝绳卷筒应设置安全制动器。横移牵引装置、干熄焦提升机和装入装置等应设置限位和位置检测装置，横移牵引装置和干熄焦提升机还应设置速度检测装置。

⑥干熄焦气体循环系统的锅炉出口和二次除尘器上部，应设置防爆装置。循环风机应与干熄焦锅炉给水泵、干熄焦锅炉汽包水位、主蒸汽温度、仪表用净化压缩空气（氮气）压力、强制循环泵流量、除氧水箱液位联锁。循环气体管路应严密，对出现的泄漏点，应及时修复。

⑦干熄炉入口循环气体管路上应设循环气体成分在线分析仪，对一氧化碳、二氧化碳、氢、氧含量进行分析记录，且应控制在允许范围内。

⑧进入干熄炉、排出装置和循环系统内检查或作业前,应关闭放射线源快门,进行系统内气体置换和放射源浓度、气体成分检测。进入人员应携带一氧化碳和氧气浓度检测仪器和与外部联络的通信工具。

⑨装入装置应设双重保护的行程限位开关;装入装置应设置润滑装置,并宜实现自动给脂;装入装置应设置手动装置;装入装置可移动区域应设置安全栏杆;装入装置轨道两端应设置安全挡。

⑩旋转密封阀的上、下接口应设置补偿器,补偿器应配置耐磨衬板。旋转密封阀现场操作盘上应设有正反向旋转按钮。旋转密封阀两侧密封腔的气体压力应略高于干熄炉入口循环气体压力。旋转密封阀的入口或出口应设置焦炭温度检测装置。

⑪干熄焦排出装置的排焦溜槽及运焦带式输送机位于地下时,排焦溜槽周围及运焦通廊的地下部分,应设置一氧化碳、氧气浓度检测报警装置;地下运焦通廊应设置排风系统,当一氧化碳或氧气浓度达到报警值时,应自动启动排气风机。

5. 焦处理

(1)筛焦楼下铁路运焦车辆进出口,应设声光报警器。

(2)敞开式的胶带输送机通廊两侧,应设防止焦炭掉下的围挡。

(3)运焦胶带输送机应符合运煤的有关规定。

(4)运焦胶带应为耐热胶带,皮带上宜设红焦探测器、自动洒水装置及胶带纵裂检测器。

(5)不应向胶带上放红焦。

(6)进入布袋室检查和清扫时,应断电,检测氧含量,并设专人监护。

链接

炼焦生产过程中常见的危险、有害因素:火灾和爆炸、高处坠落、机械伤害、电气伤害、中毒和窒息、烫伤和烧伤等。

典型例题

【单选题】焦化企业干熄焦装置应设置循环气体成分自动分析仪,对(　　)含量进行分析记录。

A. CO、H_2、O_2、CO_2　　B. CO、CH_4、O_2、CO_2

C. CO、H_2S、O_2、CO_2　　D. CO、C_2H_2、O_2、CO_2

A。【解析】根据《干法熄焦安全规程》,干熄炉入口循环气体管路上应设循环气体成分在线分析仪,对 CO、H_2、O_2、CO_2 含量进行分析记录,且应控制在允许范围内。

考点七 煤气净化的安全要求

煤气净化是脱除煤气中飞灰、焦油、萘、氨、硫化氢等杂质的过程。

1. 冷凝鼓风

(1)冷凝鼓风工段应有两路电源和两路水源,采用两台以上蒸汽透平鼓风机时,应采用双母管供汽。

(2)鼓风机的仪表室宜设在主厂房两侧或端部,当毗邻厂房外墙设置时,应用耐火极限不低于 3 h 的非燃烧墙体与厂房隔开。

(3)鼓风机的仪表室应有如下参数的显示:煤气吸力、压力,鼓风机的转速、轴向位移和轴承温度,风机油箱油位和油泵出口油压,电机的电压、电流和轴承温度,蒸汽透平用蒸汽压力和温度,以及集气管压力、初冷器前后煤气温度、煤气含氧量,此外,还应配备测振仪和听音棒。

(4)每台鼓风机应设置单独控制箱,其馈电线宜设零序保护报警信号,并应设如下报警、联锁停车装置:

①鼓风机的开停车与油泵的联锁。

②鼓风机主油泵与副油泵自动切换联锁。

③鼓风机润滑油箱油位、油温、油压报警及油压联锁停车装置。

④轴瓦温度、电机定子温度超限报警和联锁停车装置。

⑤鼓风机过负荷、轴位移超限、两台同时运转的鼓风机故障停车等报警、联锁停车装置。

⑥采用液力偶合器调速时,液力偶合器进出口管应设油温、油压、油管阻力等报警和联锁停车装置。

⑦焦炉集气管煤气压力上、下限报警信号。

(5)鼓风机室应有直通室外的走梯,底层出口不应少于两个。

(6)鼓风机轴瓦的回油管路和高位油箱回油管应设窥镜。

(7)鼓风机室应设置可燃气体检测装置。

(8)鼓风机煤气吸入口的冷凝液出口与水封满流口中心高度差,不应小于2.5 m;出口排冷凝液管的水封高度,应超过鼓风机计算压力(以 mmH_2O 计)加500(室外)~1 000 mm(室内)。

(9)初冷器冷凝液出口与水封槽液面高度差不应小于2 m。水封压力不应小于鼓风机的最大吸力。

(10)电捕焦油器、鼓风机等冷凝液下排管的扫汽管,应设两道阀门。

(11)蒸汽透平鼓风机应设置自动危急遮断器。

(12)蒸汽透平鼓风机的蒸汽入口应有过滤器,紧靠入口的阀门前应安装蒸汽放散管,并有疏水器和放散阀,蒸汽调节阀应设旁通管。

(13)蒸汽透平鼓风机的蒸汽冷凝器出入口的阀门,不应关闭。

(14)清扫鼓风机前煤气管道时,同一时间内只准打开一个塞堵。

(15)电捕焦油器电瓷瓶周围宜用氮气保护,绝缘箱保温应采用自动控制。绝缘箱温度设自动报警并与电捕焦油器联锁停机:

①未采用氮气保护的绝缘箱,温度低于100 ℃报警,温度低于90 ℃时自动断电;

②采用氮气保护的绝缘箱,温度低于80 ℃报警,温度低于70 ℃时自动断电。

(16)电捕焦油器应设连续式自动氧含量分析仪,并与电捕焦油器电源联锁。煤气含氧量超过1.0%时报警,超过2.0%自动断电。电捕焦油器位于鼓风机后时,应设泄爆装置。

(17)电捕焦油器的变压器等电气设备,应有可靠的屏护。

(18)电捕焦油器因故敞开人孔或器内清理油渣时,应及时采取水冷却降温等安全措施,防止氧化剧烈情况下的硫化亚铁自燃。

(19)当电捕焦油器遇到下列情况之一,自动断电装置失灵时,应立即手动断电:

①煤气含氧量大于2.0%。

②绝缘箱温度低于 70 ℃(无氮气保护为 90 ℃)。

③煤气系统发生事故时。

链接

冷凝鼓风主要包括初步冷却煤气(直接式和间接式)、搜集焦油雾、分离氨水焦油和输送煤气 4 个工序。

2. 硫铵、粗轻吡啶及黄血盐生产

(1)硫酸高置槽应设液位的高位报警、联锁及满流管,满流管满流能力应大于进料能力;槽下方应设置防漏围堰。

(2)半直接法硫铵饱和器母液满流槽的液封高度,应大于鼓风机的全压。

(3)半直接法饱和器生产时,不应用压缩气体往饱和器内加酸或从饱和器抽取母液。

(4)间接法硫铵生产中,送酸气前,应检查确认饱和器酸气出口阀门处于开启状态。

(5)间接法硫铵生产中,满流槽、回流槽、稠化器等产生尾气设施的装置应盖严,防止酸气外逸,引起中毒。

(6)饱和器开工前,要先保证饱和器及其满流槽附水封槽液位达到满流。

(7)除酸器排液管、饱和器满流管、硫酸高置槽满流管,应保持畅通。

(8)硫铵系统的废气排风机和换气风机应在硫铵开工前 10 min 投入正常运行,停工后 10 min 停止运行,废气排风机、换气风机不能运行时不应开工生产。

(9)浓硫酸输送应采用泵送或自流方式,不应使用压缩气体输送;不应使用蒸汽吹扫浓硫酸设备及管道。

(10)用浓硫酸配硫铵母液时,应缓慢调节流量,防止集中放热造成母液飞溅。

(11)从满流槽捞酸焦油时,操作人员不应站在满流槽上,非操作人员不应靠近满流槽和酸焦油槽。

(12)螺旋输送机应设盖板,设备运转时,不应开盖。

(13)在酸、碱泵及其介质易外泄的生产设施附近选择相对安全、方便的位置设置洗手盆、淋洗器、洗眼器。

(14)进入吡啶设备的管道,应设高度不小于 1 m 的液封装置。

(15)吡啶的生产、计量及储存装置应密闭,其放散管应导入鼓风机前的吸气管道,以保证吡啶装置处于负压状态;放散管应设置吹扫蒸汽管。

(16)吡啶装桶处应设有通风装置和围堰,其地面应坡向集水坑。

(17)吡啶产品的保管、运输和装卸,应防止阳光直射和局部加热,并应防止冲击和倾倒。

(18)黄血盐吸收塔尾气通过冷凝器和气液分离器后,应导入鼓风机前负压管道。

(19)黄血盐吸收塔需要开盖或长期停塔时,应采用降温或隔绝空气等措施以防止塔内硫化亚铁自燃。

(20)吸收塔进口管道上应装设防爆膜。

3. 粗苯回收

(1)粗苯区域应设明显的警告标志。

(2)粗苯中间槽应设液位计,并宜设高位报警装置,防止溢流。

(3)粗苯储槽应密封,并装设呼吸阀和阻火器,或采用其他排气控制措施。人孔盖和脚踏孔应有防冲击火花的措施。粗苯储槽阻火器、呼吸阀、人孔、放散管等金属附件应保持等电位连接。

(4)粗苯储槽应设在地上,不宜有地坑。

(5)管式炉点火作业时,应双人配合作业,先用蒸汽吹扫,然后遵循"先送富油后点火,先点引火后送煤气"的原则。

4. 脱硫脱氰

(1)干法脱硫,应遵守下列规定:

①脱硫箱应设煤气安全泄压装置。

②脱硫箱宜采用高架式,装卸脱硫剂应采用机械设备。

③废脱硫剂应在当天运到安全场所妥善处理。

④停用的脱硫箱拔去安全防爆塞后,当天不应打开脱硫剂排出孔。

⑤未经严格清洗和测定,严禁在脱硫箱内动火。

链接

干法脱硫适用于煤气含硫量较低,煤气处理量较小或要求净化程度较高的情况。

(2)改良蒽醌二磺酸钠法脱硫,应遵守下列规定:

①应设溶液事故槽,其容积应大于脱硫塔和再生塔的溶液体积之和。

②脱硫塔、再生塔和溶液槽等设备的内壁应进行防腐处理。

③进再生塔的压缩空气管和溶液管,均应高于再生塔液面,且溶液管上应设防虹吸管或采取其他防虹吸措施。

④再生塔与脱硫塔间的溶液管,应设 U 形管,其液面高度应大于煤气计算压力(以 mmH_2O 计)加 500 mm。

⑤除沫器排水器的冷凝液排放管,应采用不锈钢制作,且不宜有焊缝。

⑥熔硫釜排放硫膏时,其周围严禁明火。

(3)TAKAHAX - HIROHAX 法脱硫,应遵守下列规定:

①进氧化塔的空气管液封应高于氧化塔的液面,防止溶液进入压缩空气机。

②进氧化塔的溶液管液封应高于氧化塔的液面,并应设防虹吸管。

③吸收塔底部必须设有溶液满流管。

(4)H. P. F、PDS、ZL 法等脱硫,应遵守下列规定:

①应设溶液事故槽,其容积应大于脱硫塔和再生塔的溶液体积之和。

②脱硫塔、再生塔和反应槽等设备,宜采用不锈钢材质。

③进再生塔的压缩空气管应高于再生塔液面。

④再生塔与脱硫塔间的溶液管,应设 U 形管,其液面高度应大于煤气计算压力(以 mmH_2O 计)加 500 mm。

⑤生产过程中应控制压缩空气流量及压力,防止再生塔溢塔,泡沫槽溢流。

⑥当采用压滤机生产硫膏时,压滤机的滤板不应随意拆卸,防止压滤机伸长杆伸长量超过最大值而伤人;当采用熔硫釜生产熔融硫时,其周围严禁明火。

⑦添加催化剂应缓慢,防止溅出伤人。

⑧压缩空气流量计检修时,先要泄压,防止颗粒喷出伤人。

(5)氨水(A - S)法脱硫,应遵守下列规定:

①脱酸蒸氨泵房应配备固定式或手持式有毒气体检测仪。

②脱酸塔液相正常循环时,脱酸塔顶温度大于 40 ℃时,不宜打开其放散管,特殊情况下需要开关放散管时,应站在上风侧操作,防止中毒;脱酸塔不应形成负压。

(6)真空碳酸盐法脱硫,应遵守以下规定:

①脱硫塔底部液位不应超过入口煤气管道最低处。

②解吸塔负压不应超过上限值,防止设备出现“吸瘪”现象。

③正常生产时,不宜打开真空泵后设备和管道的放散管,特殊情况下需要开关放散管时,应站在上风侧操作,防止中毒。

5. 克劳斯法硫磺(含氨分解)及湿接触法硫酸

(1)克劳斯炉、氨分解炉点火前,应检查确认无泄漏,系统吹扫检测合格后方可点火,若点火失败,系统应再次吹扫并确认合格后方可再次点火。

(2)氨分解炉、克劳斯炉系统不应超温超压操作。

(3)加热用煤气和空气应设低压报警和自动停机联锁保护。

(4)废热锅炉的设计、制造、安装、使用、校验应符合现行的《蒸汽锅炉安全技术监察规程》的规定,废热锅炉内软水设定液位≥100 mm。

(5)克劳斯炉装置停产时,应用加热气体吹扫,防止设备急剧冷却。

(6)硫封、硫槽等液硫设施周围不应有明火,切片机、硫管检修时,应确认管内无液硫,夹套管蒸汽放空。

(7)不应穿、戴易产生静电的衣物及带铁钉的鞋子进入成品室。

(8)焚烧炉突然灭火时,应立即打开酸气去荒煤气管道阀门,关闭入焚烧炉阀门,不应排放未经焚烧的气体。

(9)进入棒式过滤器作业,应采取可靠的安全措施,防止中毒或灼伤,吹扫过滤棒时,给汽应由小到大,身体避开易外漏部位,防止烫伤。

链接

煤气净化生产过程中常见的危险、有害因素:火灾和爆炸、高处坠落、机械伤害、触电、中毒、烫伤和酸碱灼伤等。

考点八 粗苯加工的安全要求

焦化粗苯主要含苯、甲苯、二甲苯等芳香烃,另外还有一些不饱和化合物、含硫化合物、含氧化合物及氮化合物等杂质。粗苯精制就是以粗苯为原料,经化学和物理等方法将上述杂质去除,以便得到可作原料使用的高纯度苯。

焦化粗苯的加工存在两种工艺,一种是古老的酸洗净化法(已淘汰),另一种是先进的加氢精制法。其中,加氢精制法主要是利用催化剂加氢净化,去除粗苯中的杂质,并精馏得到苯类产品。该方法根据反应温度可分为高温法(600~650 ℃)、中温法(500~550 ℃)和低温法(350~380 ℃)。

1. 精苯

(1)精苯生产区域宜设高度不低于2.2 m的围墙,其出入口不应少于两个,且区域应有有效保卫。

(2)禁止穿带钉鞋或携带火种者以及未采取有效防火措施的机动车辆进入围墙内。

(3)精苯生产区域,不应布置化验室、维修间和生活室等辅助建筑。

(4)金属平台和设备管道应用螺栓连接。

(5)洗涤泵与其他泵宜分开布置,周围应有围堰。

(6)洗涤操作室宜单独布置,洗涤酸、碱和水的玻璃转子流量计,应布置在洗涤操作室的密闭玻璃窗外。

(7)封闭式厂房内应通风良好,设备和储槽上的放散管应引出室外,并设阻火器。

(8)苯类储槽和设备上的放散管应集中设洗涤吸收处理装置、惰性气体封槽装置或其他排气控制设施。

(9)苯类管道宜采用铜质盲板。苯类等甲、乙类可燃液体设备和管道宜设置惰性气体置换设施。

(10)禁止同时启动两台泵向一个储槽内输送苯类液体。

(11)苯类储槽宜采用内浮顶槽。采用固定顶槽,其槽体表面未采用隔热涂料时,则应设防日晒的固定式冷却水喷淋系统或其他降温设施。固定顶罐应设阻火器和呼吸阀。

(12)各塔空冷器强制通风机的传动皮带,宜采用导电橡胶皮带。

(13)初馏分储槽应布置在库区的边缘,其四周应设防火堤,堤内地面与堤脚应做防水层。

(14)初馏分储槽上应设喷淋装置或采用高效隔热涂料,有条件的企业应设氮封。

(15)禁止往大气中排放初馏分。

(16)送往管式炉的初馏分管道,应设气化器和阻火器。

(17)处理苯类的跑冒事故时,应戴隔离式防毒面具,并应穿防静电鞋或布底鞋,且宜穿防静电服。

(18)精苯区域应设人体静电导除装置。

2. 古马隆

(1)古马隆蒸馏釜宜采用蒸汽加热,若采用明火加热,距精苯厂房和室外设备不应小于 30 m。

(2)用氯化铝聚合重苯的室内,禁止无关人员逗留。

(3)热包装仓库应设机械通风装置,热包装出口处应设局部排风设施。

3. 苯加氢

(1)莱托尔反应器的主要高温法兰,应设消防蒸汽喷射环。

(2)主要设备及高温高压重要部位,应设有固定式可燃性气体检测仪。

(3)莱托尔反应器器壁应涂变色漆,以便发现局部过热。

(4)制氢还原态催化剂,不应接触空气及氧气,停工时应处于氮封状态。

(5)取样时应装好静电消除器。

(6)加热炉和改质炉烟道废气取样,应用防爆的真空泵。

(7)二硫化碳泵与其电气开关的距离,应大于 15 m。

(8)各系统应用氮气置换,经氮气保压气密性试验合格,其含氧量小于 0.5%,方可开工。

(9)装置内火炬的设置,应满足下列要求:

①火炬的高度,应使火焰的辐射热不致影响人身及设备的安全。

②火炬的顶部,应设常明灯或其他可靠的点火设施。

③距火炬筒 30 m 范围内,严禁可燃气体放空。

④液体、低热值可燃气体、空气、惰性气、酸性气及其他腐蚀性气体,不应排入火炬系统。

⑤可燃气体放空管道在接入火炬前,应设置气液分离和阻火等设备,严禁可燃气体夹

带可燃液体进入火炬燃烧。

⑥可燃气体放空管道内的凝结液,应密闭回收,不应随地排放。

链接

粗苯加氢生产过程中常见的危险、有害因素:火灾和爆炸、高处坠落、机械伤害、电气伤害、中毒、烫伤和酸碱灼伤等。

考点九　焦油加工的安全要求

煤焦油是煤在干馏过程中得到的液态产物。根据干馏温度的不同,可以将煤焦油分成以下几类:低温焦油,干馏温度在450~600 ℃;中温焦油,干馏温度在600~800 ℃;高温焦油,温度在900~1 000 ℃。

炼焦过程中产生的焦油称为高温焦油。高温煤焦油是一种主要由芳烃组成的复杂混合物,大约含有1万多种化合物,可根据各组分沸点的不同,利用蒸馏法将其分割为轻油馏分、酚油馏分、萘油馏分、洗油馏分、一蒽油馏分、二蒽油馏分,残液为煤焦油沥青。

1. 焦油蒸馏

(1)蒸馏釜旁的地板和平台,应用耐热材料制作,并应坡向燃烧室对面。

(2)蒸馏釜的排沥青管,应与燃烧室背向布置。

(3)管式炉二段泵出口,应设压力表和压力上限报警装置。焦油二段泵出口压力不应超过设计压力。

(4)焦油蒸馏应设事故放空槽,并经常保持空槽状态。

(5)洗涤厂房、泵房和冷凝室的地板、墙裙,以及蒸馏厂房地板,宜砌瓷砖或采取其他防腐措施。

链接

焦油蒸馏主要包括加热、蒸发、分馏和冷凝冷却等工序。蒸馏根据蒸馏塔压力可分为常压蒸馏、减压蒸馏和常压－减压蒸馏。

2. 沥青冷却及加工

(1)不应采用直接在大气中冷却液态沥青的工艺。中温沥青冷却到200 ℃以下(改质沥青冷却到230 ℃以下),方可放入水池。

(2)沥青系统的蒸汽管道,应在进入系统的阀门前设疏水器。

(3)沥青高置槽有水时,禁止放入高温的沥青。

(4)沥青高置槽下应设防止沥青流失的围堰。

(5)凡可能散发沥青烟气的地方,均应设烟气捕集净化装置。净化装置不能正常运行时,应停止沥青生产。

(6)不宜采用人工包装沥青;特殊情况下需要人工包装时,应在夜间进行,并应采取防护措施。

3. 工业萘、精萘及萘酐生产

(1)萘的结晶制片包装及输送宜实现机械化,包装制品封口处宜有除尘设施。

(2)开工前,工业萘的初、精馏塔及有关管道,应用蒸汽进行置换,并预热到100 ℃左右。

(3)萘转鼓结晶机传动系统、螺旋给料器的传动皮带和皮带翻斗提升机,均应采取防静电积累的措施;若系皮带传动,应采用导电橡胶皮带。

(4)萘转鼓结晶机的刮刀,应采用不发生火花的材料制作。

(5)萘蒸馏塔(釜)应设液面指示器和安全保护装置。

(6)不应使用压缩空气输送萘和吹扫萘管道。

(7)热油泵室地面和墙裙应铺瓷砖,泵四周应砌围堰,堰内经常保持一定的水层。

(8)热风炉和熔盐炉,应设有温度计、防爆孔及温度、压力高报警联锁停炉装置。

(9)苊汽化器出口温度不应超过设计规定,并应按技术要求缓慢升温。

(10)苊汽化器、氧化器和薄壁冷凝冷却器,应设防爆膜。薄壁冷凝冷却器出口应设尾气净化装置。

(11)禁止氧化器熔盐泄漏。

(12)输送液体萘的管道,应有蒸汽夹套或蒸汽伴随管保温以及吹扫用的连接管,应采用氮气或蒸汽吹扫。

4. 粗酚、轻吡啶、重吡啶生产与加工

(1)分解酚盐时,加酸不应过快,若分解器内温度达 90 ℃,应立即停止加酸。

(2)粗酚、轻吡啶、重吡啶的蒸馏釜,应设有安全阀、压力表(或真空表)和温度计。

(3)轻吡啶的装釜操作,应在常温下进行。

(4)吡啶产品装桶的极限装满度,不应大于桶容积的 90%。

(5)酚、吡啶产品装桶处应设抽风装置。

(6)分解器和中和器应设放散管。

(7)酸槽应集中布置并设置防酸外溢和防泄漏的围提。

(8)室外储槽与主体厂房的净距,不应小于 6 m。

(9)接触吡啶产品的设备、管道及隔断阀类配件,应采用耐腐蚀材料制作。

5. 粗蒽、精蒽及蒽醌生产

(1)蒽的结晶及输送宜实现机械化,并加以密闭。

(2)粗蒽生产中,严禁敞开溶解釜人孔加热。

(3)二蒽油配渣,应远离配渣槽进行;水分过大时,不应配渣。

(4)蒸发器运行时,严禁打开预热人孔盖。

(5)蒽醌生产中,热风温度不应超过 395 ℃,汇合温度不应高于热风温度。

6. 酚盐的二氧化碳分解和苛化生产

(1)二氧化碳分解装置中各设备的含酚排气,应设有专用排气洗净装置。

(2)酚精制装置生产现场应设有喷淋设备。

(3)进入苛化反应槽的碳酸钠和生石灰输送设备,应设有紧急停止联锁装置。

(4)苛化装置中各粉尘物料输入装置,应设有过滤设备。

7. 洗油加工生产

(1)进入容器内清渣,本体应与其他装置可靠切断并有防护措施及专人监护。

(2)接触酸物料的设备、管道及隔断阀类配件,应采用耐腐蚀材料制作。

链接

焦油加工生产过程中常见的危险、有害因素:火灾和爆炸、高处坠落、机械伤害、电气伤害、中毒、烫伤和酸碱灼伤等。

典型例题

【单选题】关于煤焦油加工安全要求的说法，错误的是（　　）。

A. 蒸馏釜的排沥青管，应与燃烧室背向布置

B. 宜采用人工包装沥青，且尽量在白天进行

C. 吡啶产品装桶的极限装满度应小于桶容积的90%

D. 粗蒽生产中，禁止敞开溶解釜人孔加热

B。【解析】根据《焦化安全规程》，煤焦油加工时，不宜采用人工包装沥青；特殊情况下需要人工包装时，应在夜间进行，并应采取防护措施。故选项B错误。

考点十　焦炉煤气制甲醇的安全要求

焦炉煤气中含有25%～28%的甲烷，将焦炉煤气中的甲烷转化为氢气、一氧化碳后，与焦炉煤气原含有的一氧化碳、氢气、二氧化碳混合并达到一定的压力和温度条件，并在催化剂作用下合成为粗甲醇，再对粗甲醇进行精制即可达到甲醇的质量要求。

1. 压缩

（1）压缩厂房应设置可燃气体浓度检测报警装置。

（2）压缩区域应选用防爆型电气设备（主电机选用无刷励磁，并进行可靠的防静电接地）。

（3）压缩厂房应满足防火防爆要求，保证通风良好，通风次数为10次/h。

（4）压缩机组应设超温、超压、油压过低、轴承温度过高、振动过大等联锁停车系统。

2. 转化

（1）转化炉应设置水夹套冷却系统，并设多点温度测量报警系统。

（2）进入转化炉的氧气管道应设置止逆阀，并采取蒸汽安全保护措施。

（3）应设转化炉出口温度的高低位报警联锁停车系统，当超过联锁值时，立即切断氧气来源，并通入水蒸气进行密封切断。

（4）转化系统的锅炉应符合国家现行规程和标准的相关规定。

（5）管式加热炉应设有煤气低压报警和低低压联锁切断煤气装置。

（6）应确保转化炉入口焦炉煤气流量平稳。压缩操作人员在进行调节前应提前通知DCS控制室，服从控制室指令进行调节。煤气流量波动不应超过500 m^3/h，每次待转化床层调节温度稳定后，才能再次调节。

（7）点火前注意氧气管道的置换及排水，置换后确保氧气压力稳定。

（8）确保入炉蒸汽压力大于入转化炉氧气压力，入转化炉氧气压力大于入炉焦炉煤气压力，入炉焦炉煤气压力大于转化炉内压力，防止焦炉煤气进入氧气系统。

（9）在投氧点火或向合成系统并气时，应确保转化系统压力平稳，波动幅度小于0.2 MPa。防止转化系统超温或超压。

（10）当焦炉煤气气量降低时，要及时适量减少氧气量，防止超温。

3. 甲醇合成

（1）甲醇合成装置的汽包、闪蒸槽应设置安全阀，防止超压，汽包还应设压力调节报警系统，并应设置液位高低报警系统及压力调节联锁系统。

（2）区域内应设置事故冲洗装置。

4. 甲醇罐区

(1)甲醇成品罐宜采用内浮顶储罐。

(2)罐区周围应设有环形消防通道,与周围装置的距离应符合《建筑设计防火规范(2018 年版)》的规定。

(3)罐区应设置低倍数泡沫灭火系统,系统应符合《泡沫灭火系统设计标准》的规定。

(4)储罐应设泡沫灭火系统和高高液位、高液位、低液位报警及联锁系统。固定顶罐上应设阻火器和呼吸阀,并应采用氮封。

(5)甲醇罐区防火堤的设置应符合《建筑设计防火规范(2018 年版)》《储罐区防火堤设计规范》的相关规定。

(6)区域内应设置事故冲洗装置。

(7)甲醇的装卸装置应设置防静电设施,宜设置流量联锁,当静电超标时,应能紧急切断装车阀。

考点十一　油品、酸、碱装卸与运输的安全要求

(1)铁路进化产区和油品装卸站之前,应于外部铁路各设两道绝缘,两道绝缘之间的距离不应小于一列车厢的长度。焦化厂铁路与电气化铁路连接时,进厂铁路也应绝缘。化产区内和油品装卸站内的铁路应多处接地,相邻两接地线间的距离不应超过 100 m。

(2)铁路油品装卸设施与建(构)筑物的防火间距,甲、乙类油品铁路装卸栈台的安全要求,零位罐(空车厢)的设置等应符合《建筑设计防火规范(2018 年版)》的规定,当《建筑设计防火规范(2018 年版)》未明确要求时,应符合《石油化工企业设计防火标准(2018 年版)》中的相关规定。

链接

铁路油品装卸设备与建(构)筑物之间的防火间距:油泵房,耐火等级为一、二级,防火间距最小为 8 m;变、配电室,耐火等级为一、二级,防火间距最小为 30 m;桶装库房,耐火等级为一、二级,防火间距最小为 15 m;有明火的生产建筑物,耐火等级为一、二、三级,防火间距最小为 30 m。

(3)装卸栈台、铁轨、车体及鹤管,应有可靠的防静电措施。

(4)甲、乙类油品铁路装卸栈台,应符合下列要求:

①装卸栈台两端和每一鹤管旁,应设安全走梯。

②装卸栈台上应设带有防护栏杆的活动跨桥。

③装卸栈台的装卸口应处于避雷设施的保护范围内。

④在距槽车不小于 10 m 的装卸油管线上,应设便于操作的紧急切断阀门。

(5)装卸油品时,应有明显的警示标志,距装卸栈台 20 m 以内禁止机车进入。

(6)铁路运输甲类液体油品时,机车与油罐之间应用空车厢隔开;用蒸汽机车牵引时必须用二节空车厢隔开,往装卸栈台配车推进时,至少用一节空车厢隔开;内燃或电力机车牵引和推进时,至少用一节空车厢隔开。

(7)汽车槽车的装车鹤管与装车用的缓冲罐之间的防火间距,不应小于 5 m,距装油泵房不应小于 8 m。

(8)甲类液体装车宜采用自动鹤管装置。

(9)灌装苯类时,必须待静电消失方可检测、取样。静电消散所需静置时间,储槽容积

小于 50 m^3,不少于 5 min;小于 200 m^3,不少于 10 min;小于 1 000 m^3,不少于 20 min;小于 2 000 m^3,不少于 30 min;小于 5 000 m^3,不少于 60 min。

(10)不宜采用压缩空气将酸碱卸出槽车或输送到高位槽。

(11)甲类液体、有自燃倾向的液体及输送时易与空气发生化学反应的液体,均不应采用压缩空气输送(压送)和清扫。

(12)使用浓酸和装卸浓酸的区域,应设防酸灼伤的冲洗水龙头。

(13)进入油库装卸的车辆在进入之前应装好防火罩,离开后卸下,并应对好位熄火后再进行装卸,车辆停稳后应有可靠的防滑措施,装卸甲、乙类液体汽车应良好接地。

考点十二 检修的安全要求

(1)在易燃易爆区不宜动火,设备需要动火检修时,应尽量移到动火区进行。

(2)易燃易爆气体和甲、乙、丙类液体的设备、管道和容器动火,应先办动火证。动火前,应与其他设备、管道可靠隔断,清除置换合格。合格标准(体积百分浓度):爆炸下限大于4%的易燃易爆气体,含量小于0.5%;爆炸下限小于或等于4%者,其含量小于0.2%。

(3)在有毒物质的设备、管道和容器内检修时,应可靠地切断物料进出口,有毒物质的浓度应小于允许值,同时含氧量应为18%~21%(体积百分浓度)。监护人不应少于2人,应备好防毒面具和防护用品,检修人员应熟悉防毒面具的性能和使用方法。设备内照明电压应小于等于36 V,在潮湿容器、狭小容器内作业应小于或等于12 V。

(4)对易燃、易爆或易中毒物质的设备动火或进入内部工作时,监护人不应少于2人。安全分析取样时间不应早于工作前半小时,工作中应每两小时重新分析一次,工作中断半小时以上也应重新分析。

(5)焦炉煤气设备和管道打开之前,应用蒸汽、氮气或烟气进行吹扫和置换;检测合格后,拆开应用水润湿并清除可燃渣。

(6)检修由鼓风机负压系统保持负压的设备时,应预先把通向鼓风机的管线堵上盲板。

(7)检修操作温度等于或高于物料自燃点的密闭设备,不应在停止生产后立即打开大盖或人孔盖。

(8)用蒸汽清扫可能积存有硫化物的塔器后,应冷却到常温方可开启;打开塔底人孔之前,应关闭塔顶油汽管和放散管。

(9)检修饱和器时,应在进、出口煤气管道及其他有可能泄漏煤气处堵盲板,堵好盲板之前,不应抽出器内母液。

(10)检修液氨冷冻机时,不应用氧气吹扫堵塞的管道。

(11)转动设备的清扫、加油、检修和内部检查,均应停止设备运转,切断电源并挂上检修牌,方可进行。

(12)设备和管道的截止件及配件,每次检修后都应做严密性试验。

(13)不宜进行多层检修作业,特殊情况时,应采取层间隔离措施。

(14)高处作业应系好安全带,作业点下部应采取措施,人员不应通行和逗留,上下时手中不应持物。六级以上大风、大雪、大雾、暴雨等恶劣环境和有职业禁忌人员,不应从事高处作业。

(15)高处动火应采取防止火花飞溅措施,同时应将四周易燃物清理干净。

(16)夜间检修应有足够亮度的照明。

(17)含有腐蚀性液体、气体介质的管道、设备检修前,应将腐蚀性气体、液体排净、置换、冲洗,分析合格,检修时作业面应低于腿部,否则应搭设脚手架。检修现场应备有冲洗用水源。

(18)煤气系统抽、堵盲板作业时,应遵守下列规定:

①工作场所应备有必要的联系信号、煤气压力表及风向标志等。

②距工作场所 40 m 内,不应有火源并应采取防止着火的措施,与工作无关人员应离开作业点 40 m 以外。

③应使用不发火星的工具,如铜制工具或涂有很厚一层润滑油脂的铁制工具。

④距作业点 10 m 以外才可安设投光器。

⑤不应在具有高温源的炉窑等建(构)筑物内进行带煤气作业。

(19)各种吊装作业前,应预先在吊装现场设置安全警戒标志并设专人监护,非施工人员不应入内。

(20)各种动土作业,应对动土区域地下设施进行确认,动土中如暴露出电缆、管线以及不能辨认的物品时,应立即停止作业,妥善加以保护,经确认采取措施后方可动土作业。

(21)焦炉热修作业,应采取措施,防止工具与动力线接触造成人员触电,防止被红焦及热气烫伤或灼伤,在焦炉地下室和蓄热室区域作业时,应防止煤气中毒。

考点十三　工业卫生要求

1. 防尘防毒

(1)产生粉尘、毒物的生产过程和设备,应尽量考虑机械化和自动化,加强密闭,避免直接操作。并应结合生产工艺采取通风措施。

(2)产生粉尘、毒物等有害物质的工作场所,应有冲洗地面、墙壁的设施。

(3)工作场所空气中粉尘容许浓度应符合下列要求:时间加权平均容许浓度为 4 mg/m^3,短时间接触容许浓度为 6 mg/m^3。其外排气体的含尘浓度应符合现行国家标准的相关要求。

(4)作业场所中粉尘和有毒气体浓度应符合表 3-4 的规定。

表 3-4　工作场所空气中有毒物质容许浓度/(mg/m^3)

有毒物质名称	最高容许浓度(MAC)	时间加权平均容许浓度(PC－TWA)	短时间接触容许浓度(PC－STEL)
一氧化碳(非高原)	—	20	30
硫化氢	10	—	—
氨	—	20	30
苯	—	6	10
二硫化碳	—	5	10
酚	—	10	—
氰化氢	1	—	—

（续表）

有毒物质名称	最高容许浓度(MAC)	时间加权平均容许浓度(PC－TWA)	短时间接触容许浓度(PC－STEL)
吡啶	—	4	—
二甲苯	—	50	100
二聚环戊二烯	—	25	—
甲苯	—	50	100
甲酚	—	10	—
焦炉逸散物(按苯溶物计)	—	0.1	—
煤焦油沥青挥发物(按苯溶物计)	—	0.2	—
萘	—	50	75
二氧化氮	—	5	10
二氧化硫	—	5	10
煤尘(总尘)	—	4	6

(5)粉碎机室、焦炉炉体、干熄焦炉、筛焦楼、储焦槽、运焦系统的转运站以及熄焦塔等散发粉尘处应密闭或设除尘装置。

(6)除尘设备应同相应的工艺设备联锁,做到比工艺设备先开而后停。

(7)焦仓漏嘴的开闭宜远距离操作。

(8)生活用水管和蒸汽管,应与生产用水管和蒸汽管分开。

(9)焦化厂酚、氰污水总排放口的水质,应符合《污水综合排放标准》规定的排放标准。

(10)生产中的废渣,如再生器残渣、酚吡啶残渣、精苯酸焦油渣和生化处理产生的剩余污泥等,应尽快处置,减少对岗位卫生的影响。

(11)在有毒性危害的作业环境中,应设置必要的淋洗器、洗眼器,作业人员应配置相应的个人防护用品。

2. 防暑、降温

(1)下列地点应有降温措施:

①焦炉炉顶等高温环境下的工人休息室和调火工室。

②推焦机、装煤车、拦焦机和电机车的司机室。

③交换机工、焦台放焦工和筛焦工等的操作室。

(2)受高温烘烤的焦炉机械的司机室、电气室和机械室的顶棚、侧壁和底板应镶有不燃烧的隔热材料。

(3)必须供给高温作业人员足够的含盐清凉饮料。

3. 通风、采暖

(1)多尘、散发有毒气体的厂房或甲、乙类生产厂房内的空气不应循环使用。

(2)甲、乙类生产厂房的排、送风设备,不应布置在同一通风机室内,也不应和其他房间的排、送风设备布置在一起。相互隔离的易燃易爆场所,不应使用一套通风系统。

(3)火灾或爆炸危险场所的通风设备,应用不燃材料制成,并应有接地和清除静电的措施。

(4)含有燃烧和爆炸性粉尘的空气,应在进入排风机前进行净化。

(5)下列场所应安设自动或手动事故排风装置:

①煤气净化车间鼓风机房。

②苯蒸馏泵房、精苯洗涤厂房和室内库房。

③吡啶生产厂房、库房和泵房。

(6)经常运转的露天移动设备的司机室内,温度不应低于 10 ℃。

(7)闪点 28 ℃以下的液体(如粗苯、苯、甲苯、二甲苯、二硫化碳和吡啶等)的生产车间或仓库不应采用散热器采暖。

(8)事故通风设施的通风换气次数不小于 12 次/h,事故排风装置的排出口,应避免对居民和行人造成影响。

4. 防噪声

(1)工作场所操作人员每天连续接触噪声 8 h,噪声声级卫生限值为 85 dB(A)。对于操作人员每天接触噪声不足 8 h 的场合,可根据实际接触噪声的时间,按接触时间减半,噪声声级卫生限值增加 3 dB(A)的原则,确定其噪声声级限值,但最高限值不应超过 115 dB(A)。工作地点噪声声级的卫生限值应遵守表 3-5 的要求。

表 3-5　工作地点噪声声级的卫生限值

日接触噪声时间/h	卫生限值/ dB(A)
8	85
4	88
2	91
1	94
1/2	97
1/4	100
1/8	103
最高不应超过 115 dB(A)	

(2)蒸汽透平鼓风机背压汽放散管和罗茨鼓风机等可能超过噪声标准的设备,应采取消声或隔声措施。

5. 防射线

(1)对封闭性的放射源,应根据剂量强度、照射时间以及照射源距离,采取有效的防护措施。

(2)具有辐射作业场所的生产过程应根据危害性质配置必要的监测仪表。维护和检修放射线、放射性同位素仪器和设备的人员应配备个人专用防护器具。

(3)利用放射性同位素进行检测、计量和通信,应遵守下列规定:

①有确保放射源不致丢失的措施。

②可能受到射线危害的有关人员应佩带检测仪表,其最大允许接受剂量当量为每年 50 mSv(stem)。

(4)接近最大允许接受剂量的工作人员,每年应至少体检一次,特殊情况应及时检查。

(5)射线源存放地点,必须设有明确的标志、警告牌和禁区范围。

案例分析

案例场景

A焦化厂具有从业人员120人,2020年共发生了2起安全事故。

2020年5月11日15时20分许,备煤工甲、乙在进行带式输送机巡检作业时闻到强烈异味,随后两人分别前往不同部位查找原因。15时38分,乙听到从甲的方向传来一声闷响,气浪迎面扑来,发现通廊部分坍塌,乙立即进行呼救。厂领导接到报告后,迅速组织对带式输送机通廊现场进行搜救,发现甲倒在带式输送机通廊北端的废墟中,经抢救无效死亡。事故调查确认,此次事故发生的原因是1号煤仓内苯蒸汽爆炸事故。

2020年6月13日9时30分许,3号熄焦车在出完6号炉115号炭化室焦炭后,启动3号熄焦车准备熄焦,熄焦采用干法熄焦。在进行干熄炉装焦过程中,检测到排焦温度持续超限,但工作人员丙觉得时间紧急,未检查原因继续装焦。9时38分,干熄炉突然着火,丙立即采取灭火措施,发生了轻微灼伤。

知识点讲解

考点一 安全生产管理机构和安全管理人员配备要求

《安全生产法》(2021年修订)第二十四条规定,矿山、金属冶炼、建筑施工、运输单位和危险物品的生产、经营、储存、装卸单位,应当设置安全生产管理机构或者配备专职安全生产管理人员。前款规定以外的其他生产经营单位,从业人员超过100人的,应当设置安全生产管理机构或者配备专职安全生产管理人员;从业人员在100人以下的,应当配备专职或者兼职的安全生产管理人员。

提示

本案例中,A焦化厂具有从业人员120人,应当设置安全生产管理机构或者配备专职安全生产管理人员。

考点二 生产安全事故的调查组织者

生产安全事故的调查组织者根据事故类型的不同而进行设定,具体内容参考第八章案例分析考点三的内容。

提示

本案例中,发生的2起事故均属于一般事故,可由县级人民政府直接组织事故调查组进行调查,也可以授权或者委托有关部门组织事故调查组进行调查。第2起事故未发生伤亡,县级人民政府也可以委托事故发生单位组织事故调查组进行调查。

考点三 应立即停止干熄炉装焦的情形

出现下列情况之一,应立即停止干熄炉装焦:

(1)通过调节仍无法控制循环气体中的可燃气体超标。

(2)干熄炉内料位达到上上限报警值。

(3)排焦温度持续超限。

(4)炉体出现异常。
(5)环境除尘设备出现故障停止运转。
(6)循环风机因故障停机。
(7)锅炉系统因故障无法正常工作。

提示

本案中,在进行干熄炉装焦过程中,检测到排焦温度持续超限,工作人员丙应立即停止干熄炉装焦。

同步自测

一、单项选择题(每题的备选项中,只有1个最符合题意)

1. 关于炼焦机械安全要求的说法,正确的是(　　)。
A. 交换传动装置必须先关煤气,后交换空气、废气
B. 带翘尾的推焦杆,其翘尾角度应小于90°
C. 焦炉车辆上电磁站的人行道净宽应大于1.5 m
D. 推焦中途因故中断推焦时,司机应立即把车开离接焦位置

2. 焦炉煤气脱硫脱氰时,干法脱硫适用的情形是(　　)。
A. 煤气含硫量较高　　B. 要求净化程度低
C. 煤气处理量较小　　D. 脱硫与再生连续进行

3. 苯加氢生产过程中,关于装置内火炬设置的说法,错误的是(　　)。
A. 火炬的顶部应设常明灯或其他可靠的点火设施
B. 距火炬筒30 m范围内,严禁可燃气体放空
C. 可燃气体放空管道内的凝结液,应密闭回收
D. 低热值可燃气体应排入火炬系统

4. 甲、乙、丙类液体储槽区的消火栓应设在防火堤外,距槽壁(　　)m范围内的消火栓,不应计算在该槽可使用的数量内。
A. 10　　B. 15
C. 20　　D. 25

二、案例分析题

某焦化厂设有专职安全管理人员7人,负责相应的安全生产职责。2020年10月20日,专职安全管理人员巡检过程中,发现该厂的焦炉车辆电源滑触线高度为3 m,其下部未设置防护网;在管式炉炉膛及回弯头箱设有消防给水设施;在炉顶操作平台上方1 m处设置自动点火装置。安全专职安全管理人员立即上报相关负责人,并督促落实整改措施。2020年11月6日,在焦炉生产过程中,操作人员检测到主管压力低于500 Pa,但未停止焦炉加热,从而导致发生焦炉爆炸事故。

根据以上场景,回答下列问题:
1. 简述该焦化厂安全生产管理人员的安全生产职责。
2. 焦炉车辆电源滑触线高度为3 m且下部未设置防护网是否合理?说明理由。
3. 管式炉炉膛及回弯头箱设有消防给水设施是否合理?说明理由。
4. 炉顶操作平台上方1 m处设置自动点火装置是否合理?说明理由。
5. 简述焦炉生产过程中应立即停止焦炉加热的情形。

答案详解

一、单项选择题

1. A。【解析】带翘尾的推焦杆，其翘尾角度应大于90°且小于96°。故选项B错误。焦炉车辆上电磁站的人行道净宽应大于0.8 m。故选项C错误。推焦中途因故中断推焦时，电机车和拦焦机司机未经推焦指挥许可，不应把车开离接焦位置。故选项D错误。
2. C。【解析】干法脱硫适用于煤气含硫量较低，煤气处理量较小或要求净化程度较高的情况。
3. D。【解析】液体、低热值可燃气体、空气、惰性气、酸性气及其他腐蚀性气体，不应排入火炬系统。故选项D错误。
4. B。【解析】焦化厂消防给水设施的要求：(1)消防给水管网应采用环状管网，其输水干管不应少于两条。(2)多层生产厂房应设消火栓。塔区各层操作平台应按规定设置灭火器，并宜设蒸汽灭火接头。(3)甲、乙、丙类液体储槽区的消火栓应设在防火堤外，距槽壁15 m范围内的消火栓，不应计算在该槽可使用的数量内。

二、案例分析题

【答案】

1. 该焦化厂安全生产管理人员的安全生产职责有：

   (1)组织或者参与拟订A公司安全生产规章制度、操作规程和生产安全事故应急救援预案。

   (2)组织或者参与A公司安全生产教育和培训，如实记录安全生产教育和培训情况。

   (3)组织开展危险源辨识和评估，督促落实A公司重大危险源的安全管理措施。

   (4)组织或者参与A公司应急救援演练。

   (5)检查A公司的安全生产状况，及时排查生产安全事故隐患，提出改进安全生产管理的建议。

   (6)制止和纠正违章指挥、强令冒险作业、违反操作规程的行为。

   (7)督促落实A公司安全生产整改措施。
2. 不合理。理由：焦炉车辆电源滑触线高度不宜小于3.5 m；低于3.5 m时，其下部应设防护网。防护网应良好接地。
3. 不合理。理由：应设固定式蒸汽灭火设施。
4. 不合理。理由：距离操作平台上方1 m处应设置压缩空气管接头。
5. 焦炉生产过程中，出现下列情况之一，应停止焦炉加热：

   (1)煤气主管压力低于500 Pa。

   (2)烟道吸力下降，无法保证蓄热室、交换开闭器等处吸力不小于5 Pa。

   (3)换向设备发生故障或煤气管道损坏，无法保证安全加热。

【解析】

1. 本案例第1问主要考查安全生产管理人员的安全生产职责。《安全生产法》(2021年修订)第二十五条规定，生产经营单位的安全生产管理机构以及安全生产管理人员履行下列职责：(1)组织或者参与拟订本单位安全生产规章制度、操作规程和生产安全事故应急救援预案。(2)组织或者参与本单位安全生产教育和培训，如实记录安全生产教育和培训情况。(3)组织开展危险源辨识和评估，督促落实本单位重大危险源的安全管理措施。(4)组织或者参与本单位应急救援演练。(5)检查本单位的安全生产状况，及时排查生产安全事故隐患,提出改进安全生产管理的建议。(6)制止和纠正违章指挥、强令冒险作业、违反操作规程的行为。(7)督促落实本单位安全生产整改措施。生产经营单位可以设置专职安全生产分管负责人,协助本单位主要负责人履行安全生产管理职责。

2. 本案例第2问主要考查滑触线高度要求。根据《焦化安全规程》,滑触线高度不宜小于3.5 m;低于3.5 m时,其下部应设防护网。防护网应良好接地。车辆上配电室的人行道净宽,不宜小于0.8 m。裸露导体布置于人行道上部且离地面高度小于2.2 m时,其下部应有隔板,隔板离地不应小于1.9 m。
3. 本案例第3问主要考查消防设施的设置。根据《焦化安全规程》,下列场所应设消防灭火设施:(1)粗苯、精苯储槽区,应设固定式或半固定式泡沫灭火设施,槽区周围应有消防给水设施。(2)粗苯和精苯的洗涤室、蒸馏室、原料泵房、产品泵房、装桶间、精萘、工业萘、萘酐及焦油泵房,精萘和工业萘的转鼓结晶机室、吡啶储槽室、装桶间,均应设固定式或半固定式蒸汽灭火设施。(3)管式炉炉膛及回弯头箱,萘酐生产中的汽化器、氧化器、薄壁冷却器,应设固定式蒸汽灭火设施。(4)二甲酚、蒽、沥青、酚油等闪点大于120 ℃的可燃液体储槽或其他设备的管道易泄漏着火地点,应设半固定式的蒸汽灭火设施。本案例涉及的是管式炉炉膛及回弯头箱,应设置固定式蒸汽灭火设施。
4. 本案例第4问主要考查集气管放散管的排出口的设置。根据《焦化安全规程》,集气管放散管的排出口应设置自动点火装置,放散管的高度应高出集气管走台5 m以上。若为人工操作,其开闭应能在集气管走台上进行。机侧、焦侧抵抗墙四角,距离操作平台上方1 m处应设置压缩空气管接头。
5. 本案例第5问主要考查停止焦炉加热的情形。具体内容详见答案。

第四章 炼铁安全

知识架构

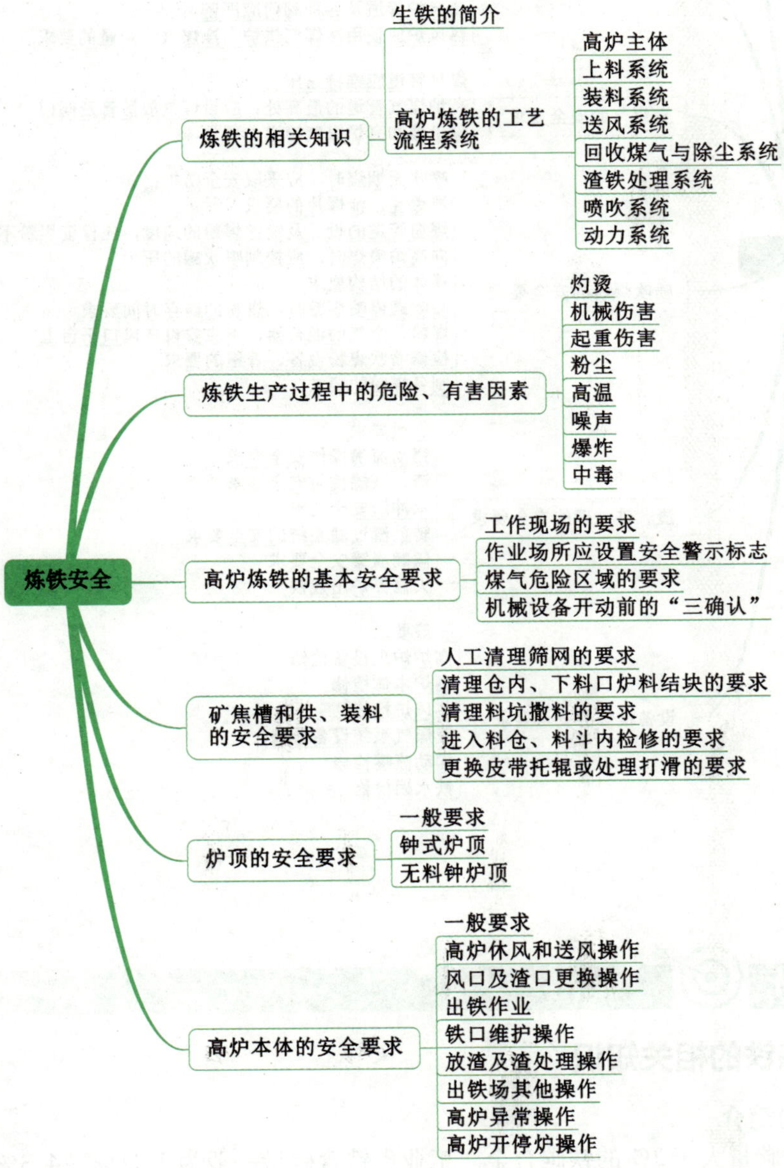

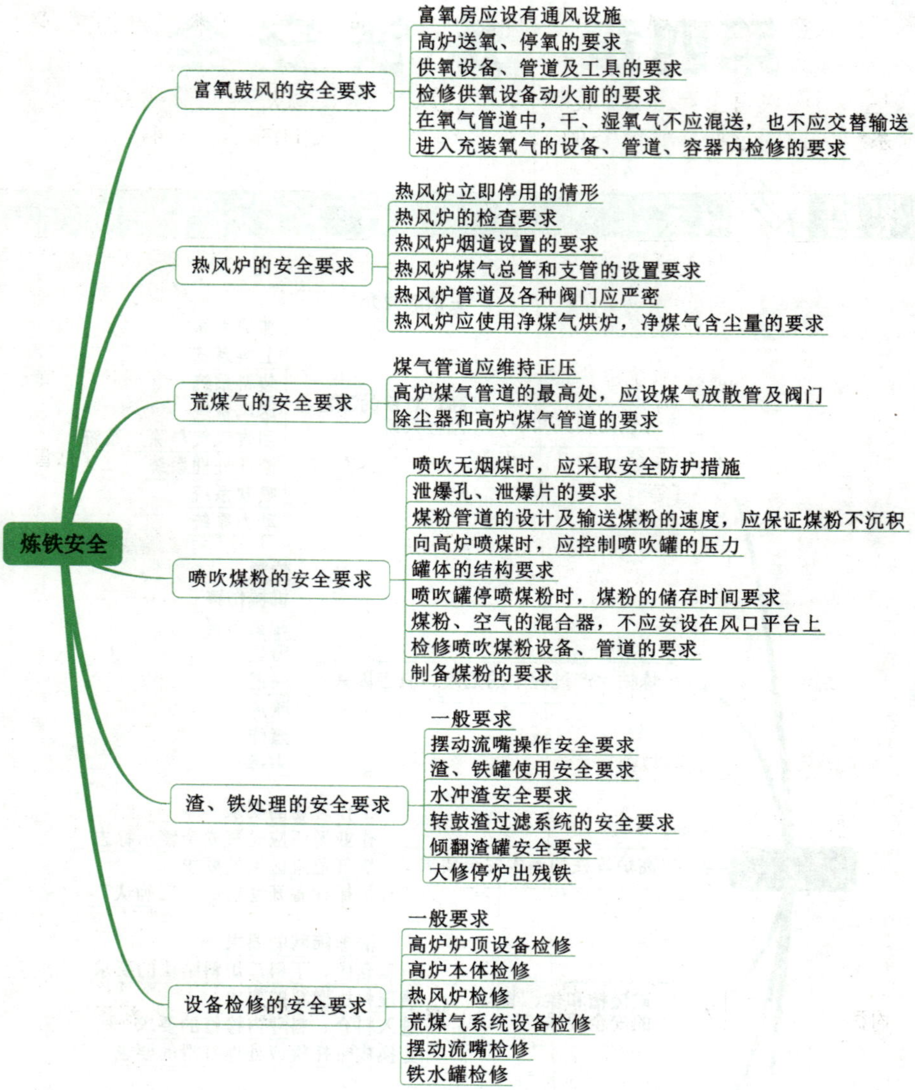

考点解读

考点一　炼铁的相关知识

1. 生铁的简介

生铁是含碳量大于2%的铁碳合金。工业生铁含碳量一般为2.11% ~4.3%，并含Si、Mn、S、P等元素，是用铁矿石经高炉冶炼的产品。根据生铁里碳存在形态的不同，又可分为炼钢生铁、铸造生铁等。生铁的性能为坚硬、耐磨、铸造性好，但生铁脆，不能锻压。

2. 高炉炼铁的工艺流程系统

在高炉炼铁生产中，高炉是工艺流程的主体，从其上部装入的铁矿石、燃料和溶剂向下运动；下部鼓入空气燃烧燃料，产生大量的还原气体向上运动；炉料经过加热、还原、熔化、造渣、渗碳、脱硫等一系列物理化学过程，最后生成液态保护渣和生铁。它的工艺流程系统除高炉主体外，还有上料系统、装料系统、送风系统、回收煤气与除尘系统、渣铁处理系统、喷吹系统以及为这些系统服务的动力系统。部分系统的内容如表 4-1 所示。

表 4-1 部分系统的内容

类别	内容
上料系统	上料系统包括贮矿场、贮矿仓、焦仓、仓上运料皮带、矿石与焦炭的槽下筛分设备、返矿和返焦运输皮带、入炉矿石和焦炭的称量设备、将炉料运送至炉顶的设备等
装料系统	装料系统包括受料罐、上下密封阀、截流阀、中心喉管、布料溜槽、旋转装置和液压传动设备等。高压操作的高炉还有均压阀和均压放散阀
送风系统	送风系统包括鼓风机、冷风管道、放风阀、混风阀、热风炉、热风总管、环管、支管等
回收煤气与除尘系统	回收煤气与除尘系统包括炉顶煤气上升管、下降管、煤气截断阀或水封、重力除尘器、布袋除尘器等

链接

高炉炼铁生产的主要产品是生铁，副产品包括高炉煤气、高炉渣和瓦斯灰等。

考点二 炼铁生产过程中的危险、有害因素

本考点主要从灼烫、机械伤害、起重伤害、粉尘、高温、噪声、爆炸、中毒几个方面分析炼铁生产过程中的危险、有害因素。具体内容如表 4-2 所示。

表 4-2 炼铁生产过程中的危险、有害因素

类别	内容
灼烫	可能造成灼烫伤害的生产事故类别为风口、渣口、铁口烧穿及炉前事故，煤气爆炸事故，炉缸、炉底烧穿事故等。这些事故发生时，温度很高，会对作业人员产生灼烫伤害
机械伤害	胶带机、起重机、泥炮、铸铁机等设备运转时，防护不当会造成机械伤害
起重伤害	起重机作业时，作业不规范可能造成起重伤害。炼铁厂的炉前吊挂作业频繁、物件多样、形状特殊、场地狭窄，使得吊挂作业事故较多
粉尘	炼铁原料系统、炉前出铁场、铸铁机室及碾泥机室等处均有大量的粉尘产生
高温	炼铁属高温、强热辐射作业。热源来自被加热空气的对流热和生产设备及周围物体表面的二次热辐射
噪声	炼铁生产中的噪声主要来源于高炉鼓风、煤粉喷吹、煤气放散以及机电设备的运转。噪声过大，会影响作业人员作业效率
爆炸	炼铁时，需使用煤气。如果煤气使用不规范，会产生爆炸。多数煤气爆炸事故是由于在休风时未遵守操作规程而发生的
中毒	炼铁时，使用的煤气中含有对人体有害的一氧化碳。高炉煤气中含有 23% ~30% 的一氧化碳，当设备有泄漏或操作不当时，可能引起人员中毒

链接

炼铁企业应加强对重大危险源的安全管理与监测监控，建立健全重大危险源安全管理规章制度，应包括下列内容：

（1）应对本单位存在的各类危险源进行辨识，实行分级管理。对于构成重大危险源的，应登记建档，进行定期检测、评估和监控，并在重大危险源现场设置明显的安全警示标志。

（2）应制定重大危险源安全管理与监控的实施方案。

考点三　高炉炼铁的基本安全要求

（1）工作现场应保持平整清洁，物料和工具堆放有序，物料之间的安全距离符合规定。严禁在安全通道上放置物料。

（2）库房、化验室、煤气区域、氧气站、配电室、液压站、煤场、控制室等易燃易爆场所严禁烟火，并应配置消防设备，灭火器配备应遵守《建筑灭火器配置设计规范》的规定。

（3）作业场所应按照《安全标志及其使用导则》规定在醒目位置设置安全警示标志，并保持干净、清晰。煤气危险区域及附近有人值守岗位，应设固定式一氧化碳检测报警装置；进入煤气区域作业的人员，应遵守《工业企业煤气安全规程》的相关规定，携带煤气检测报警仪器，在作业前，应检查作业场所的一氧化碳含量和氧含量，并采取可靠的安全防护措施，经检查确认一氧化碳含量符合规定后，方可进入作业。

（4）检修时及紧急状态需使用的呼吸器等应急用品应按产品说明书进行检查和保养，做好记录，并随时处于备用状态。

（5）含放射性物质的设备，应设专人管理，其使用和管理应遵守《电离辐射防护与辐射源安全基本标准》规定，在使用现场应有明显的警告标识，作业时应注意保持安全距离。

（6）机械设备在开动前，应和相关人员取得联系，做到“三确认”，即确认设备无故障，确认现场无安全隐患，确认相关人员在安全区域。

（7）夜间作业，现场应照明充足，信号标志应清楚醒目。

典型例题

【单选题】煤气危险区域及附近有人值守岗位，应设固定式（　　）检测报警装置。

A. 一氧化碳　　B. 氢气

C. 可燃气体　　D. 二氧化硫

A。【解析】煤气危险区域及附近有人值守岗位，应设固定式一氧化碳检测报警装置；进入煤气区域作业的人员，应遵守《工业企业煤气安全规程》的相关规定，携带煤气检测报警仪器，在作业前，应检查作业场所的一氧化碳含量和氧含量，并采取可靠的安全防护措施，经检查确认一氧化碳含量符合规定后，方可进入作业。

考点四　矿焦槽和供、装料的安全要求

（1）人工清理筛网应先停机后作业。人员不应站在筛网上作业，不应将头、手伸进筛子下料口。

（2）处理闸门卡阻应先切断动力源后作业，严禁将手伸入闸门内。

（3）清理仓内、下料口炉料结块时，应事先准备好逃生通道做好安全监护。

(4)清理料坑撒料时,应先联系好操作岗位,作业时注意避让料车,料坑内应保持充足照明。

(5)进入料仓、料斗内检修应遵循受限空间作业规定,应防止仓壁附料脱落和料的坍塌,做好安全防护,加强监护。

(6)巡检中发现皮带机异常或者有杂物时,应告知中控室,并在切断电源停机后再检查或清理。

(7)应及时清理皮带机下方的积料,处理托辊停转和皮带钢丝绳露头等故障。

(8)更换皮带托辊或处理打滑时,应先停车,后切断动力电源,并挂牌后作业。

(9)皮带机操作必须遵守《带式输送机 安全规范》相关规定。严禁坐、钻、跨皮带机;不应在皮带机运行中清理、维修。

(10)不应用料车载人或运送其他检修物资。

链接

供、装料系统主要包括原燃料供应、上料和装料 3 个工序。原燃料分装的主要设备是带式输送机,原燃料的储存设施是矿焦槽。

考点五　炉顶的安全要求

1. 一般要求

炉顶一般要求如下:

(1)炉顶工作压力不应超过设计值。

(2)炉顶应至少设置两个直径不小于 0.6 m、位置相对的人孔。

(3)应保证装料设备的加工、安装精度,不应泄漏煤气。

(4)炉顶放散阀,应比卷扬机顶部绳轮平台至少高出 3 m,并能在中控室或卷扬机室控制操作。

(5)液压传动的炉顶设备,应按规定使用阻燃性油料;液压油缸应设折叠式护罩;液压件不应漏油。

(6)炉顶各主要平台,应设置通至地面的清灰管。炉顶清灰应在白天进行,应事先征得值班工长同意,并应设专人监护。

(7)清理、更换受料漏斗衬板,应事先与上料系统相关岗位的人员联系并取得操作牌和停电牌,还应有专人在场监护。

(8)高炉应有各自的工业蒸汽分汽包,分汽包通至各用汽点的阀门,应有明确的标志。工业蒸汽分汽包蒸汽管道入口应设置防止炉顶煤气倒灌的装置或设施。

(9)处理炉顶设备故障,应有专人携带一氧化碳和氧含量检测仪同行监护,以防止煤气中毒和氮气窒息。到炉顶作业时,应观察风向,谨防煤气和氮气泄漏。

2. 钟式炉顶

(1)通入大、小钟拉杆之间的密封处旋转密封间的蒸汽或氮气,其压力应超过炉顶工作压力 0.1 MPa。通入大、小钟之间的蒸汽或氮气管口,不应正对拉杆及大钟壁。

(2)炉顶设备应实行电气联锁,并应保证:

①大、小钟不能同时开启。

②均压及探料尺不能满足要求时,大、小钟不能自由开启。

③大、小钟联锁保护失灵时,不应强行开启大、小钟,应及时找出原因,组织抢修。

(3)大、小钟卷扬机的传动链条,应有防扭装置,探料尺应设零点和上部、下部极限位置。

(4)炉顶导向装置和钢结构,不应妨碍平衡杆活动。大、小钟和均压阀的每条钢丝绳安全系数不低于8,钢丝绳定期检查和更新应符合《起重机械安全规程 第1部分:总则》的规定。

(5)高压高炉应有均压装置,均压管道入口不应正对大钟拉杆,管道不应有直角弯,管路最低处应安装排污阀,排污阀应定期排放。不宜使用粗煤气均压。

(6)钟式炉顶工作温度不应超过500 ℃。

3. 无料钟炉顶

(1)料罐均压系统的均压介质,应采用(半)净高炉煤气或氮气。

(2)炉顶温度应低于350 ℃,水冷齿轮箱温度应不高于70 ℃,阀门箱温度应不高于90 ℃。

(3)炉顶氮气压力应控制在合理范围,而且应大于炉顶压力0.1 MPa。应定期检查上、下密封圈的性能,并记入技术档案。

(4)齿轮箱停水时,应立即通知有关人员检查处理,并采取措施防止煤气冲开水封,造成大量煤气泄漏,密切监视传动齿轮箱的温度;最大限度地增加通入齿轮箱的氮量;尽量控制较低的炉顶温度。

(5)炉顶系统停氮时,应立即联系有关人员处理,并严密监视传动齿轮箱的温度和阀门箱的温度,可增大齿轮箱冷却水流量来控制水冷齿轮箱的温度。

(6)炉顶传动齿轮箱温度超过70 ℃的事故处理,应遵守下列规定:

①传动齿轮箱的温度"高温报警"时,应立即检查其测温系统、炉顶温度、炉顶洒水系统、齿轮箱水冷系统和氮气系统,查明原因,及时处理。

②当该温度升到规定值时,应手动打开炉顶洒水系统向料面洒水,以降低炉顶煤气温度。

③若该温度持续20 min以上或继续升高,则应立即停止布料溜槽旋转,并将其置于垂直状态,同时高炉应减风降压直到休风处理;若用净煤气冷却传动齿轮箱,还应增加冷却煤气的压力。

(7)无料钟炉顶的料罐、齿轮箱等,不应有漏气现象。进入齿轮箱检修,应事先休风点火;然后打开齿轮箱人孔,用空气置换排净残余氮气;由专人使用仪器检验确认合格,并派专人进行监护。

(8)炉顶系统主要设备安全联锁,应符合下列规定:

①探尺提升到上部极限位置,且溜槽已启动,下密封阀和下料闸(料流调节阀)才能开启;停止布料后,探尺才能下降;探尺手动提起检查时,不应布料,下密封阀不应开启;高炉发出坐料信号,探尺自动提升,下密封阀不启动。

②上密封阀开启后,上料闸方可开启;上罐向下罐装料完毕(取得到上罐料空信号后)上料闸方可关闭。

③上密闭阀开启条件:均压放散阀已开启,下罐内外压差达到规定值;按料批程序向该罐装料且罐内前一批料已卸完;料流调节阀、下密封阀已关闭。

④上密封阀关闭条件:料罐已发出料满信号;上料闸已关闭。

⑤下密封阀开启条件:得到布料信号,探尺已提升至上极限位置;罐内外压差已达到规定值,且均压阀已关闭。

⑥下密封阀关闭条件:下料闸(料流调节阀)已关闭。

⑦下料闸(料流调节阀)开启条件:对应的下密封阀已打开;溜槽转到布料角;探尺已提升到位,料流调节阀已开启。

⑧下料闸(料流调节阀)关闭条件:按程序布料完毕(即下罐料空)进行全开延时和关闭。

⑨均压放散阀开启条件:下罐料空,下密封阀已关闭;其他条件符合设计要求。

⑩均压放散阀关闭条件:下密封阀、上料闸、上密封阀已关闭。

⑪均压阀开启条件:上密封阀、均压放散阀关闭。

⑫均压阀关闭条件:罐内与炉内压差达到规定值(或已开启到设定时间)。

⑬探尺提升不到位,布料溜槽不应倾动布料。

链接

钟式炉顶可分为双钟式、三钟式、四钟式和双钟双阀式;无料钟炉顶可分为并罐式、串罐式(紧凑型、SS 型、卢森堡型)。

考点六　高炉本体的安全要求

1. 一般要求

(1)新建投产或大修后复风的高炉,在送风前应对炉顶、炉身及煤气系统进行气密试验,确认无泄漏后方可送风。

(2)高炉应对炉底炉缸侵蚀情况实施监测。

(3)高炉炉基周围以及铁道沿线应保持干燥无积水。

(4)高炉放风坐料前,应关闭热风炉混风大闸。

(5)休风操作打开炉顶放散阀或倒流休风阀之前,应通知并要求炉体和热风炉周围人员立即撤离。

(6)高炉操作控制系统死机、停电消失,无法进行高炉生产的正常监控和操作时,应及时减风直至休风。高炉不应在无监控情况下继续生产。

2. 高炉休风和送风操作

(1)休风前应尽可能出尽渣铁,并逐渐减风降压,在降压过程中要注意观察风口,避免灌渣。观察人员应站在风口侧面。

(2)休风后,不需赶煤气时,遮断阀前的高炉炉顶、荒煤气管道应持续通蒸汽或氮气,阀后的除尘器、洗涤系统、干法除尘系统宜通过煤气管网充压,维持系统正压。

(3)高炉休风需倒流时,应使用倒流阀;如倒流阀失灵需用热风炉倒流时,倒流的热风炉拱顶温度不应低于 1 000 °C。

(4)高炉休风且需赶煤气时,应进行炉顶料面点火,炉顶料面点火宜采用自动点火。炉顶点火前,风口平台、炉体周围非岗位人员应已撤离;炉顶应已停止打水、停蒸汽;点火时,人员应在点火孔侧面。应确保炉顶煤气火不熄灭;一旦熄灭,必须再次点火。赶净煤气后,应打开人孔,与大气连通,切断蒸汽、氮气。

(5)休风前悬料,宜先进行坐料并赶料线,不应深料线休风。若深料线休风时,严禁倒流。

(6)高炉送风前,应确认现场施工结束及人员已撤离,并确认冷却设备的排水状况以及炉前设备、渣铁沟、铁水罐准备就绪。

(7)送风过程中检查送风系统、人孔是否漏风,如有泄漏应及时处理。

(8)新建高炉或高炉大修后的送风,因煤气成分可能异常时,应在煤气并网前进行煤气点火试验,点火时应至少 2 人作业,带好煤气报警器。

3. 风口及渣口更换操作

(1)休风更换风口当烟火过大影响安全操作时应采用倒流休风操作。

(2)当风口破损大、漏水多,有灌渣可能时,应在减风时多观察;如有灌渣,休风后应将视孔盖打开,人员注意避让。

(3)换风口应堵泥。卸风口困难时,可临时通水冷却,但通水冷却前,风口周边人员应撤离。

(4)高炉休风更换破损风口时,应根据破损风口进水和排水流量差来调整进水流量,减少流入炉内的水量,流量差大时应撤离风口周边的人员。

(5)渣口内熔渣尚未凝固时或者炉内渣铁未出净时,不应换渣口。

(6)更换风口、渣口或做渣口泥套时,应加强通风。

(7)更换渣口或氧气烧渣口时,堵渣机应抬高到上限位,并可靠固定。

4. 出铁作业

(1)出铁前应确认泥炮运转正常、炮嘴完整,泥套完好,应检查铁水罐、摆动流嘴正确就位,砂口畅通。

(2)出铁前,应装好炮泥并压实。严禁用手伸进炮膛内。

(3)出铁前应确认渣罐或冲渣设备准备完毕,出铁中发现渣中带铁时,应立即切换放干渣或堵口。

(4)开口出铁、堵口退炮及出铁过程中,铁口正面严禁站人,操作人员应进行安全确认后再作业。

(5)出铁过程中,需穿越渣铁沟时,应走专用通道。渣铁沟两侧应保持干净,无杂物。

(6)出铁时应出净渣铁,严禁大喷;堵铁口前应吹扫铁口泥套并烘干炮嘴。

5. 铁口维护操作

(1)严禁潮铁口出铁。铁口经常有潮泥或长期过浅时,应找出原因,并采取针对性措施保证安全。

(2)应保证铁口泥套的干燥和完整。

(3)处理铁口泥套时,应点燃铁口周围溢出的煤气,加强通风,监测工作环境煤气浓度;操作人员应站在有足够站立面积的踏板上,做好保护措施。打锤时,应确认锤头牢固。严禁戴手套打锤,铁口对面不应站人。

(4)处理铁口时,液压泥炮应由专人操作,统一指令。

6. 放渣及渣处理操作

(1)放渣前,应先确认水渣粒化系统开启或渣罐正确就位;放渣时,严禁渣中带铁,渣沟沉铁坑应及时清理;渣口前不应站人,不得跨越渣沟。

(2)放渣时,堵渣机应提升到上限位,并可靠固定好。

(3)采用渣罐运输红渣时,如渣中含铁较多,严禁直接倒入泡渣池。开炉初期渣罐内宜垫一层干渣。

(4)长期休风或炉缸储铁过多时,禁止放上渣。

(5)修补和清理水渣沟前,应先与水渣操作岗位联系好,关闭手动阀门,水泵挂禁止操作牌,然后作业。

(6)高炉坐料时,严禁修补泥套与铺垫渣沟。

(7)水渣粒化及过滤设备启动后,严禁打开设备上的人孔或进入设备内部。

7. 出铁场其他操作

(1)氧气阀门附近严禁烟火。严禁用氧气吹扫人体或其他设备、材料。

(2)用氧烧渣铁口时,氧气卡具与氧气管接触应严密,应防止氧气回火。通氧气的胶管应预先脱脂,胶管长度不应小于 30 m,且 10 m 内不应有接头,接头处理应捆绑牢固。作业时,手套、衣物不应沾染油脂。

(3)渣沟、铁沟摆动流嘴维修后应烘干保温待用。用高炉煤气燃烧保温时,应另设明火伴烧。

(4)铁沟投运前,应检查并确保残铁口堵好,砂口畅通,渣铁出口高差合理;在使用过程中应经常检查掌握侵蚀情况,并及时进行维护。

(5)铁沟投运初期温度不足、铁水流动性差或过铁量偏少时,不宜储铁保温,应打开残铁口放净砂口残铁。

(6)经常检查液压站和管道工作状况,发现漏油应及时处理。

(7)应经常检查送风装置表面温度,应保持喷煤支管锁气装置不漏风。

8. 高炉异常操作

(1)高炉悬料应在出净渣铁后尽快坐料。

(2)高炉出现严重管道行程,炉顶温度超限时,应采取炉顶通蒸汽、氮气或炉顶洒水等降温措施;瞬时顶压超限,应能自动泄压。

(3)高炉炉况失常,可能发生坐料、崩料及局部气流发展,造成风口灌渣,风管烧穿等事故时,应先通知并要求炉体周围人员暂时撤离。

(4)高炉减水或断水,应先确定事故区域,有备用措施应先采取备用措施,短时间不能恢复需休风时应及时组织出尽渣铁后休风。恢复炉体送水时,要注意分区缓慢送水,防止蒸汽爆炸。

(5)鼓风机故障停风时,若有拨风系统且能供风,应先拨风作业。必要时,应出尽渣铁再休风。若没有拨风条件,应切断煤气,防止煤气爆炸;打开风口窥视孔盖,防止灌渣;同时打开铁口出净渣铁。

(6)高炉区域停电时,应打开铁口出净渣铁后休风。部分区域停电,不影响正常作业时,应查明原因,及时处理。

(7)发生炉缸烧穿事故时,应尽快通知附近人员撤离,并迅速减风降压直至切断煤气休风。

9. 高炉开停炉操作

(1)开炉前,应进行送风系统、热风炉、高炉本体和煤气净化系统的试压检漏,并按照烘炉曲线进行烘炉。

(2)烘炉过程中,应遵守煤气作业安全规定,防止煤气中毒和爆炸。炉顶温度不应超过限制值。

(3)高炉停炉前应安排一次预休风检查并消除冷却器漏水的隐患,改善炉顶打水的雾化效果,增设炉身通防爆气体的装置。

(4)降料线前应焊补加固开裂的炉壳。

(5)降料线不回收煤气时,应堵盲板切断高炉与煤气系统。若回收煤气,应结合料线检测和煤气成分分析,及时判断是否停止回收煤气。料线低于炉腰或煤气中氢气大于12%,且频繁出现压力尖峰时,应切断煤气停止回收煤气。

(6)降料线出现爆震时,应适当减风、减水。

(7)料线降至风口以上 0.5 m 时，宜组织出最后一次铁，出铁后休风。

(8)打水凉炉时，应隔断高炉与送风系统，宜逐渐增大打水量。

链接

高炉炉体中，炉基主要是将承受的重量均匀地传递给地层，其基础结构可分为封闭式炉缸和敞开式炉缸；炉体钢结构包括高炉支柱、炉壳及其附属钢结构；裸炉体即为高炉炉窑本体，高炉的有效容积为炉缸、炉腹、炉腰、炉身和炉喉 5 个部分的总和。

考点七　富氧鼓风的安全要求

(1)氧气管道及设备的设计、施工、生产、维护、安全保护装置(安全泄放装置、阻火器)以及安全防护的基本要求应严格遵循《压力管道规范 工业管道 第 6 部分：安全防护》相关技术要求，还应符合《深度冷冻法生产氧气及相关气体安全技术规程》的规定。连接富氧鼓风处，应有逆止阀和快速自动切断阀。供氧系统及氧气流量应能远距离控制。

(2)富氧房应设有通风设施。高炉送氧、停氧，应事先通知富氧操作室，若遇烧穿事故，应立即处理，先停氧后减风。鼓风中含氧浓度超过 25% 时，如发生热风炉漏风、高炉坐料及风口灌渣(焦炭)，应停止送氧。

(3)供氧设备、管道以及工作人员使用的工具、防护用品，均不应有油污；使用的工具还应镀铜、脱脂。检修时宜穿戴静电防护用品，不应穿化纤服装。富氧房及院墙内不应堆放油脂和与生产无关的物品，供氧设备周围不应动火。

(4)检修供氧设备动火前，应认真检查氧气阀门，确保不泄漏，应用干燥的氮气或无油的干燥空气置换，经取样化验合格(氧浓度不大于 23%)，并经主管部门同意，方可施工。

(5)当采用鼓风机后富氧工艺，氧气压力应比冷风压力大 0.1 MPa，否则，快速切断装置应有效运行，并通知制氧、输氧单位，立即停止供氧。

(6)在氧气管道中，干、湿氧气不应混送，也不应交替输送。

(7)检修后和长期停用的氧气管道，应经彻底检查、吹扫，确认管内无油脂及杂物，方可启用。

(8)对氧气管道进行动火作业，应事先制定动火方案，办理动火手续，并经有关部门审批后，严格按方案实施。

(9)进入充装氧气的设备、管道、容器内检修，应先可靠切断气源，先用干燥的氮气进行置换，再用无油的干燥空气进行吹扫后经检测氧含量在 19.5% ~23% 范围内，方可进行。

典型例题

【单选题】关于高炉富氧鼓风安全要求的说法，正确的是(　　)。

A. 连接富氧鼓风处，应有逆止阀和快速自动切断阀

B. 鼓风中含氧浓度超过 25% 时，应立即停止送氧

C. 干、湿氧气不应混送，但可以交替输送

D. 氧气压力应比冷风压力小 0.1 MPa

A。【解析】鼓风中含氧浓度超过 25% 时，如发生热风炉漏风、高炉坐料及风口灌渣(焦炭)，应停止送氧。故选项 B 错误。干、湿氧气不应混送，也不应交替输送。故选项 C 错误。当采用鼓风机后富氧工艺，氧气压力应比冷风压力大 0.1 MPa。故选项 D 错误。

考点八 热风炉的安全要求

(1)热风炉及其管道内衬耐火砖、绝热材料、泥浆及其他不定型材料,应符合国家有关规定和设计要求。

(2)热风炉炉皮、热风管道、热风阀法兰烧红、开焊或有裂纹,应立即停用,并及时处理,值班人员应至少每 2 h 检查一次热风炉。

(3)热风炉检查情况、检修计划及其执行情况均应归档。除日常检查外,应每月详细检查一次热风炉及其附件。

(4)热风炉烟道,应留有清扫和检查用的人孔。采用地下烟道时,为防止烟道积水,应配备水泵。

(5)热风炉煤气总管应有符合《工业企业煤气安全规程》要求的可靠隔断装置。煤气支管应有煤气自动切断阀,当燃烧器风机停止运转,或助燃空气切断阀关闭,或煤气压力过低时,该切断阀应能自动切断煤气,并发出警报。煤气管道应有煤气流量检测及调节装置。管道最高处和燃烧阀与煤气切断阀之间应设煤气放散管。

(6)热风炉管道及各种阀门应严密。热风炉与鼓风机站之间、热风炉各部位之间,应有必要的安全联锁。突然停电时,阀门应向安全方向自动切换。放风阀应设在冷风管道上,可在高炉中控室或泥炮操作室旁进行操作。为监测放风情况,操作处应设有风压表。

(7)在热风炉混风调节阀之前应设切断阀,一旦热风压力小于 0.05 MPa,应关闭混风切断阀。

(8)热风炉应使用净煤气烘炉,净煤气含尘量应符合表 4-3 的要求。经湿法除尘的煤气,正常生产外供煤气的温度不应高于 55 ℃,机械水含量不宜大于 10 g/m^3。

表 4-3 净煤气含尘量

炉容/m^3	炉顶压力/kPa	净煤气含尘量/(mg/m^3)
<750	≥30	<15
750	>80~120	<10
1 200	100~200	<10
1 200~2 000	150~200	<10
≥2 000	200~280	<10

链接

热风炉根据燃烧方式可分为内燃式、外燃式和顶燃式。热风炉主要进行燃烧和送风的交替。

考点九 荒煤气的安全要求

(1)煤气管道应维持正压,煤气闸板不应泄漏煤气。

(2)高炉煤气管道的最高处,应设煤气放散管及阀门。该阀门的开关应能在地面或有关的操作室控制。

(3)除尘器和高炉煤气管道,如有泄漏,应及时处理,必要时应减风常压或休风处理。

(4)除尘器的下部和上部,应至少各有一个直径不小于 0.6 m 的人孔,并应设置两个出入口相对的清灰平台,其中一个出入口应能通往高炉中控室或高炉出铁场平台。

(5)除尘器应设带旋塞的蒸汽或氮气管头,且不应堵塞或冻结。蒸汽管应与炉台蒸汽包相联接。用氮气赶完煤气,应先脱开氮气管或堵盲板后,再采取强制通风措施,直到除尘器内的一氧化碳和氧含量符合要求后,方可进入除尘器内作业。

(6)高炉荒煤气除尘器入口的切断装置,应采用远距离操作。

(7)除尘器的卸灰,应采用湿式螺旋清灰机或无尘卸灰。除尘器应及时清灰,清灰应经工长同意。

链接

荒煤气系统的组成有重力除尘器、上升管、下降管、回压管道及其附属均压阀、煤气切断阀和水封、放散阀以及高压阀组等。

考点十　喷吹煤粉的安全要求

(1)喷吹无烟煤时,煤粉制备系统、喷吹系统及制粉间、喷吹间内的一切设备、容器、管道和厂房,均应采取安全防护措施;喷吹烟煤(混合煤)时,应符合《高炉喷吹烟煤系统防爆安全规程》的规定。

(2)原煤输送系统,应设除铁器和杂物筛,扬尘点应有通风除尘设施。

(3)煤粉仓、储煤罐、喷吹罐、仓式泵等设备的泄爆孔,应按《高炉喷吹烟煤系统防爆安全规程》的规定进行设计;泄爆片的制造、安装和使用,应符合国家有关标准的规定;泄爆孔的朝向应不致危害人员及设备。泄爆片后面的压力引管的长度,不应超过泄爆管直径的 10 倍。

(4)岗位与岗位之间、喷吹值班室与高炉中控室之间,应有直接通信设备。操作值班室应与用氮设备及管路严格分开。

(5)煤粉管道的设计及输送煤粉的速度,应保证煤粉不沉积。停止喷吹时,应用压缩空气吹扫管道,喷吹烟煤则应用氮气或其他惰化气体吹扫。

(6)向高炉喷煤时,应控制喷吹罐的压力,保证喷枪出口压力比高炉热风压力大 0.05 MPa;否则,应停止喷吹。喷吹装置应能保持连续、均匀喷吹。

(7)煤粉仓、储煤罐、喷吹罐、仓式泵等罐体的结构,应能确保煤粉从罐内安全顺畅流出,应有罐内储煤重量指示或料位指示。喷吹罐停喷煤粉时,无烟煤粉储存时间应不超过 12 h;烟煤粉储存时间应不超过 8 h,若罐内有氮气保护且罐内温度不高于 70 ℃,则可适当延长,但不宜超过 12 h。

(8)喷吹罐压力、混合器出口压力与高炉热风压力的压差,应实行安全联锁控制:喷吹用气与喷吹罐压差,也应实行安全联锁。突然断电时,各阀门应能向安全方向切换。

在喷吹过程中,控制喷吹煤粉的阀门(包括调节型阀门和切断阀门)一旦失灵,应能自动停止向高炉喷吹煤粉,并及时报警。

(9)煤粉、空气的混合器,不应安设在风口平台上。混合器与高炉之间的煤粉输送管路,应安装自动切断阀。所有喷煤风口前的支管,均应安装逆止阀或切断阀。

喷吹煤粉系统的设备、设施及室内地面、平台,应及时进行清扫或冲洗,保证设备、设施及室内地面、平台干净、无积尘。

(10)检查制粉和喷吹系统时,应将系统中的残煤吹扫干净,应使用防爆型照明灯具。检修喷吹煤粉设备、管道时,宜使用铜制工具,检修现场不应动火或产生火花。需要动火时,应征得安全保卫部门同意,并办理动火许可证,确认安全方可进行检修。

烟煤与无烟煤应分别卸入规定的原煤槽。车号、煤种、槽号均应对号，并做好记录。槽上下部位的槽号标志应明显。大块、杂物不应卸入槽内。原煤的槽内贮存时间：烟煤不超过 2 天；无烟煤不超过 4 天。

（11）制备煤粉时，干燥气体应采用惰化气体；负压系统末端气体的含氧量，不应大于 12%。

磨制煤粉时，磨煤机出口、煤粉仓、布袋除尘器、喷吹罐等的温度应严格按设计参数控制；对于煤源稳定，并能严格控制干燥剂气氛和温度的制粉系统，该温度限界可根据煤种等因素确定。

（12）烟煤和混合煤输送和喷吹系统的充压、流化、喷吹等供气管道，均应设置逆止阀；采用压缩空气助吹喷吹烟煤或混合煤时，应另设氮气旁通设施。

（13）喷吹烟煤和混合煤时，仓式泵、贮煤罐、喷吹罐等压力容器的加压、收尘和流化的介质，应采用氮气。

（14）烟煤和混合煤喷吹系统，应设置气控装置和顺序控制系统，超温、超压、含氧超标等报警装置，还应设置防止和消除事故的装置。

链接

喷吹煤粉主要包括煤的储运系统、干燥系统、制粉系统和喷吹系统。

考点十一　渣、铁处理的安全要求

1. 一般要求

（1）出渣、出铁应实行值班工长负责制，严格按计划组织出渣、出铁。

（2）出铁、出渣前，应做好准备工作，并发出出铁、出渣或停止的声响信号；水冲渣的高炉，应先开动冲渣水泵（或打开冲渣水阀门）。

（3）泥炮应由专人操作，炮泥应按规定标准配制，炮头应完整。打泥量及拔炮时间，应根据铁口状况及炮泥种类确定。未见下渣堵铁口时，应将炮头烤热，并相应增加打泥量。

（4）泥炮应有量泥标计和声响信号。清理炮头时应侧身站位。泥炮装泥或推进活塞时，不应将手放入装泥口。启动泥炮时其活动半径范围内不应有人。液压设备及管路不应漏油，应有防高温烘烤的措施。

（5）装泥时，不应往泥膛内打水，不应使用冻泥、稀泥和有杂物的炮泥。

（6）应加强铁口深度、角度及泥套等日常检查与维护，并规范开口机和泥炮操作，防止造成铁口过浅。未达到规定深度的铁口出铁，应采取减风减压措施，必要时休风并堵塞铁口上方的 1～2 个风口。铁口潮湿时，应烤干再出铁。处理铁口及出铁时，铁口正对面不应站人，炉前起重机应远离铁口。出铁、出渣时，不应清扫渣铁罐轨道和在渣铁罐上工作。

（7）开口机应转动灵活，专人操作。出铁时，开口机应移到停机位固定，不应影响泥炮工作。开口机移动之前，应有声光报警，移动时回转半径内不应有人。

（8）铁口发生事故或泥炮失灵时，应实行减风、常压或休风，直至堵好铁口为止。

（9）更换开口机钻头或钻杆时，应切断动力源。

（10）通氧气用的耐高压胶管应脱脂。炉前使用的氧气胶管，长度不应小于 30 m，10 m 内不应有接头。吹氧钢管长度不应小于 6 m。氧气胶管与钢管联接，应严密、牢固。氧气瓶放置地点，应远离明火，且不得正对渣口、铁口。氧气瓶的瓶帽、防震胶圈和安全阀应完好、齐全，并严防油脂污染。

（11）炉前工具接触铁水之前，应烘干预热。

（12）渣、铁沟和撇渣器，应定期铺垫并加强日常点检、维护，避免出现裂缝和严重侵蚀状况。具体要求：

①应确保撇渣器砂坝高度符合规定要求，防止下渣过铁。出铁时液渣不能高出铁口泥套下沿，确保铁口框架、保护板不直接与渣铁接触。

②活动撇渣器、活动主沟和摆动流槽的接头，应认真铺垫，经常检查，严防漏渣、漏铁。

③用高炉煤气烘烤渣、铁沟时，应有明火伴烧，并采取防煤气中毒的措施。

（13）采用水冲渣工艺的高炉，下渣应有单独的水冲渣沟，大型高炉冲渣应有各自的水冲渣沟。

（14）铁口、渣口应及时处理，处理前应将煤气点火燃烧，防止煤气中毒。

2. 摆动流嘴操作安全要求

（1）接班时应认真检查：操作开关是否灵活，摆动机械传动部分有无异响，电机、减速机有无异响，极限是否可靠，摆动流嘴工作层是否完好、无空洞等，发现异常应及时处理。

（2）出铁前半小时，应认真检查摆动流嘴的运行情况，及时处理铁沟流嘴底部与摆动流嘴之间的铁瘤，保证摆动流嘴正常摆动以及撇渣器、铁沟流嘴、摆动流嘴畅通。出铁前10 min，应确认铁罐对位情况、配备方式和配罐数量。

（3）每次出铁后，应及时将流嘴中的铁水倾倒干净，并将摆动流嘴停放在规定的角度和位置；撇渣器内焖有铁水时，应投入保温材料，并及时用专用罩、网封盖好。

（4）摆动流嘴往两边的铁水罐受铁时，摆动角度应保证铁水流入铁水罐口的中心。

（5）最后一罐铁水，不应放满。

（6）出铁过程中过渡罐即将装满时，应提前通知货运员联系倒罐。

（7）残铁量过多的铁罐，不应用作过渡罐，不应受铁。

（8）在停电情况下进行摆动流嘴作业，应首先断开操作电源，再进行手动操作。

3. 渣、铁罐使用安全要求

（1）使用的铁水罐应烘干，非电气信号倒调渣、铁罐的炼铁厂，应建立渣、铁罐使用牌制度；无渣、铁罐使用牌，运输部门不应调运渣、铁罐，高炉不应出铁、出渣。

（2）渣、铁罐内的最高渣、铁液面，应低于罐沿0.3 m，渣、铁罐受料时，不应移动。如遇出铁晚点，或因铁口浅、涌焦等原因，造成累计铁量相差1个铁水罐的容量时，可降低顶压或改用常压出铁，并用较小的钻头开口，同时增配铁水罐。因高炉情况特殊致使渣、铁罐装载过满时，应用泥糊好铁罐嘴，并及时通知运输部门；运输应减速行驶，并由专人护送到指定地点。

（3）渣罐使用前，应喷灰浆或用干渣垫底。渣罐内不应有积水、潮湿杂物和易燃易爆物。

（4）铁罐耳轴应锻制而成，其安全系数不应小于8；耳轴磨损超过原轴直径的10%，即应报废；每年应对耳轴作一次无损探伤检查，做好记录，并存档。

（5）不应使用凝结盖孔口直径小于罐径1/2的铁、渣罐，也不应使用轴耳开裂、内衬损坏的铁罐，重罐不应落地，应建立铁罐内衬定期监测和检查制度。

（6）不应向线路上乱丢杂物，并应及时清除挂在墙、柱和线路上的残渣，炉台下应照明良好。

（7）渣、铁重罐车的行驶速度，不应大于10 km/h；在高炉下行驶、倒调时不应大于5 km/h。

（8）应根据出铁计划，提前30 min配好渣、铁罐；应逐步做到拉走重罐后立即配空罐。

4. 水冲渣安全要求

(1)水冲渣应有备用电源和备用水泵。每吨渣的用水量应符合设计要求;冲渣喷口的水压,不宜低于0.2 MPa。

(2)水渣沟架空部分,应有带栏杆的走台;水渣池周围应有栏杆,内壁应有扶梯。

(3)靠近炉台的水渣沟,其流嘴前应有活动护栏,或网格净距不大于200 mm的活动栏网。

(4)水冲渣发生故障时,应有改向渣罐放渣或向干渣坑放渣的备用设施。

(5)出铁、出渣之前,应用电话、声光信号与水泵房联系,确保水量水压正常。出故障时,应立即采取措施停止冲渣。

(6)启动水泵,应事先确认水冲渣沟内无人。故障停泵,应及时报告。

(7)水冲渣时,粒化器附近不应有人。

(8)高炉上的干渣大块或氧气管等杂物,不应弃入冲渣沟或进入冲渣池。

5. 转鼓渣过滤系统的安全要求

(1)系统正常运转时,其粒化水量、吹扫空气量、清扫水量、粒化器的最高水温及渣流量,应满足设计要求。

(2)系统运转前,设备检查应达到以下要求:设备专检无异常,粒化头无堵塞,接受槽格栅无渣块,高低沟、渣闸状态合理,热水槽中无积渣,地坑内无积水和渣,各管道阀门无泄漏,胶带运输平稳,无偏离,事故水位正常。

(3)出铁时所用的冲渣沟,应同时具备分流干渣的条件或其他处理炉渣的措施,拨闸分流的时间不应超过3 min。

(4)正常生产时,系统设备的运转应实行自动控制。

(5)应在出铁前20 min启动系统,接到"已准备好"的信号,操作室方可启动系统。一次启动失败,不应立即连续启动。

(6)系统运转中出现危及人身、设备安全的现象时,应立即停止系统运行,并将热渣导入干渣坑或渣罐。

(7)出铁时,冲渣沟、粒化器附近不应有人。

(8)应严密注视系统粒化水量。若发现粒化水量大幅度减少、转鼓发生故障、胶带带水严重或操作室信号出现"大警报",应立即分流至干渣坑或渣罐,严防液态渣进入粒化系统。

(9)堵铁(渣)口20 min后,系统方可停止运行。

(10)系统停机后,应先停粒化泵动力电源,再检查和清扫粒化头、水渣沟、接受槽、粒化水泵。检查或更换、清扫喷嘴,应先停液压系统或电机。检查皮带,应先停带式输送机动力电源。

(11)系统维护人员,不应短接系统的各种保护装置,发现设备异常或事故情况,应迅速判断和处理,防止事故扩大;应记录异常现象和事故情况,并及时报告。

(12)系统的各种联锁、保护装置,未经主管部门同意,任何人不应随意调整;如确需调整,应经主管部门同意,并报主管厂长批准;调整应做好记录,并存档。

(13)系统任何控制手柄处于"自动"位置时,不应检修。系统检修中如需转鼓动作,应指定专人操作。

(14)采用轮法冲渣工艺时,应在粒化轮附近设安全防护网。对于无盖的水池,应在水池周边设安全护栏。

6. 倾翻渣罐安全要求

(1)渣罐倾翻装置应能自锁,倾翻渣罐的倾翻角度应小于116°(丝杆剩5~6扣)。倒干渣应选好地形,防止渣壳崩落伤人。罐车应先采取止轮措施,再远距离操作翻罐,翻罐时,人员应远离罐车。

(2)翻罐供电,应采用隐蔽插头的软电缆,并在离罐 30 m 以外操作开关。

(3)罐口结壳及翻渣后罐内结壳,应使用打渣壳机和撞罐机处理。

(4)渣中带铁较多时,不应向弃渣池倾翻。

(5)重渣罐翻不出渣时,应待彻底凝固后再处理。

7. 大修停炉出残铁

(1)应以保证出尽残渣、铁和出残铁作业安全及运输方便为前提,合理选择残铁口的位置,确保炉缸残铁以受控状态排放到铁水罐中,并遵守下列规定:

①严禁采取打水方式对残铁口部位进行降温冷却。

②应规范制作残铁口,保证残铁口部位炭砖有可靠的径向支撑作依靠。

③铁口通道应用泥套捣打料捣打结实,出残铁口的泥套应捣实并烤干。

④残铁沟与炉体搭接应牢靠,应用特殊捣打料整体捣打结实。

⑤应保持残铁口、残铁沟、铁水罐烘烤干燥,炉基、铁道等处清理干净、无积水、铺满干燥的黄沙。

⑥应保证残铁口、残铁沟两侧有顺畅的逃生通道。

⑦现场应确保具有良好的通风和照明设施。

⑧现场应实施戒严、保卫,严禁无关人员进入。

(2)空料线前应做好充足准备工作:应计算好残铁量,备足残铁罐和罐间连接沟并烤干;搭建好残铁口操作平台、做好护栏,保证作业通道安全畅通;除必要工具外,不应有其他杂物;准备足够的烧残铁口工具和材料;组织运输单位对残铁罐进行实地对位演练等。

考点十二 设备检修的安全要求

1. 一般要求

(1)作业时应建立严格的设备使用、维护、检修制度。设备应按计划(有条件的企业应推行点检定修制)检修,不应拖延。属于在线技术改造项目,应严格执行能源介质隔离制度。设备管理部门的专业技术人员,应对日常检修工作负责,对涉及危险作业的严格执行审批制度。

(2)检修现场应设统一指挥部,并明确各单位的安全职责。参加检修工作的单位,应在检修指挥部统一指导下,根据划分的作业地区与范围工作。检修现场应配备专职安全员。

(3)检修前,应对检修项目进行危险因素辨识并制定安全施工方案,应安排专人对电、煤气、蒸汽、氧气、氮气等要害部位及安全设施进行确认,并办理有关检修、动火等危险作业审批手续。

(4)检修中应按检修方案拆除安全装置,并有安全防护措施。检修完毕,安全装置应及时恢复。安全防护装置的变更,应经安全部门同意,并应做好记录归档。

(5)大、中修使用的拼装台和拼装作业,应符合大、中修指挥部的要求,不应妨碍交通。拼装作业应有专人指挥与监护。

(6)施工现场行驶的车辆,应有专人指挥,并尽可能设立单行线。大、中修施工区域内,火车运行速度不应大于 5 km/h,同时应设立警告牌和信号。

(7)设备检修和更换,必须严格执行相应的安全管理制度和专业安全技术操作规程。

检修人员应熟悉相关的技术要求及操作工艺。检修前,应对检修人员进行安全教育,介绍现场工作环境和注意事项,做好施工现场安全交底。

(8)检修设备时,应预先切断与设备相连的所有电路、风路、氧气、煤气、氮气、蒸汽、喷吹煤粉及液体等介质,并严格执行设备操作牌制度。

(9)焊接或切割作业的场所,应通风良好。电、气焊割之前,应清除工作场所的易燃物。

高处作业应设安全通道、梯子、支架、吊台或吊盘,作业时应佩戴安全带。高处作业的吊绳直径根据负荷确定,安全系数不应小于6。作业前应认真检查有关设施,作业不应超载。脚手架、斜道板、跳板和交通运输道路,应有防滑措施并经常清扫。

(10)楼板、吊台上的作业孔,应设置护栏和盖板。高处作业时,不应利用煤气管道、氧气管道作起重设备的支架,携带的工具,应装在工具袋内,不应以抛掷方式递送工具和其他物体。遇6级以上强风时,不应进行露天起重工作和高处作业。

(11)在高处检修管道及电气线路,应使用乘人升降机,不应使用起重卷扬机类设备带人作业。运送大部件通过铁路道口,应事先经铁路管理部门同意,而且使用单位应安排专人负责监护。

(12)检修热风炉临时架设的脚手架,检修完毕应立即全部拆除。在炉子、管道、贮气罐、磨机、除尘器或料仓等的内部检修,应严格检测有毒有害物质和氧含量是否符合要求,以防煤气中毒和窒息。并应派专人核查进出人数,如果出入人数不相符,应立即查找、核实。

(13)设备检修完毕,应先做单项试车,然后联动试车。检修结束设备试运行时,人员应站在安全位置,发现问题需要处理时,应联系停车并挂牌处理。试车时,操作工应到场,各阀门应调好行程极限,做好标记。应经试车确认无问题后方可交付使用。

(14)设备试车,应按规定程序进行。施工单位交出操作牌,由操作人员送电操作,专人指挥,共同试车。非试车人员,不应进入试车规定的现场。

2. 高炉炉顶设备检修

(1)检修大钟、料斗时应计划休风,而且应事先切断煤气,保持通风良好。在大钟下面检修时,炉内应设常明火,大钟应牢靠地放在穿入炉体的防护钢梁上,不应利用焊接或吊钩悬吊大钟。检修完毕,确认炉内人员全部撤离后,方可将大钟从防护梁上移开。工作环境中一氧化碳浓度超过50 ppm时,工作人员应佩戴防护用具,还应连续检测一氧化碳含量。检修大钟时,应控制高炉料面,并铺一定厚度的物料,风口全部堵严,检修部位应设通风装置。

(2)串罐、并罐无料钟炉顶设备的检修,应遵守下列规定:

①进罐检修设备和更换炉顶布料溜槽等,应可靠切断煤气、氮气源,采用安全电压照明,检测一氧化碳、氧气的浓度,并制定可靠的安全技术措施,报生产技术负责人认可,认真实施。

②检修人员应事先与高炉及岗位操作人员取得联系,经同意并办理正常手续方可进行检修。

③检修人员应佩戴安全带和防毒面具;检修时,应用煤气报警和测试仪检测一氧化碳浓度是否在安全范围内;检修的全过程,罐外均应有专人监护。

链接

进入串罐、并罐前必须关闭均压阀和眼镜阀，将回压管水封，切断煤气、氮气来源，按气体置换程序进行置换、检测，合格后方可进入。否则，应佩戴呼吸器，且禁止动火。

3. 高炉本体检修

(1) 大修时，炉体砌筑应按设计要求进行。应清除炉内残物。

(2) 拆除炉衬时，不应同时进行炉内扒料和炉顶浇水。

(3) 入炉扒料之前，应测试炉内空气中一氧化碳的浓度是否符合作业的要求，并采取措施防止落物伤人。

4. 热风炉检修

(1) 检修热风炉时，应可靠切断防止煤气从邻近煤气管道窜入，并严格执行操作牌制度；煤气防护人员应在现场监护。

(2) 进行热风炉内部检修、清理时，应遵守下列规定：

①煤气管道应可靠切断，除烟道阀门外的所有阀门应关死，并切断阀门电源。

②炉内应通风良好，一氧化碳浓度应在 24 ppm 以下，含氧量应为 19.5% ~23%（体积浓度），每 2 h 应分析一次气体成分。

③修补热风炉隔墙时，应用钢材支撑好隔栅，防止上部砖脱落。

5. 荒煤气系统设备检修

(1) 检修除尘器时，应处理煤气并执行操作牌制度，至少由 2 人进行；应有煤气防护人员在现场监护。

(2) 检修时应防止邻近管道的煤气窜入除尘器，并排尽除尘器内灰尘，保持通风良好，环境应满足规定要求。固定好检修平台和吊盘。清灰作业应自上而下进行，不应掏洞。

(3) 检修清灰阀时，应用盲板堵死灰口，应切断电源，并应安排煤气防护人员在场监护。清灰阀关不严时，应减风后处理，必要时休风。

6. 摆动流嘴检修

(1) 检修作业负责人应与岗位操作工取得联系，索取操作牌，悬挂停电牌，停电并经确认后方可进行检修作业。

(2) 检修中不应盲目乱割、乱卸；吊装流嘴应有专人指挥，并明确规定指挥信号；指挥人员不应站在被吊物上指挥。在摆动支座上作业，应佩戴安全带。钢丝绳受力时，应检查卸扣受力方向是否正确。

7. 铁水罐检修

(1) 检修铁水罐，应在专用场地或铁路专线一端进行，检修地点应有起重及翻罐机械。修罐时，电源线应采用软电缆。修罐地点以外 15 m 处，应设置围栏和标志。两罐间距离应不小于 2 m。重罐不应进入修罐场地和修罐专用线。

(2) 修罐坑（台）应设围栏。罐坑（台）与罐之间的空隙，应用坚固的垫板覆盖。罐坑内不应有积水。待修罐的内部温度，不应大于 40 ℃。砖衬应从上往下拆除，可喷水以减少灰尘。修罐时，罐内应通风良好，冬季应有防冻措施。距罐底 1.5 m 以上的罐内作业，应有台架及平台，采用钩梯上下罐。罐砌好并烘干，方可交付使用。罐座应经常清扫。

案例分析

案例场景

2020 年 11 月 15 日 10 时 50 分，某钢铁工业学院，在自建 6.88 m^3 高炉的铸铁场砂型处发生铁水与铁管爆炸事故，造成师生 8 人死亡，18 人受伤。

11 月 15 日 10 时 30 分，实习生孙某等三人开始打开铁口，但是没有打开，他们为了及时出铁就请来工人孙某将铁口打开了，火龙般的铁水从炉内一跃涌出。当铁水流淌到砂型上时，在现场观看的人员都看到铁水往上冒泡，特别是铁水淌到砂箱模型时，在铁管周围冒的泡较大，在铁水快要流完的时候，砂型的铁水表面已发暗红色，稍有凝固状态。这时教员陈老师、职员程某、学生李某等人看到带有铁管模型的铁水向四周涌出，而且还上下鼓动着，大家都往后退。当时陈老师就喊了一声："可能要爆炸！快跑开！"职员程某也喊了一声："要爆炸！"随着大家转身后退的顷刻之间，即在 10 时 50 分许发生了强烈的爆炸，铁管和将凝固的铸砂箱已被全部崩碎。

经过事故调查原因分析，发生铁水爆炸的原因是炉底烧穿，大量铁水流淌到砂型处，而铸造砂型时因操作不规范，铸型处砂子水分过多。当赤红的铁水流到潮湿的砂子上会产生大量的气体，当铁水在液体状态时发生冒泡，气体还可以跑出来，当铁水快要凝固时气体就跑不出来了，因而大量的气体进入铁管内，气体越来越多，压力越来越大，当气体压力超过铁管的耐压力时，铁水与铁管同时发生了强烈的爆炸，造成了重大伤亡。

知识点讲解

考点一　生产安全事故等级

《生产安全事故报告和调查处理条例》第三条规定，根据生产安全事故（以下简称事故）造成的人员伤亡或者直接经济损失，事故一般分为以下等级：

（1）特别重大事故，是指造成 30 人以上死亡，或者 100 人以上重伤（包括急性工业中毒，下同），或者 1 亿元以上直接经济损失的事故。

（2）重大事故，是指造成 10 人以上 30 人以下死亡，或者 50 人以上 100 人以下重伤，或者 5 000 万元以上 1 亿元以下直接经济损失的事故。

（3）较大事故，是指造成 3 人以上 10 人以下死亡，或者 10 人以上 50 人以下重伤，或者 1 000 万元以上 5 000 万元以下直接经济损失的事故。

（4）一般事故，是指造成 3 人以下死亡，或者 10 人以下重伤，或者 1 000 万元以下直接经济损失的事故。国务院应急管理部门可以会同国务院有关部门，制定事故等级划分的补充性规定。

本条第一款所称的"以上"包括本数，所称的"以下"不包括本数。

链接

本案例中，该事故有 8 人死亡、18 人受伤，属于较大事故。

考点二　液态渣铁、铁水遇水爆炸的原因及控制措施

1. 爆炸原因

（1）风口、直吹管烧穿，渣铁水大量喷出，覆盖风口平台。若风口平台未按要求做成内

高外低的坡面，当出现风口烧坏、直吹管发红打水，或者炉壳发火、开裂进行炉皮打水时，不能及时排出冷却水，发生爆炸。

（2）风口损坏，向炉内大量漏水，发生爆炸。休风换风口前，风口损坏堵塞了循环通道，出水口破损，当休风闭水换风口时，停留在水阀与风口间的积水经过高温急剧汽化，导致金属软管爆炸。

（3）由于高炉炉缸、炉底烧穿，炉基及周边地面会流淌出大量的铁水，与炉基的排水槽及其周边地面存有的积水相遇，发生爆炸。

2. 控制措施

（1）应加强监视检查缺陷的风口和直吹管，并及时休风更换。风口平台应按要求做成内高外低的坡面，并修筑耐火砖，可将风口、直吹管和炉壳的喷淋水引流外排。将小型高炉的排水箱箱体升高或移位。

（2）应加强对风口套破损征兆的判断，并提升应急处理能力，择机适当减少水量，尽量做到不凝铁、不烧穿、不向炉内大量进水。

（3）应加强检查和维护炉缸、炉底的冷却系统和自动测温设备，保证它们具有完好的状态。若炉底温度升高，应按照炉底、炉缸烧穿事故预防与处理的处置方案进行操作。定期维护和清理高炉炉基的排水槽及其周边的环境，应保持干燥。

提示

本案例中，该事故发生的原因是炉底烧穿导致大量铁水流到砂型处，且砂型含水量较大，从而导致爆炸。因此，应加强检查和维护炉底的冷却系统和自动测温设备，且应规范操作砂型的铸造，保持其干燥。

考点三　出铁作业安全要求

出铁作业安全要求在考点解读考点六中有详细叙述，考生须理解掌握。

考点四　生产安全事故调查

生产安全事故调查的组织者、职责、调查报告等内容可参考第八章案例分析考点三的内容。

同步自测

一、单项选择题（每题的备选项中，只有1个最符合题意）

1. 高炉炼铁生产过程中，关于热风炉安全要求的说法，错误的是（　　）。
   A. 采用地下烟道时，应配备水泵
   B. 热风炉煤气总管应有符合要求的可靠隔断装置
   C. 管道最低处与煤气切断阀之间应设煤气放散管
   D. 放风阀应设在冷风管道上

2. 下列不属于荒煤气系统设备的是（　　）。
   A. 上升管　　B. 重力除尘器
   C. 煤气切断阀　　D. 热风炉

3. 喷吹罐停喷煤粉时，无烟煤粉储存时间应不超过（　　）h。
   A. 6　　B. 8
   C. 10　　D. 12

4. 高炉炼铁生产过程中，关于渣、铁处理的说法，错误的是（　　）。

A. 处理铁口或出铁时，铁口正对面不应站人

B. 铁口、渣口处理前，应先将煤气进行收集，不能点火燃烧

C. 渣罐使用前，应喷灰浆或用干渣垫底

D. 炉前工具接触铁水前，应烘干预热

二、案例分析题

某钢铁联合企业主要设备有2 600 m^3高炉一座（1号高炉），1 280 m^3高炉一座（2号高炉），110 t转炉三座，15×10^4 m^3高炉煤气柜两座（工作压力为8～10 kPa，工作温度为35 ℃），$10\times10^4 m^3$转炉煤气柜一座（工作压力为3 kPa，工作温度为60 ℃）。当地大气压101.13 kPa。已知标准条件下（25 ℃，1个大气压），高炉煤气的密度为$\rho_{高炉}=1.30\ kg/m^3$，转炉煤气的密度为$\rho_{转炉}=1.35\ kg/m^3$。

2018年4月，该钢铁联合企业启动安全生产标准化复评工作。评审人员对照冶金企业安全生产标准化评定相关标准，对该企业炼铁、炼钢、煤气3个单元设备设施进行现场核查，发现：炼铁单元，2号高炉出铁口平台附近设置的水龙头漏水致使其下小坑积水，炉前工劳动防护用品穿戴不齐全；2号高炉操作室内一氧化碳报警器送检中，现场未见其他报警器；2号高炉风口平台一氧化碳报警器故障失效。

根据以上场景，回答下列问题：

1. 根据《工贸行业重大生产安全事故隐患判定标准（2017版）》，列出炼铁单元存在的重大隐患和一般隐患。

2. 根据《危险化学品重大危险源辨识》，计算转炉煤气柜最大煤气储存量并判断是否构成重大危险源？（计算结果保留小数点后两位）

3. 列出2号高炉风口平台安全检查要点。

4. 根据《冶金企业安全生产标准化评定标准（炼铁）》的第6要素，列出该企业安全生产标准化“设备设施管理”要点。

5. 根据《安全生产事故隐患排查治理暂行规定》，列出重大事故隐患治理方案应包括的内容。

答案详解

一、单项选择题

1. C。【解析】根据《炼铁安全规程》，高炉炼铁生产过程中，煤气管道应有煤气流量检测及调节装置。管道最高处和燃烧阀与煤气切断阀之间应设煤气放散管。故选项C错误。

2. D。【解析】在高炉生产工艺中，荒煤气系统的主要任务是将高炉中的煤气进行回收与净化，其主要设备有上升管、下降管、重力除尘器、高压高炉高压阀组、煤气切断阀和水封、放散阀、回压管道及其附属均压阀等。

3. D。【解析】喷吹罐停喷煤粉时，无烟煤粉储存时间应不超过12 h；烟煤粉储存时间应不超过8 h，若罐内有氮气保护且罐内温度不高于70 ℃，则可适当延长，但不宜超过12 h。

4. B。【解析】根据《炼铁安全规程》，高炉炼铁生产过程中，铁口、渣口应及时处理，处理前应将煤气点火燃烧，防止煤气中毒。故选项B错误。

二、案例分析题

【答案】

1. 炼铁单元存在的重大隐患如下：

（1）2号高炉出铁口平台附近设置的水龙头漏水致使其下小坑积水。

(2)2 号高炉操作室内一氧化碳报警器送检中,现场未见其他报警器。

(3)2 号高炉风口平台一氧化碳报警器故障失效。

炼铁单元存在的一般隐患如下:炉前工劳动防护用品穿戴不齐全。

2. 转炉煤气柜最大煤气储存量 $=10\times10^4\times1.35/10^3=135(\mathrm{t})$。$135/20=6.75>1$,因此转炉煤气柜为重大危险源。

3.2 号高炉风口平台安全检查要点:

(1)高炉风口是否设有一氧化碳检测报警器,报警器是否有效。

(2)高炉风口平台是否设计排水坡度。

(3)高炉风口平台宽度是否满足生产和检修需要。

(4)高炉风口平台是否铺设有耐火材料。

4. 企业安全生产标准化"设备设施管理"要点如下:

(1)建立设备设施的检修、维护、保养管理制度。

(2)建立设备设施运行台账,制定检(维)修计划。

(3)按检(维)修计划定期对安全设备设施进行检(维)修。

(4)电炉变压器的高压断路器和隔离开关之间,电动无载调压开关与断路器之间,均应设连锁装置。电炉变压器的断路器跳闸时,应有灯光和音响信号通知操作室。

(5)煤气区域的值班室、操作室等人员较集中的地方,应设置固定式一氧化碳监测报警装置。进入煤气区域作业的人员,应配备便携式一氧化碳报警仪。

(6)主车间内各类燃气管线,应架空敷设,并应在车间入口外设可靠的总管切断装置。

(7)油管道和氧气管道不应敷设在同一支架上,且不应敷设在煤气管道的同一侧。氧气与燃油管道不应共沟敷设;氧气、乙炔、煤气、燃油管道及其支架上不应架设动力电缆、电线(供自身专用者除外)。

(8)放散大量热能或有害气体的厂房,应有足够面积的通风天窗或排气设施。易受高温辐射、炉渣喷溅或物体撞击的梁柱结构、墙壁、设备等,应有隔热、防撞措施。

5. 重大事故隐患治理方案应当包括以下内容:

(1)治理的目标和任务。

(2)采取的方法和措施。

(3)经费和物资的落实。

(4)负责治理的机构和人员。

(5)治理的时限和要求。

(6)安全措施和应急预案。

【解析】

1. 本案例第 1 问主要考查炼铁、炼钢、煤气单元存在的重大隐患和一般隐患的辨识。冶金行业重大事故隐患包括:(1)会议室、活动室、休息室、更衣室等场所设置在铁水、钢水与液渣吊运影响的范围内。(2)吊运铁水、钢水与液渣起重机不符合冶金起重机的相关要求;炼钢厂在吊运重罐铁水、钢水或液渣时,未使用固定式龙门钩的铸造起重机,龙门钩横梁、耳轴销和吊钩、钢丝绳及其端头固定零件,未进行定期检查,发现问题未及时整改。(3)盛装铁水、钢水与液渣的罐(包、盆)等容器耳轴未按国家标准规定要求定期进行探伤检测。(4)冶炼、熔炼、精炼生产区域的安全坑内及熔体泄漏、喷溅影响范围内存在积水,放置有易燃易爆物品。金属铸造、连铸、浇铸流程未设置铁水罐、钢水罐、溢流槽、中间溢流罐等高温熔融金属紧急排放和应急储存设施。(5)炉、窑、槽、罐类设备本体及附属设施未定期检查,出现严重焊缝开裂、腐蚀、破损、衬砖损坏、壳体发红及明显弯曲变形等未报修或报废，仍继续使用。(6)氧枪等水冷元件未配置出水温度与进出水流量差检测、报警装置及温度监测，未与炉体倾动、氧气开闭等联锁。(7)煤气柜建设在居民稠密区，未远离大型建筑、仓库、通信和交通枢纽等重要设施；附属设备设施未按防火防爆要求配置防爆型设备；柜顶未设置防雷装置。(8)煤气区域的值班室、操作室等人员较集中的地方，未设置固定式一氧化碳监测报警装置。(9)高炉、转炉、加热炉、煤气柜、除尘器等设施的煤气管道未设置可靠隔离装置和吹扫设施。(10)煤气分配主管上支管引接处，未设置可靠的切断装置；车间内各类燃气管线，在车间入口未设置总管切断阀。(11)金属冶炼企业主要负责人和安全生产管理人员未依法经考核合格。

2. 本案例第2问主要考查转炉煤气柜最大煤气储存量的计算和重大危险源的判断。转炉煤气的密度和转炉煤气柜的体积已知，密度与体积相乘即可得到转炉煤气柜的储存量。生产单元、储存单元内存在危险化学品的数量等于或超过规定的临界量，即被定为重大危险源。单元内存在的危险化学品的数量根据危险化学品种类的多少区分为以下两种情况：(1)生产单元、储存单元内存在的危险化学品为单一品种时，该危险化学品的数量即为单元内危险化学品的总量，若等于或超过相应的临界量，则定为重大危险源。(2)生产单元、储存单元内存在的危险化学品为多品种时，按下式计算，若满足下式，则定为重大危险源：$S=q_1/Q_1+q_2/Q_2+\cdots+q_n/Q_n\geqslant 1$，式中，$S$为辨识指标，$q_1,q_2,q_3,\cdots,q_n$为每种危险化学品的实际存在量，单位为吨(t)，$Q_1,Q_2,Q_3,\cdots,Q_n$为与每种危险化学品相对应的临界量，单位为吨(t)。危险化学品储罐以及其他容器、设备或仓储区的危险化学品的实际存在量按设计最大量确定。

3. 本案例第3问主要考查安全检查要点。安全检查的内容很多，大致有如下三个方面：(1)检查企业是否建立健全了安全生产组织和安全生产责任制，是否贯彻"五同时""三同时"，对职工伤亡事故的调查报告和处理中是否坚持了"四不放过"的原则、企业各项规章制度是否健全完善、是否严格执行，企业安全技术措施经费有无保证等。(2)检查企业生产作业现场环境及设备、物质(原材物料)的状态，即查企业作业环境及劳动条件、生产设备及相应的安全防护设施是否符合安全标准的要求。(3)检查企业作业职工是否有不安全行为，如作业职工是否按相关工种的安全操作规程操作，操作时的动作是否符合安全要求等。

4. 本案例第4问主要考查企业安全生产标准化"设备设施管理"要点。具体内容详见答案。

5. 本案例第5问主要考查重大事故隐患治理方案应包括的内容。对于一般事故隐患，由生产经营单位(车间、分厂、区队等)负责人或者有关人员立即组织整改。对于重大事故隐患，由生产经营单位主要负责人组织制定并实施事故隐患治理方案。重大事故隐患治理方案应当包括以下内容：(1)治理的目标和任务。(2)采取的方法和措施。(3)经费和物资的落实。(4)负责治理的机构和人员。(5)治理的时限和要求。(6)安全措施和应急预案。

第五章 炼钢安全

知识架构

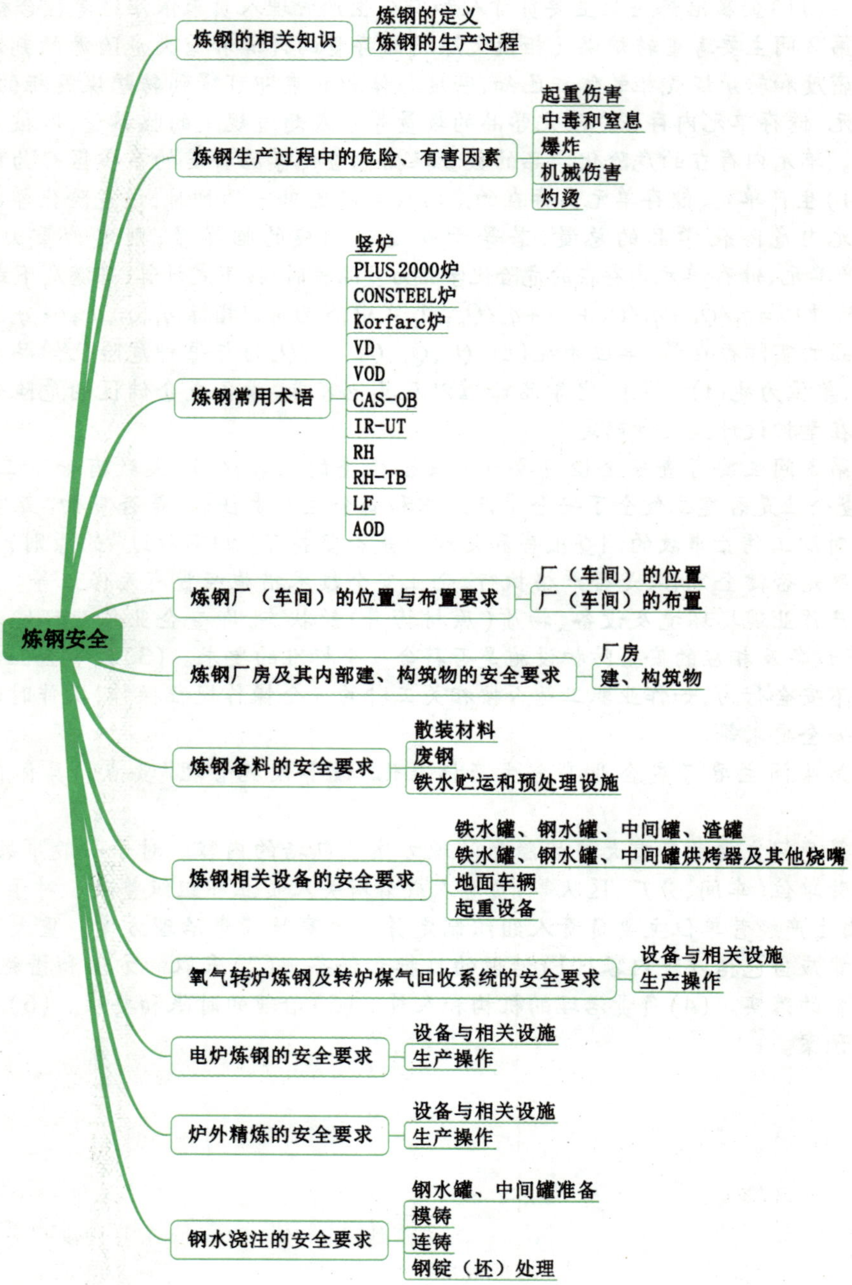

考点解读

考点一　炼钢的相关知识

1. 炼钢的定义

炼钢是指控制碳含量(一般小于2%),消除P、S、O、N等有害元素,保留或增加Si、Mn、Ni、Cr等有益元素并调整元素之间的比例,获得最佳性能。

将炼钢用生铁放到炼钢炉内采用一定工艺进行熔炼,即得到钢。钢的产品有钢锭、连铸坯和直接铸成各种钢铸件等。通常所讲的钢,一般是指轧制成各种钢材的钢。钢属于黑色金属但不完全等于黑色金属。

2. 炼钢的生产过程

(1)加料。向电炉或转炉内加入铁水或废钢等原材料的操作,是炼钢的第一步。

(2)造渣。调整钢、铁生产中熔渣的成分、碱度和黏度及其反应能力的操作,目的是通过钢铁高炉渣炼出具有所要求成分和温度的金属。如氧气顶吹转炉造渣和吹氧操作是为了生成具有足够流动性和碱度的熔渣,能够向金属液面中传递足够的氧,以便把硫、磷含量降到计划钢种的上限以下,并使吹氧时喷溅和溢渣的量减至最小。

(3)出渣。电弧炉炼钢时根据不同冶炼条件和目的在冶炼过程中所采取的放渣或扒渣操作。如用单渣法冶炼时,氧化末期须扒氧化渣;用双渣法造还原渣时,应将原来的氧化渣彻底放出,以防回磷等。

(4)熔池搅拌。向金属熔池供应能量,使金属液和熔渣产生运动,以改善冶金反应的动力学条件。熔池搅拌可借助于气体、机械、电磁感应等方法来实现。

(5)脱磷。一般普通钢中规定含磷量不超过0.045%,优质钢要求含磷量更少。生铁中的磷,主要来自铁矿石中的磷酸盐。氧化磷和氧化铁的热力学稳定性相近。在高炉的还原条件下,炉料中的磷几乎全部被还原并溶入铁水。如选矿不能除去磷的化合物,脱磷就只能在(高)炉外或碱性炼钢炉中进行。

(6)电炉底吹。通过置于炉底的喷嘴将N_2、Ar、CO_2、CO、CH_4、O_2等气体根据工艺要求吹入炉内熔池以达到加速熔化,促进冶金反应过程的目的。采用底吹工艺可缩短冶炼时间,降低电耗,改善脱磷、脱硫操作,提高钢中残锰量,提高金属和合金收得率。并能使钢水成分、温度更均匀,从而改善钢质量,降低成本,提高生产率。

(7)熔化期。炼钢的熔化期主要是针对平炉和电炉炼钢而言。电弧炉炼钢从通电开始到炉料全部熔清为止、平炉炼钢从兑完铁水到炉料全部化完为止都称为熔化期。熔化期的任务是尽快将炉料熔化及升温,并造好熔化期的炉渣。

(8)氧化期和脱碳期。普通功率电弧炉炼钢的氧化期,通常指炉料溶清、取样分析到扒完氧化渣这一工艺阶段。也有认为是从吹氧或加矿脱碳开始的。氧化期的主要任务是氧化钢液中的碳、磷;去除气体及夹杂物;使钢液均匀加热升温。脱碳是氧化期的一项重要操作工艺。为了保证钢的纯净度,要求脱碳量大于0.2%。随着炉外精炼技术的发展,电弧炉的氧化精炼大多转移到钢包或精炼炉中进行。

(9)精炼期。炼钢过程中通过造渣和其他方法把对钢的质量有害的一些元素和化合物,经化学反应选入气相或排、浮入渣中,使之从钢液中排除的工艺操作期。

(10)还原期。普通功率电弧炉炼钢操作中,通常把氧化末期扒渣完毕到出钢这段时间称为还原期。其主要任务是造还原渣进行扩散、脱氧、脱硫、控制化学成分和调整温度。高功率和超功率电弧炉炼钢操作已取消还原期。

(11)炉外精炼。将炼钢炉(转炉、电炉等)中初炼过的钢液移到另一个容器中进行精炼的炼钢过程,也叫二次冶金。炼钢过程因此分为初炼和精炼两步进行。其中,初炼是指炉料在氧化性气氛的炉内进行熔化、脱磷、脱碳和主合金化。精炼是指将初炼的钢液在真空、惰性气体或还原性气氛的容器中进行脱气、脱氧、脱硫,去除夹杂物和进行成分微调等。将炼钢分两步进行的好处是可提高钢的质量,缩短冶炼时间,简化工艺过程并降低生产成本。炉外精炼的种类很多,大致可分为常压下炉外精炼和真空下炉外精炼两类。按处理方式的不同,又可分为钢包处理型炉外精炼及钢包精炼型炉外精炼等。

(12)钢液搅拌。炉外精炼过程中对钢液进行搅拌的操作。它使钢液成分和温度均匀化,并能促进冶金反应。多数冶金反应过程是相界面反应,反应物和生成物的扩散速度是这些反应的限制性环节。钢液在静止状态下,其冶金反应速度很慢,如电炉中静止的钢液脱硫需 30 ~ 60 min;而在炉外精炼中采取搅拌钢液的办法脱硫只需 3 ~ 5 min。钢液在静止状态下,夹杂物上浮除去,排除速度较慢;搅拌钢液时,夹杂物的除去速度按指数规律递增,并与搅拌强度、类型和夹杂物的特性、浓度有关。

(13)钢包喂丝。通过喂丝机向钢包内喂入用铁皮包裹的脱氧、脱硫及微调成分的粉剂,如 Ca - Si 粉或直接喂入铝线、碳线等对钢水进行深脱硫、钙处理以及微调钢中碳和铝等成分的方法。它还具有清洁钢水、改善非金属夹杂物形态的功能。

链接

炼钢过程中,应减少钢液中含磷量的化学反应。磷是钢中有害杂质之一。含磷较多的钢,在室温或更低的温度下使用时,容易脆裂,称为“冷脆”。钢中含碳越高,磷引起的脆性越严重。

考点二　炼钢生产过程中的危险、有害因素

本考点主要从起重伤害、中毒和窒息、爆炸、机械伤害、灼烫几个方面来分析炼钢生产过程中的危险、有害因素。

1. 起重伤害

(1)起吊和搬运不当或安全装置失效,是导致炼钢企业发生事故最多的因素。

(2)起重机吊具、防护装置、钢绳等故障或操作、指挥不当。如起重量超载,钢丝绳断裂,吊钩断裂,制动装置失灵,限位限量及连锁装置失灵,行程开关未接线或失灵,违章指挥,起重工违章起吊,起吊作业时起重设备下方违章站人,均有可能造成起重伤害。起重作业大多起吊高温物体,因此钢丝绳、吊钩等吊具应适应高温环境,钢丝绳绳芯应使用石棉芯钢丝绳,若使用麻绳芯钢丝绳会出现钢丝绳断裂等事故。

2. 中毒和窒息

(1)煤气中含有大量的一氧化碳和氮气,一氧化碳吸入后会在血中与血红蛋白结合而造成组织缺氧,造成中毒和窒息事故。

(2)因设备管道阀门腐蚀、设备检修、操作失误、发生事故等情况下,煤气迅速外泄并污染作业环境,若防护不当或处理不及时,未安装有毒气体报警器,进入有毒气体环境未佩戴便携式有毒气体报警仪,很容易发生中毒或窒息。

(3)氮气管道发生泄漏,短时间内空气内氮气浓度过高,会造成窒息事故。

(4)生产过程中使用氩气,若浓度过高,会使氧分压降低而发生窒息。

3. 爆炸

转炉炼钢过程产生煤气,煤气中含有大量的一氧化碳。在煤气管道上违章动火作业,动火作业前未有效隔离,均会发生爆炸事故。煤气在输送或使用过程发生泄漏达到爆炸极限,遇火源、非防爆电气,也会发生爆炸事故。

4. 机械伤害

炼钢企业涉及的转动设备较多,作业人员在危险区域时,如果无防护罩、防护屏挡板或强度不足或失效,容易引起碰撞、绞、碾等机械伤害。

5. 灼烫

炼钢过程中高温设备、高温物料较多。铁水温度可达 1 300 ℃,转炉冶炼温度更是达到2 100 ~2 200 ℃,如果未做有效预防,很容易造成灼伤、烫伤事故。

链接

炼钢生产过程中产生的危险物质主要有钢水、煤气、氧气、乙炔、氮气等。

考点三　炼钢常用术语

(1)竖炉:炉盖上带有竖井,并利用电弧炉排出的高温废气在竖井内预热废钢的超高功率电弧炉。

(2)PLUS 2000 炉:设有废钢料篮旋转装置,并利用自身高温废气预热废钢的超高功率电弧炉。

(3)CONSTEEL 炉:废钢通过传送带连续加入,并经自身高温废气预热的废钢的超高功率电弧炉。

(4)Korfarc 炉:炉壁装设多组氧枪、烧嘴和浸入式风口,利用化学能与后燃烧技术节约电能的超高功率电弧炉。

(5)VD:一种钢液真空脱气装置,它将带钢液的钢包置于与真空泵连通的密闭的真空罐内,从钢包底部通入氩气搅拌钢液,使钢液在真空状态下发生脱气反应。

(6)VOD:一种主要用来精练不锈钢的真空吹氧脱碳精炼装置,它在 VD 的真空罐盖上增设氧枪,向真空罐内钢液面吹氧,在真空状态下对含铬钢液进行“脱碳保铬”精炼。也可以用来冶炼超低碳钢。

(7)CAS - OB:一种在钢包内利用金属(铝)燃烧生产的氧化热加热钢液,或在浸入罩内加合金调整钢液成分的装置。

(8)IR - UT:一种在常压下对钢液既可进行喷粉脱硫精炼,又可吹氧加铝升温的装置,它是在浸入罩内增加一根插入钢液的喷粉枪,借以向钢液喷入脱硫剂。

(9)RH:一种对钢液真空循环脱气的精炼方法,它利用真空室底部的两根环流管(浸渍管)插入钢包钢液内,通过上升管内充氩气作为提升气体,利用气泡泵原理使钢水不断从上升管流入真空室,再从下降管流回到钢包,形成循环流动,使钢水在真空室内实现深脱气处理。

(10)RH - TB:系指在 RH 真空罐顶部插入一根氧枪,并向钢液吹氧脱碳,用以精炼超低碳钢与不锈钢的方法。

(11)LF:一种在常压下从钢包底部吹氩,并用电弧炉对钢液进行加热以精炼钢液和均匀钢液成分、温度的装置。

(12)AOD:一种在转炉的钢液熔池侧面,按不同比例往钢液吹入氧气与氩气的脱碳精炼炉,主要用于冶炼不锈钢。

考点四 炼钢厂(车间)的位置与布置要求

1. 厂(车间)的位置

(1)选择厂(车间)的位置,应注意工程地质条件和洪水、海潮、台风、滑坡等灾害的危害,并按地震烈度等级标准设防。厂址地坪应高出当地最高洪水水位0.5 m以上,地处海岸边的应高于最高潮水位1 m以上;如受条件限制无法达到,应采取有效的补救措施。

(2)厂(车间)应位于居住区常年最小频率风向的上风侧和当地生活水源的下游,并应有适当的安全健康防护距离。

(3)炼钢厂不应邻近居民区、风景旅游区、文物保护区、生活水源地和重要农业区;选择厂址时,应同时考虑炼钢厂"三废"排放、弃置及噪声、电网闪烁等公害所产生的影响,并采取必要的防护措施。炼钢厂的弃渣场,应位于居住区和水源地安全健康防护距离以外的低洼地带,并应考虑爆炸、扬尘、有害元素扩散的安全距离;厂内钢渣处理设施,应布置在主厂房常年最小频率风向的上风侧。

(4)落锤破碎和爆破废钢的设施,应设在流动人员稀少的厂区边缘安全区域,并应有可靠的防止废钢飞散的围护设施;与其他建筑物之间的安全距离,3 t、5 t、7 t落锤应分别大于30 m、50 m、80 m,并应采取必要的安全措施。

(5)煤气柜、乙炔柜、丙烷气站、供油站、天然气储备站等火灾和爆炸危险性较大的及产生烟尘、有毒有害气体的设施,应位于厂区和居住区常年最小频率风向的上风侧。

(6)氧气站应位于空气洁净区域,其空分设备的吸风口应位于各种易燃、易爆性气源与尘源的常年最小频率风向的下风侧。

(7)各车间及设施的位置应符合防火、防爆、防震、职业健康、运输安全等有关规程(规范)的规定及安全技术要求。

2. 厂(车间)的布置

(1)炼钢主车间的布置,应根据各种物料的流向,保证其能顺畅运行,互不交叉、干扰,并尽可能缩短铁水、废钢及钢坯(锭)等大宗物流的运输距离。

(2)炼钢主车间与各辅助车间(设施),应布置在生产流程的顺行线上;铁水、钢水与液体渣,应设专线(或专用通道)运输,以减少其他物流干扰。当铁水采用汽车运输时,应采用特种专用车辆,尽量减少铁水运输距离,道路宽度、净空、坡度应根据铁水运输车辆的尺寸、技术参数专门核算确定,保证运输安全。严禁经由国家或地区公交线路运输铁水。

(3)炼钢主车间,应按从原料至成品(坯、锭)的生产流程,以各工序分区作业为原则,合理布置各工艺装备及生产设施,确保各工序安全、顺行。

(4)炼钢厂内,应按消防规定设置必要的消防设施和消防通道,设置消防设施的地点,应有明显的标志牌。

考点五 炼钢厂房及其内部建、构筑物的安全要求

1. 厂房

(1)冶炼与浇注厂房设计应考虑良好的通风散热与采光条件;转炉、电炉、铁水贮运与

预处理、精炼炉、钢水浇注等热源点上方，应有良好的通风排气设施；热源点周围的建、构筑物应考虑高温影响，采取相应的隔热防护措施。

(2)厂房结构应考虑风、雨、雪、灰等动(静)载荷及各种自然因素影响，主厂房屋面四周应设栏杆，并在适当位置设置清扫通道；厂房应合理布置登上屋面的消防梯与检修梯，符合相关安全规定。

(3)转炉与电炉容量50 t以上的炼钢车间，主要跨间的厂房应采用钢结构；炼钢主厂房的布置形式及各跨间参数的确定，应符合《炼钢工程设计规范》的要求。

(4)炼钢主厂房，地坪应设置宽度小于1.5 m的人行安全走道，走道两侧应有明显的标志线；主厂房及其他中、重级工作类型的桥式起重机，应设置四周贯通的起重机安全走道，轻级工作起重机厂房，应设单侧贯通的安全走道，走道宽度应不小于0.8 m，并应按起重机台数设置司机专用走梯和蹬车平台。

(5)炼钢主厂房，应设置贯通各主要工序主工作平台的参观走道，其宽度不小于1.5 m。纵向参观走道应贴近主厂房柱列布置，垂直于主厂房柱列的参观走道应沿厂房内边缘设置。

(6)厂房内地坪应高于厂房外地坪0.3 m及以上，厂房内地面运输车辆的轨道面应与室内地坪面一致。

(7)起重机司机室与电源滑触线，原则上应相对布置；若两者位于同一侧，则应有安全防护措施。同一厂房跨间内同时设有轨面标高不同的两层起重机，则下层起重机的电源滑触线应有安全防护措施。

(8)厂房内生产作业区域和有关建筑物适当部位，应设置安全标志。安全标志包括危险场所和其他特定场所的安全标志，应符合《安全标志及其使用导则》的规定。

2. 建、构筑物

(1)炼钢企业内的厂房、烟囱等高大建、构筑物及易燃、易爆等危险设施，应按《建筑物防雷设计规范》的规定设置防雷设施，并应定期检查，确保防雷设施完好。

(2)各种建、构筑物的建设，应符合相关规定；各种设备与建、构筑物之间，应留有满足生产、检修需要的安全距离；移动车辆与建、构筑物之间，应有0.8 m以上的安全距离。

(3)易受高温辐射、液渣喷溅危害的建、构筑物，应有防护措施；所有高温作业场所，如炉前主工作平台、钢包冷热修区等，均应设置通风降温设施。

(4)主要生产场所的火灾危险性分类及建、构筑物防火最小安全间距、防火设施的设置，设置灭火器的场所和数量要求应遵循《建筑设计防火规范(2018年版)》《钢铁冶金企业设计防火标准》《建筑灭火器配置设计规范》等消防法规、标准的规定，主控室、电气间、可燃介质的液压站、连铸切割介质的气站、一次除尘风机房、电缆夹层等易发生火灾的建、构筑物，应设自动火灾报警装置。

(5)厂房内梯子应采用不大于45°的斜梯(特殊情况允许采用60°斜梯与直爬梯)，梯子设置应符合《固定式钢梯及平台安全要求 第1部分：钢直梯》《固定式钢梯及平台安全要求 第2部分：钢斜梯》的规定。铁水预处理、转炉、电炉、精炼炉、连铸主平台，两侧应设梯子。大、中型转炉，炉子跨宜设电梯。

(6)炼钢厂区内的坑、沟、池、井，应设置安全盖板或安全护栏。操作位置高度超过1.5 m的作业区，应设固定式或移动式平台；固定式钢平台应符合《固定式钢梯及平台安全要求 第3部分：工业防护栏杆及钢平台》规定，平台负荷应满足工艺设计要求。高于1.5 m的平台，宽于0.25 m的平台缝隙，深于1 m的敞口沟、坑、池，其周边应设置符合《固定式钢梯及平台安全要求 第3部分:工业防护栏杆及钢平台》规定的安全栏杆(特殊情况例外),不能设置栏杆的,其上口应高出地坪0.3 m以上。平台、走廊、梯子应防滑。易受钢水与液渣喷溅的平台工作面,应采用铸铁板或钢板贴面混凝土块(耐火材料)铺设。

(7)铁水预处理、转炉、AOD炉、电炉、精炼炉的炉下区域,应采取防止积水的措施;炉下漏钢坑应按防水要求设计施工,其内表应砌相应防护材料保护,且干燥后方可使用;炉下钢水罐车、渣罐车运行区域,地面应保持干燥;炉下热泼渣区,周围应设隔热防护结构,其地坪应防止积水;炉渣冲击与挖掘机铲渣地点,应在耐热混凝土基础上铺砌厚铸铁板或采取其他措施保护。

(8)不允许渗水的坑、槽、沟,应按防水要求设计施工。

(9)转炉、AOD炉和电炉主控室的布置,应设置出现大喷事故的必要防护设施;转炉兑铁、加废钢的起重机司机室玻璃窗应采取必要的防止转炉喷溅的措施;连铸主控室不应正对中间罐;转炉炉旁操作室应采取隔热防喷溅措施;电炉炉后出钢操作室,不应正对出钢方向开门,其窗户应采取防喷溅措施;所有控制室、电气室的门,均匀向外开启;电炉与LF主控室,应按隔声要求设计;主控室应设置紧急出口。

(10)炼钢炉、钢水与液渣运输线、钢水吊运通道与浇注区及其附近的地表与地下,不应设置水管(专用渗水管除外)、电缆等管线;如管线必须从上述区域经过,应采取可靠的保护措施。

(11)易积水的坑、槽、沟,应有排水措施;所有与钢水、液渣接触的罐、槽、工具及其作业区域,不应有冰雪、积水,不应堆放潮湿物品和其他易燃、易爆物品。

(12)密闭的深坑、池、沟,应考虑设置换气设施。

(13)废钢处理设施应有可靠的安全防护措施,落锤破碎间(场)应设封闭型防护结构,废钢爆破应采用泄压式爆破坑。

考点六 炼钢备料的安全要求

1. 散状材料

(1)应根据入炉散状材料的特性与安全要求,确定其贮存和运输方法;入炉物料应保持干燥。

(2)采用有轨运输时,轨道外侧距料堆应大于1.5 m。采用带式输送机运输,应遵守《带式输送机 安全规范》的规定。

(3)具有爆炸和自燃危险的物料,如CaC_2粉剂、镁粉、煤粉、直接还原铁(DRI)等应采取安全的储存方式,必要时用氮气保护;存放设施应按防爆要求设计,并禁火、禁水,防潮。

(4)地下料仓的受料口,应设置格栅板,汽车卸料侧需设车挡。

2. 废钢

(1)入炉废钢严禁混入爆炸物、密闭容器、有毒物质或放射性元素。可能存在放射性危害的废钢,不应进厂。进厂的社会废钢,应进行分选,捡出有色金属件、易燃易爆及有毒等物品;对密闭容器应进行切割处理;废武器和弹药应由相关专业部门严格鉴定,并进行妥善的处置。

(2)废钢应按来源、形态、成分等分类、分堆存放;人工堆料时,地面以上料堆高度不应超过1.5 m。

(3)炼钢厂一般应设废钢配料间与废钢堆场,废钢配料作业直接在废钢场进行的,废钢堆场应部分带有房盖，以供雨、雪天配料。混有冰雪与积水的废钢，不应入炉。

(4)废钢配料间与废钢堆场，应设置必要的纵向与横向贯通的人行安全走道。

(5)废钢坑沿应高出地面0.3～1.0 m，露天废钢坑应设集排水设施，地面废钢料堆应距运输轨道外侧1.5 m以上。

(6)废钢配料间或废钢堆场进料火车线与横向废钢运输渡车线相交时，火车线入口应设允许进车的信号装置，当渡车在废钢区运行时，火车不应进入。

(7)废钢装卸作业时，电磁盘或液压抓斗下不应有人，起重机的大车或小车启动、移动时，应发出声光报警信号，以警告地面人员与相邻起重机避让；起重机司机室应视野良好，能清楚观察废钢装卸作业点与相邻起重机作业情况。

链接

废钢是电炉炼钢的基本原料。一般采用废钢槽的方式向转炉供应废钢，废钢在转炉中既是金属料又是冷却剂。

3. 铁水贮运和预处理设施

(1)铁水运输应采用运输专线，困难时，应通过交通组织，减少运输线路上其他车辆的通行。

(2)向混铁炉兑铁水时，铁水罐口至混铁炉受铁口(槽)，应保持一定距离；混铁炉不应超装，当铁水面距烧嘴达0.4 m时，不应兑入铁水；混铁炉出铁时，应发出声响讯号；混铁炉在维修或炉顶有人或受铁水罐车未停到位时，不应倾动；当冷却水漏入混铁炉时，应切断电源，待水蒸发完毕方可倾炉。

(3)混铁车倒罐站倒罐时，应确保混铁车与受铁坑内铁水罐车准确对位；混铁车出铁至要求的量并倾回零位后，铁水罐车方可开往吊罐工位。

(4)混铁炉与倒罐站作业区地坪及受铁坑内，不应有水。凡受铁水辐射热及喷溅影响的建、构筑物，均应采取防护措施。

(5)起重机龙门钩挂重铁水罐时，应有专人检查是否挂牢，指挥人员应在5 m以外，待核实后发出指令，起重机才能起吊。

(6)铁水预处理设施，应布置在地坪以上；若因条件限制采用坑式布置，则应采取防水、排水措施，保证坑内干燥。铁水预处理时，铁水罐四周不得有人。

(7)铁水预处理粉料发送罐的设计、制造与使用，应严格执行压力容器有关规范的规定。

(8)脱硫剂的使用，应遵守下列规定：

①采用CaC_2与钝化镁作脱硫剂时，其贮粉仓应采用氮气保护；泄压时排出的粉尘应回收；该区域应防水、防火，脱硫站氮气供应源应有湿气分析和报警装置。

②CaC_2仓附近区域，应设乙炔检测和报警装置。钝化镁仓应设氧气检测和报警装置。

③不应采用严重污染环境的Na_2CO_3等钠系脱硫粉剂。

(9)CaC_2与镁粉着火时，应采用干碾磨氮化物熔剂、石棉毡、干镁砂粉等灭火，不应使用水、泡沫灭火器等灭火。

链接

铁水供应的主要方式主要有：

（1）铁水罐直接热装。

（2）混铁炉供应铁水，工艺流程为高炉铁水→铁水罐车→混铁炉→铁水罐→转炉。

（3）混铁车（鱼雷罐车）供应铁水，工艺流程为高炉铁水→混铁车（鱼雷罐车）→铁水罐→转炉。

铁水预脱硫较多采用机械搅拌法（KR 法）和气体搅拌法（顶部喷吹法），还可以采用铁流搅拌法和插入法。

考点七　炼钢相关设备的安全要求

1. 铁水罐、钢水罐、中间罐、渣罐

（1）铁水罐、钢水罐、中间罐的壳体上，应有排气孔。

（2）罐体耳轴，应位于罐体合成重心上 0.2～0.4 m 的对称中心，其安全系数应不小于 8，并以 1.25 倍负荷进行重负荷试验合格方可使用。

（3）应对罐体和耳轴进行探伤检测，耳轴每年检测一次，罐体每 2 年检测一次。凡耳轴出现内裂纹、壳体焊缝开裂、明显变形、耳轴磨损大于直径的 10%、机械失灵、衬砖损坏超过规定，均应报修或报废。

（4）铁水罐、钢水罐和中间罐修砌后，应保持干燥，使用前应烘烤至要求温度方可使用。

（5）用于铁水预处理的铁水罐与用于炉外精炼的钢水罐，应经常维护罐口；罐口严重结壳，应停止使用。应及时清理铁水罐、钢水罐罐口罐壁上黏结的块状残钢、残渣。

（6）钢水罐需卧放地坪时，应放在专用的钢包支座上；或采取防滚动的措施；热修包应设作业防护屏；两罐位之间净空间距，应不小于 2 m。

（7）渣罐（盆）使用前应进行检查，其罐（盆）内不应有水或潮湿的物料。

（8）钢水罐滑动水口，每次使用前应进行清理、检查，并调试合格。

（9）铁水罐、钢水罐内的自由空间高度（液面至罐口），应满足工艺设计的要求。

（10）铁水罐、钢水罐内的铁水、钢水有凝盖时，不应用其他铁水罐、钢水罐、起重机大钩压凝盖，也不应人工使用管状物撞击凝盖。有未凝结残留物的铁水、钢水罐，不应卧放。

（11）吊运装有铁水、钢水、液渣的罐，应与邻近设备或建、构筑物保持大于 1.5 m 的净空距离。

（12）浇注用长水口机械手应放置在一个安全位置，并设置防护措施保护操作工，长水口机械手宜设计带自动操作功能，防止操作位置不安全。

（13）中间罐浇注完毕吊下到修砌位前，应确认罐内和水口的钢水已经完全凝固，不能有液态钢水流出。放到修砌位时，应确认水口下的冷钢长度，避免将水口顶起。禁止将刚浇注完的中间罐直接放在地上。

2. 铁水罐、钢水罐、中间罐烘烤器及其他烧嘴

（1）烘烤器应装备完善的介质参数检测仪表与熄火检测仪。

（2）采用煤气燃料时，应设置煤气低压报警及与煤气低压信号联锁的快速切断阀等防

回火设施;煤气烘烤作业区域应设固定式一氧化碳检测报警装置。

(3)设备维修,应采取可靠隔断,切断煤气,煤气置换合格方可在专人监护的情况下修理设备。

(4)采用氧气助燃时,氧气不应在燃烧器出口前与燃料混合,并应在操作控制上确保先点火后供氧(空气助燃时亦应先点火后供风)。

(5)烘烤器区域应悬挂“禁止烟火”“当心煤气中毒”等安全标志。

(6)烘烤装置、煤气吹扫装置介质管线在非检修吹扫作业时,两管线之间应可靠阻断。

3. 地面车辆

(1)车间内有轨车辆,轨道面应与车间地坪一致。

(2)车辆运行时,应发出声光信号。

(3)电动铁水罐车、钢水罐车、渣罐车的停靠处应设减速、停止两个限位开关,轨道端头应设止轮器或车挡。

(4)铁水罐车、钢水罐车、渣罐车台面,应砌砖防护。带有电子秤的钢水罐车,应对电子秤元件进行防护。转炉炉下钢水罐车、渣罐车驱动装置应为双驱动。

(5)进出车间的废钢料篮车与渣罐车,其运行轨道与车间外道路相交的道口,应设置交通指挥信号;运行距离较长时,车辆运行过程中应有专人监视;其他地面有轨车辆的运行,也应贯彻目视监控的原则。

(6)所有车辆,均应以设计载荷通过重车运行试验合格,方可投入使用。

4. 起重设备

(1)起重机械及工具,应遵守《起重机械安全规程 第1部分:总则》的规定;炼钢厂用起重机械与工具,应有完整的技术证明文件和使用说明;桥式起重机等起重设备,应经有关主管部门检查验收合格,方可投入使用。

(2)起重设备应经静、动负荷试验合格,方可使用,试验负荷等应按表5-1规定执行。桥式起重机等负荷试验,采用其额定负荷的1.25倍。

表5-1 起重设备试验规定

名称	试验负荷		试验时间/min	试验周期/月
	静负荷	动负荷		
起重电葫芦	1.25PH	1.1PH	15	12
手摇卷扬机	1.25PH	1.1PH	15	12
链式起重机	1.25PH	1.1PH	15	12
滑式及复式滑车	1.25PH	1.1PH	15	12
千斤顶	1.25PH	1.1PH	15	12
钢丝绳及钢链	2PH	—	15	6
麻绳及棉纱绳	2PH	—	15	6

注:PH为设备的额定负荷。

(3)铁水罐、钢水罐龙门钩的横梁、耳轴销和吊钩、钢丝绳及其端头固定零件,应定期进行检查,发现问题及时处理;应定期对吊钩本体作超声波探伤检查。

(4)炼钢车间吊运铁水、钢水或液渣,应使用铸造起重机,铸造起重机额定能力应符合

《炼钢工程设计规范》的规定，电炉车间吊运废钢料篮的加料起重机，应采用双制动系统。

（5）钢丝绳、链条等常用起重工具，其使用、维护与报废应遵守《起重机械安全规程 第1部分：总则》《起重机 钢丝绳 保养、维护、检验和报废》的规定。

（6）起重作业应由经专门培训、考核合格的专职人员指挥，同一时刻只应1人指挥，指挥人员应有起重机司机易于辨认的明显的识别标识，指挥信号应遵守《起重机 手势信号》规定。吊运重罐铁水、钢水、液渣，应确认挂钩挂牢，方可通知起重机司机起吊；起吊时，人员应站在安全位置，并尽量远离起吊地点。

（7）起重机作业与安全装置，应符合《起重机械安全规程 第1部分：总则》的有关规定。应装有能从地面辨别额定荷重的标识，安装起重量限制器，不应超负荷作业。

（8）起重机启动和移动时，应发出声响与灯光信号，吊物不应从人员头顶和重要设备上方越过；不应用吊物撞击其他物体或设备（脱模操作除外）；吊物上不应有人。

（9）转炉高层框架内吊运氧、副枪的起重机不应设司机室操作，应采用无线遥控和线控操作板操作。

（10）起重机吊运通道下方不应设操作室、休息室等。

考点八　氧气转炉炼钢及转炉煤气回收系统的安全要求

1. 设备与相关设施

（1）转炉煤气净化回收系统，应采用两路独立电源供电。

（2）转炉的公称容量为其炉役期的平均出钢量，最大出钢量为公称容量的1.05～1.1倍，转炉宜采用分阶段定量法操作。确定铸造起重机能力要求时，应结合考虑炉外精炼的形式。

（3）转炉新砌炉衬的容积比应为0.9～1.0 m^3/t。

（4）转炉氧枪升降装置，应配备钢绳张力测定、钢绳断裂防坠、事故驱动等安全装置；各枪位停靠点，应与转炉倾动、氧气开闭、冷却水流量和温度等联锁；当氧气压力小于规定值、冷却水流量低于规定值、出水温度超过规定值、进出水流量差大于规定值时，氧枪应自动升起，停止吹氧。转炉氧枪供水，应设置电动或气动快速切断阀。转炉副枪升降装置，应配备钢绳张力测定、钢绳断裂防坠、事故驱动等安全装置；各枪位停靠点，应与转炉倾动、冷却水流量和温度等联锁；当冷却水流量低于规定值、出水温度超过规定值、进出水流量差大于规定值时，副枪应自动升起，停止测量。转炉副枪供水，应设置电动或气动快速切断阀。

（5）氧气阀门站至氧枪软管接头的氧气管，应采用不锈钢管，并应在软管接头前设置长1.5 m以上的铜管。氧气软管应采用不锈钢体，氧枪软管接头应有防脱落装置。

（6）转炉宜采用铸铁盘管水冷炉口；若采用钢板焊接水箱形式的水冷炉口，应加强经常性检查，以防止焊缝漏水酿成爆炸事故。

（7）转炉传动机构应有足够的强度，应能承受正常操作最大合成力矩；不大于200 t的转炉，按全正力矩设计，靠自重回复零位；200 t以上的转炉，可采用正负力矩，但必须确保两路供电；若采用直流电机，可考虑设置备用蓄电池组，以便断电时强制低速复位。

（8）从转炉工作平台至上层平台之间，应设置转炉围护结构。炉前炉后应设活动挡火门，以保护操作人员安全。

（9）烟道上的氧、副枪孔与加料口，应设可靠的氮封。转炉炉子跨炉口以上的各层平台，应设固定式煤气检测与报警装置，除就地报警外，煤气检测和报警应在转炉主控室集中显示；上述平台作业应携带便携式煤气报警仪，并采取可靠的安全措施。

(10)采用“未燃法”或“半燃法”烟气净化系统设计的转炉,应符合《工业企业煤气安全规程》的规定;转炉煤气回收系统的设备、风机房、煤气柜以及可能泄漏煤气的其他设备,应位于车间常年最小频率风向的上风侧。转炉煤气回收时,风机房属乙类生产厂房、二级危险场所,其设计应采取防火、防爆措施,配备消防设备、报警信号、空气呼吸器、通信及通风设施;风机房正常通风换气每小时应不少于 7 次,事故通风换气每小时应不少于 20 次。

(11)转炉煤气回收,应设一氧化碳和氧含量连续测定和自动控制系统;回收煤气的氧含量不应超过 2%;煤气的回收与放散,应采用自动切换阀;氧含量检测应与三通阀设置自动联锁,当氧含量不合格时,三通阀应能自动打到放散状态;若煤气不能回收而向大气排放,烟囱上部应设自动点火装置。故障点火开关应设在烟囱下部。

(12)转炉煤气回收系统设备和管道上,应合理设置泄爆、放散、吹扫等设施,不应正对人行通道和建筑物门窗,应设置警示标志。

(13)转炉余热锅炉与汽化冷却装置的设计、安装、运行和维护,应遵守国家有关锅炉压力容器和压力管道的规定。

2. 生产操作

(1)炉前、炉后平台不应堆放障碍物。转炉炉帽、炉壳、溜渣板和炉下挡渣板、基础墙上的黏渣,应经常清理干净。

(2)废钢配料,应防止带入爆炸物、有毒物或密闭容器、有水有潮物。废钢料高不应超过料槽上口,宽度不应超过料槽两侧。转炉留渣操作时,应采取措施防止喷渣。

(3)兑铁水用的起重机,吊运重罐铁水之前应验证制动器是否可靠;不应在兑铁水作业开始之前先挂上倾翻铁水罐的小钩;兑铁水时炉口不应上倾,以防铁水罐脱钩伤人。兑铁时转炉平台应只允许兑铁工在平台上现场指挥,其余人员全部撤离至转炉平台安全区域,兑铁工要站在安全位置,并有紧急撤离通道。

(4)新炉、停炉进行维修后开炉及停吹 8 h 后的转炉,开始生产前均应按新炉开炉的要求进行准备;应认真检验各系统设备与联锁装置、仪表、介质参数是否符合工作要求,出现异常应及时处理。若需烘炉,应严格执行烘炉操作规程。

(5)炉下钢水罐车及渣车轨道区域(包括漏钢坑),不应有水和堆积物。转炉生产期间人员需到炉下区域作业时,应通知转炉控制室停止吹炼,并不得倾动转炉,应打掉炉体、溜渣板等处有坠落危险的积渣。无关人员不应在炉下通行或停留。

(6)转炉吹氧期间发生以下情况,应及时提枪停吹:氧枪冷却水流量、氧压低于规定值,出水温度高于规定值,氧枪漏水,水冷炉口、烟罩和加料溜槽口等水冷件漏水,停电。

(7)吹炼期间发现冷却水漏入炉内,应立即停吹,并切断漏水件的水源;转炉应停在原始位置不动,待确认漏入的冷却水完全蒸发,方可缓慢动炉。

(8)转炉修炉停炉时,各传动系统应断电,各动力介质管道应可靠切断,管道的吹扫置换和更换作业应严格遵循《压力管道安全技术监察规程——工业管道》《工业企业煤气安全规程》《深度冷冻法生产氧气及相关气体安全技术规程》等国家标准的相关要求。

(9)安装转炉小炉底时,接缝处泥料应铺垫均匀,炉底车顶紧力应足够,均匀挤出接缝处泥料;应认真检查接缝质量是否可靠,否则应予以处理。

(10)倾动转炉时,操作人员应检查确认各相关系统与设备无误,并遵守下列规定:

①测温取样倒炉时,不应快速摇炉。

②倾动机械出现故障时,不应强行摇炉。

(11)倒炉测温取样和出钢时,人员应避免正对炉口;采用氧气烧出钢口时,手不应握在胶管接口处。

(12)火源不应接近氧气阀门站。进入氧气阀门站不应穿钉鞋。油污或其他易燃物不应接触氧气阀及管道。

(13)有窒息性气体的阀站,应设氧浓度监测装置,浓度偏低时应有人工或自动联锁排气扇开启的保护措施。阀站应加强日常维护检查,发现泄漏事故及时处理,只有氧浓度达标确认安全后,方允许人员入内进行日常巡检和维修作业。维修设备时应始终开启门窗与排风设施。

(14)进入料仓等有氮气密封设备的空间,应采取有效的通风措施,凡进入有可能存在氮气等可能窒息的空间,应经作业许可,并应进行氧含量检测,合格之后人员方可进入。

链接

转炉炼钢过程中常见的危险、有害因素:火灾和爆炸、灼烫、触电、高处坠落、物体打击、机械伤害、起重伤害、车辆伤害等。

转炉冶炼过程中,会发生金属喷溅、爆发性喷溅和泡沫渣喷溅,具体原因如下:

(1)金属喷溅产生的原因:炉渣不能有效覆盖金属液面,在氧气流、反射气流和 CO 气体的作用下,使部分金属喷溅;炉渣太黏又发泡,且渣中含有较多金属液滴,在发生碳氧反应时,可能将金属液滴带出炉口,发生金属喷溅。

(2)爆发性喷溅产生的原因:熔池温度下降,脱碳反应受到抑制,但仍继续供氧,集聚大量氧化铁,一旦温度上升就会发生剧烈碳氧反应,产生爆炸性喷溅;吊吹时间长,又突然降枪,导致爆发性碳氧反应;渣量过大,炉渣发泡,炉膛空间过小,CO 气体较难排出,可能引发爆发性喷溅;炉膛小,炉温低,渣中 FeO 多,易引发爆炸性喷溅。

(3)泡沫渣喷溅产生的原因:熔池温度低,炉渣黏度大,渣中 FeO、酸性氧化物多,易形成大量泡沫渣,若脱碳反应速度增加,炉渣发泡严重时,会产生泡沫渣喷溅。

典型例题

【单选题】转炉在吹炼过程中,由于布料不均匀、吹炼枪位操作不当等原因,会造成爆发性喷溅、金属喷溅和泡沫渣喷溅。其中,形成泡沫渣喷溅的主要原因是(　　)。

A. 炉膛小,炉温低　　B. 熔池温度低、炉渣黏度大

C. 吹炼时间长　　D. 留渣操作

B。【解析】泡沫渣喷溅产生的原因:熔池温度低,炉渣黏度大,渣中 FeO、酸性氧化物多,易形成大量泡沫渣,若脱碳反应速度增加,炉渣发泡严重时,会产生泡沫渣喷溅。

考点九　电炉炼钢的安全要求

1. 设备与相关设施

(1)电炉的最大出钢量,应不超过平均出钢量的 110%。

(2)容量 30 t 及其以上的电炉,均应采用高架式布置,并采用钢水罐车出钢。

(3)电炉倾动机械应设零位锁定,电极升降应有上限位锁定;电炉炉盖升降与旋转、电

极升降与旋转、炉子倾动等动作的机械之间，应设有可靠的安全联锁；电炉液压站，应在断电事故情况下仍能完成一次出钢动作。

(4)根据《建筑设计防火规范(2018 年版)》的规定，单台额定容量大于或等于 40 MVA 的电炉油浸变压器应设置自动灭火系统，且宜采用水喷雾灭火系统。

(5)氧气阀门站至氧燃烧咀和碳氧喷枪的氧气管线，应采用不锈钢制作，并应在软管接头前焊接长 1.5 m 以上的铜管。

(6)设在密闭室内的氮、氩炉底搅拌阀站，应设氧浓度监测装置，浓度偏低时应有人工或自动联锁排气扇开启的保护措施。阀站应加强维护，发现泄漏及时处理，并应配备排风设施；人员进入前应排风，氧浓度达标确认安全后方可入内，维修设备时应始终开启门窗与排风设施。

(7)采用煤气烧嘴时，应设置煤气低压报警及与之联锁的快速切断阀等防回火设施，还应设置煤气吹扫与放散设施。

(8)水冷炉壁与炉盖的水冷板、Consteel 炉连接小车水套、竖井水冷件等，应配置出水温度与进出水流量差检测、报警装置。出水温度超过规定值、进出水流量差报警时，应自动断电并升起电极停止冶炼，操作人员应迅速查明原因，排除故障，然后恢复供电。

(9)竖炉、Plus 2000 炉、Consteel 炉的废钢预热段废气出口，应设置废气成分连续分析系统；废气中的氧与一氧化碳超过规定值，燃烧室中的点火烧嘴便应工作，并供入适量空气，使排出废气继续完全燃烧。

(10)电炉直接排烟除尘系统的设计，应遵守《工业企业煤气安全规程》和《炼钢工业大气污染物排放标准》的规定，系统中应有泄爆措施。

(11)竖炉的竖井移动与停留区域下方空间，不应设置阀站等有火灾危险的建筑物，不应有电缆架或易燃管线穿越，否则应采取可靠的防护措施。Plus 2000 炉废钢预热的预热料篮旋转区域下方空间，不应有任何易燃物；料篮旋转时，人员应处于安全位置。

(12)Consteel 炉废钢传送带，两侧应设置宽度不小于 0.9 m 的安全走道。传送带支架下方，不应有人员通行；若有道路通过，应采取可靠的防护措施。

(13)电炉供电设施及其各部位的绝缘电阻，应符合有关电气规程、规范的规定；炉壳与电极、炉盖升降装置，应可靠接地。供电设施附近，不应有易造成短路的材料与物件。

(14)炉后出钢操作室(或操作台)应设在安全的位置，其正对出钢口的窗户应有防喷溅设施。操作室出入口应设在远离出钢口一侧。炉下钢水罐车运行控制应与电炉出钢倾动控制组合在一个操作台上，以便协调操作。电炉出钢倾动应与炉下钢水罐车的停靠位置及电子秤联锁，出钢水量达到规定值，电炉回倾到适当位置后，钢水罐车方可从出钢工位开出，以保证出钢作业安全。

(15)偏心炉底出钢口活动维修平台，只有在电炉出钢完毕回复原始位置，方可开向工作位置。

(16)炉前喷粉设施与电炉热喷补机的发送罐，其设计、制造、验收与使用，应符合压力容器规范的规定。

(17)直流电弧炉水冷钢棒式底电极，应有温度检测，应采用喷淋冷却方式，避免采用有压排水方式。炉底冷却水管，应悬挂设置，不应采用落地管线，以防漏钢时酿成爆炸事故。

(18)应在电炉炉下不同厚度的耐火材料中设置温度测量元件，当某特定测量点温度超过规定值时，应立即停止冶炼，修理炉底。

(19)上电炉炉顶维护梯口应设安全门,人员上梯时,安全门开启,电极电流断开,电炉不会倾动,炉盖不会旋转。

(20)采用铁水热装工艺的电炉,应能正确控制兑铁水小车的停车位和铁水罐倾动的速度与位置,防止造成跑铁事故。

(21)采用炉前热泼渣工艺的电炉,热泼渣区域周围的建、构筑物与地坪、上方的管线或电缆,应有可靠的防护措施,防止因作业区内积水酿成爆炸事故。

(22)采用活动炉座的电炉,应由一台起重机吊运;因条件限制只能用两台起重机抬运时,应采取措施,保证作业安全。电炉的修炉区,应设置炉壳底座(或支架)、修炉坑或修炉平台。

(23)电极连接站,应设置可靠的防护设施,以防红热电极灼伤人员或损坏周围设施。

(24)电炉钢厂使用的铁合金料,应严格分类保管,并应防止混料和沾水,运输过程中应防雨、防湿,电炉车间内不应设铁合金破碎与烘烤设施。

2. 生产操作

(1)电炉开炉前应认真检查,确保各机械设备及联锁装置处于正常的待机状态,各种介质处于设计要求的参数范围,各水冷元件供排水无异常现象,供电系统与电控正常,工作平台整洁有序无杂物。

(2)电极通电应建立联系确认制度,先发信号,然后送电;引弧应采用自动控制,防止短路送电。

(3)竖炉第一料篮下部的废钢,单块重量应不大于 400 kg;待加料的废钢料篮吊往电炉之前,不应挂小钩,废钢料篮下不应有人。

(4)电炉吹氧喷碳粉作业,应加强监控。当泡沫渣升至规定高度时,应停止喷碳粉。水冷氧枪应设置极限位,以确保氧枪与钢液面的安全距离。

(5)氧燃烧嘴开启时应先供燃料,点火后再供氧;关闭时应先停止供氧,再停止供燃料。

(6)炉前热泼渣操作,应防止洒水过多,以避免积水产生事故。

(7)电炉通电冶炼或出钢期间,人员应处于安全位置,不应登上炉顶维护平台,不应在短网下和炉下区域通行。

(8)电炉冶炼期间发生冷却水漏入熔池时,应断电、断气,关闭烧嘴,停止一切操作,并立即处理漏水的水冷件,不应动炉。直至漏入炉内的水蒸发完毕,方可恢复冶炼。

(9)正常生产过程中,应经常清除炉前平台流渣口和出钢区周围构筑物上的黏结物。黏结物厚度应不超过 0.1 m,以防坠落伤人。

(10)电炉炉下区域、炉下出钢线与渣线地面,应保持干燥,不应有水或潮湿物。

(11)电炉加料(包括铁水热装和吊铁水罐)、吊运炉底、吊运电极,应有专人指挥。吊物不应从人员和设备上方越过,人员应处于安全位置。

(12)维修炉底出钢口的作业人员与电炉主控人员之间,应建立联系与确认制度。

链接

电炉炼钢过程中常见的危险、有害因素:火灾和爆炸、灼烫、触电、高处坠落、物体打击、机械伤害、起重伤害、车辆伤害、中毒和窒息及其他伤害等。

典型例题

【单选题】电炉炼钢生产过程中存在多种危险有害因素，应有针对性地采取安全技术措施。关于电炉炼钢安全技术措施的说法，正确的是(　　)。

A. 炉后操作室应设在安全位置，出口处应设在近出钢口一侧

B. 炉下钢水罐车运行控制与电炉出钢倾动控制应分设在两个操作台上

C. 电炉出钢倾动应与炉下钢水罐车的停靠位置及电子秤联锁

D. 出钢水量达到规定值后，钢水罐车即可从出钢工位开出

C。【解析】炉后出钢操作室(或操作台)应设在安全的位置，其正对出钢口的窗户应有防喷溅设施。操作室出入口应设在远离出钢口一侧。炉下钢水罐车运行控制应与电炉出钢倾动控制组合在一个操作台上，以便协调操作。电炉出钢倾动应与炉下钢水罐车的停靠位置及电子秤联锁，出钢水量达到规定值，电炉回倾到适当位置后，钢水罐车方可从出钢工位开出，以保证出钢作业安全。

考点十　炉外精炼的安全要求

1. 设备与相关设施

(1)钢液面以上钢包的自由空间，应能满足不同炉外精炼设施的最大钢水处理量的要求。

(2)钢水炉外精炼装置，应有事故漏钢措施。VD、VOD 等钢包真空精炼装置，其蒸汽喷射真空泵系统应有抑制钢液溢出钢包的真空度调节措施，并应设彩色工业电视，监视真空罐内钢液面升降。

(3)VOD、CAS－OB、RH－KTB 等水冷氧枪升降机械，应有事故驱动等安全措施；氧气阀站至氧枪的氧气管道，应采用不锈钢管，且应在软管接头前设置长度超过 1.5 m 的铜管。

(4)受钢液高温影响的水冷元件，应采取必要的安全措施，确保在断电期间保护设备免遭损坏；可能因冷却水泄漏酿成爆炸事故的水冷元件，如 VOD、CAS－OB、IR－UT、RH－KTB 中的水冷氧枪，应配备进出水流量差报警装置；报警信号发出后，氧枪应自动提升并停止供氧，停止精炼作业。

(5)VOD 与 RH－KTB 等真空吹氧脱碳精炼装置、蒸汽喷射真空泵的水封池应密闭，并设废气燃烧器和排气管道，排气管应至少高于屋顶 4 m，避免废气排放装置接近新鲜空气吸入口。所在区域应设置煤气检测与报警装置及“警惕煤气中毒”“不准停留”等警示牌。

(6)LF 与 RH 电加热的供电设施，应遵循有关电气规程、规范，设备与线路的绝缘电阻应达到规定值，电极与炉盖提升机械应有可靠接地装置；若 RH 与 RH－KTB 采用石墨电阻棒加热真空罐，真空罐应有可靠接地装置。

(7)接触非绝缘电力电缆、母线或者石墨电极加热装置的滑环时，应采用连锁动作进行防护，连锁解除时应关闭电源。

(8)RH 装置的钢水罐或真空罐升降液压系统，应设手动换向阀装置。

(9)真空精炼装置，用氮气破坏真空时，应设大气压平衡阀及恢复大气压信号。信号应与真空罐盖开启、RH 吸嘴抽出钢液的动作联锁，当真空罐内外存在压差时，不应开启真

空罐盖或抽出 RH 吸嘴；VOD 与 RH－KTB 破坏真空系统，应有氮气稀释措施。

（10）蒸汽喷射真空泵的喷射器，应包裹隔声层，废气排出口与蒸汽放散口应设消声器。

（11）炉外精炼装置中的粉料发送罐、贮气罐、蒸汽分配器、汽水分离器、蓄势器等有压容器，其设计、制造、验收和使用，应符合国家有关压力容器的相关规定。

2. 生产操作

（1）精炼炉工作之前，应认真检查，确保设备处于良好待机状态、各介质参数符合要求。

（2）应控制炼钢炉出钢量，防止炉外精炼时发生溢钢事故。

（3）应做好精炼钢包上口的维护，防止包口黏结物过多。

（4）氩气底吹搅拌装置应根据工艺要求调节搅拌强度，防止溢钢。

（5）炉外精炼区域与钢水罐运行区域，地坪不得有水或潮湿物品。

（6）精炼过程中发生漏水事故，应立即终止精炼，若冷却水漏入钢包，应立即切断漏水件的水源，钢包应静止不动，人员撤离危险区域，待钢液面上的水蒸发完毕方可动钢水罐。

（7）精炼期间，人员不得在无防护设施的钢包周围行走和停留。

（8）RH 或 RH－KTB 新的或修补后的插入管，应经烘烤干燥方可使用；VD、VOD、RH 或 RH－KTB 真空罐新砌耐火材料以及喷粉用喷枪，应予干燥。在 VD、VOD 真空罐内清渣或修理衬砖，应采取临时通风措施，以防缺氧。

（9）LF 通电精炼时，人员不应在短网下通行，工作平台上的操作人员不应触摸钢水罐盖及以上设备，也不应触碰导电体。人工测温取样时应断电。RH、RH－KTB 采用石墨棒电阻加热真空罐期间，人员不应进入真空罐平台。

（10）RH、RH－KTB 的插入管与 CAS－OB、IR－UT 的浸渍罩下方，不应有人员通行与停留；精炼期间，人员应处于安全位置。

（11）AOD 的配气站，应加强检查，发现泄漏及时处理。人员进入配气站应预先开启门窗与通风设施，确认安全后方可入内，维修时应始终开启门窗与通风设施。

（12）吊运满罐钢水或红热电极，应有专人指挥；吊放钢水罐应检查确认挂钩，脱钩可靠，方可通知司机起吊。

（13）潮湿材料不应加入精炼钢水罐；人工往精炼钢水罐投加合金与粉料时，应站在投加口的侧面，防止液渣飞溅或火焰外喷伤人。精炼炉周围不应堆放易燃物品。

（14）喷粉管道发生堵塞时，应立即关闭下料阀，并在保持引喷气流的情况下，逐段敲击管道，以消除堵塞；若需拆检，应先将系统泄压。

（15）喂丝线卷放置区，宜设置安全护栏；从线卷至喂丝机，凡线转向运动处，应设置必要的安全导向结构，确保喂丝工作时人员安全；向钢水喂丝时，人员应站在安全位置。

考点十一　钢水浇注的安全要求

1. 钢水罐、中间罐准备

（1）钢水罐、中间罐浇注后，应进行检查，发现异常，应及时处理或按规定报修、报废。

（2）新砌或维修后的钢水罐、中间罐，应经烘烤干燥方可使用。

（3）浇注后倒渣应注意安全，人员应处于安全位置，倒渣区地面不得有水或潮湿物品，其周围应设防护板。

(4)热修罐时,罐底及罐口黏结物应清理干净,更换氩气底塞砖与滑动水口滑板,应正确安装,并检查确认。新砌制的中间罐,应确认水口塞棒安装可靠,方可使用。

(5)新装滑动水口或更换滑板后,应经试验确认动作可靠方可交付使用;采用气力弹簧的滑板机构,应定期校验,及时调整其作用力。

(6)滑动水口引流砂应干燥。

2. 模铸

(1)新建、改建或扩建炼钢工程,必须采用部分模铸时,应采用小车铸系统,不应采用地面浇注或坑铸系统(不包括铸钢车间)。

(2)铸锭平台的长度,除满足工艺要求外,还应留有一定的余量;其高度应低于有帽钢锭模的帽口和无帽钢锭模的模口,宽度应不小于3 m。

(3)铸锭车外边缘与钢水罐车外边缘的距离,应不小于1 m。

(4)靠车间外侧纵向布置的铸锭平台,应在平台外设安全平台,其宽度应不大于0.9 m;两种平台之间有隔墙时,平台之间通道门的间距应不小于36 m。

(5)浇注时应遵守下列规定:

①浇注前应详细检查滑动水口及液压油路系统;往罐上安装油缸时,不应对着传动架调整活塞杆长度;遇有滑板压不动时,确认安全之后方可在铸台松动滑动水口顶丝;油缸、油带漏油,不应继续使用;机械封顶用的压盖和凹型窝内,不应有水。

②开浇和烧氧时应预防钢水喷溅,水口烧开后,应迅速关闭氧气。

③起重机浇注钢锭时,钢水罐不应在中心注管或钢锭模上方下落。

④使用凉铸模浇注或进行软钢浇注时,应时刻提防钢水喷溅伤人。

⑤出现钢锭模或中注管漏钢时,不应浇水或用湿砖堵钢。

⑥正在浇注时,不应往钢水罐内投料调温。

⑦指挥摆罐的手势应明确;大罐最低部位应高于漏斗砖0.15 m;浇注中移罐时,操作者应走在钢水罐后面。

⑧不应在有红锭的钢锭模沿上站立、行走和进行其他操作;取样工具应干燥,人员站位应适当,样模钢水未凝固不应取样。

(6)整模应遵守下列规定:

①应经常检查钢锭模、底盘、中心注管和保温帽,发现破损和裂纹,应按报废标准报废,或修复达标后使用。

②安放模子及其他物体时,应等起重机停稳、物体下落到离工作面不大于0.3 m,方可上前校正物体位置和放下物体。

③钢锭模应冷却至200 ℃左右,方可处理。

④列模、列帽应放置整齐,并检查确认无脱缝现象。

3. 连铸

(1)确定铸机弯曲半径、拉速、冷却水等参数时,应确保铸坯凝固长度小于冶金长度。

(2)钢水罐回转台的支承臂、立柱、地脚螺栓设计,应进行强度计算,计算中应考虑满罐负荷冲击系数(1.5~2)。钢水罐罐盖的工作重量应小于设计重量,防止罐盖旋转机构超负荷运行而导致罐盖坠落。钢水罐回转台旋转时,包括钢水罐的运动设备与固定构筑物的净距,应大于0.5 m。钢水罐回转台应配置安全制动与停电事故驱动装置。应在操作岗位及临近安全位置配置事故紧急按钮,并定期检验与演练。

(3)连铸浇注区,应设事故钢水罐、溢流槽、中间溢流罐、钢水罐漏钢回转溜槽、中间罐漏钢坑及钢水罐滑板事故关闭系统。为了避免钢水罐滑板油缸管路连接错误,连接管必须明确标明尺寸大小。应保持以上应急设施干燥,不得存放其他物品,以保证流通或容量。

(4)中间罐车应设置事故撤离功能,出现异常情况可以紧急处理,钢水罐滑板自动关闭,旋转至受罐位,中间罐车行走至事故坑上方。

(5)对钢水罐回转台传动机械、中间罐车传动机械、钢水罐浇注平台,以及易受漏钢损伤的设备和构筑物,应采取防护措施。

(6)结晶器、二次喷淋冷却装置应配备事故供水系统;一旦正常供水中断,即发出警报,立即停止浇注,事故供水系统启动,事故供水系统运行期间应降低拉速,并在规定时间内保证铸机的安全;应定期检查事故供水系统的可靠性。

(7)高压油泵发生故障或发生停电事故时,液压系统蓄势器应能维持拉矫机压下辊继续夹持钢坯 30 ~40 min,并停止浇注,以保证人身和设备安全。

(8)采用放射源控制结晶器液面时,放射源的装、卸、运输和存放,应使用专用工具,应建立严格的管理和检测制度;放射源只能在调试或浇注时打开,其他时间均应关闭;放射源启闭应有检查确认制度与标志,打开时人员应避开其辐射方向,其存放箱与存放地点应设置警告标志。

(9)连铸主平台以下各层,不应设置油罐、气瓶等易燃、易爆品仓库或存放点,连铸平台上漏钢事故波及的区域,不应有水与潮湿物品。

(10)浇注之前,应检查确认设备处于良好待机状态,各介质参数符合要求;应仔细检查结晶器,其内表面应干净并干燥,引锭杆头送入结晶器时,正面不应有人,应仔细填塞引锭头与结晶器壁的缝隙,按规定放置冷却废钢等物料。浇注准备工作完毕,拉矫机或扇形段出口正面不应有人,以防引锭杆滑下伤人。

(11)新结晶器和检修后的结晶器,应进行水压试验,合格的结晶器在安装前应暂时封堵进出水口。使用中的结晶器及其上口有渗水现象,不应浇注。

(12)钢水罐或中间罐滑动水口开启时,滑动水口正面不应有人,以防滑板窜钢伤人。

(13)浇注中发生漏、溢钢事故,应关闭该铸流。

(14)输出尾坯时(注水封顶操作),人员不应面对结晶器。

(15)浇注时应遵守下列规定:

①二次冷却区不应有人。

②出现结晶器冷却水减少报警时,应立即停止浇注。

③浇注完毕,待结晶器内钢液面凝固,方可拉下铸坯。

④钢水罐回转台(旋转台)回转过程中,旋转区域内不应有人。

(16)浇注区每一流铸坯应设置隔离墙和结晶器盖板。事故状态下进入连铸机冷却室前应停止浇注,由指定人员进行设备复原。进入二冷室应有互保人员陪同。二冷室门只有在事故和设备维修时打开,只有停浇后才能进入二冷室。

(17)引锭杆脱坯时,应有专人监护,确认坯已脱离方可离开。

(18)采用煤气、氢气、丙烷等和氧气切割铸坯时,应安装煤气和氧气的快速切断阀,要求氢气和丙烷的管路上需要增设阻火器,防止回火造成事故,在氢气、氧气和煤气等阀站附近,严禁有明火,并应配备灭火器材。

(19)切割机应专人操作。未经同意,非工作人员不应进入切割机控制室。切割机开动时,机上不应有人。

链接

连铸机根据外形可分为弧形连铸机、直弧形连铸机、立式连铸机、立弯式连铸机和水平式连铸机；连铸机根据铸坯断面可分为矩形坯连铸机、方坯连铸机、圆坯连铸机、板坯连铸机和异形连铸机。

4. 钢锭(坯)处理

(1)钢锭(坯)堆放的地面应平整，地坪负荷要满足堆垛高度的要求，堆垛要放置平稳整齐，垛间保持一定安全距离和考虑热坯辐射要求。有钢架堆放的垛高要求不超过钢架高度，无钢架堆放的钢坯层间要交叉放置，钢架应牢固可靠，且不影响起重机作业和司机视线。堆放高度，应符合下列规定：

①大于 3 t 的钢锭不大于 3.5 m。

②0.5 ~3 t 的钢锭不大于 2.5 m。

③小于 0.5 t 的钢锭不大于 1.9 m。

④人工吊挂钢锭不大于 1.9 m。

⑤长度 6 m 及以上的连铸坯不大于 4 m。

⑥长度 3 ~6 m 的连铸坯不大于 3 m。

⑦长度 3 m 以下的连铸坯不大于 2.5 m。

⑧圆坯堆垛应设置钢架堆放。

(2)钢锭退火时应放置平稳，确认退火窑内无人方可推车。

(3)修磨钢锭(坯)时，应戴好防护用具，严格按操作规程进行。

(4)钢锭(坯)库内人行道宽度应不小于 1 m；锭(坯)垛间距应不小于 0.6 m；进入锭(坯)垛间应有警示标识，警示标识应高出钢锭(坯)垛。

链接

钢水浇注过程中常见的危险、有害因素：火灾和爆炸、灼烫、触电、高处坠落、物体打击、起重伤害、中毒和窒息等。

案例分析

案例场景

A 炼钢厂 B 炼钢车间采用氧气顶底复吹转炉工艺进行炼钢。2019 年 1 月 25 日，B 炼钢车间的 5#转炉炉修设备调试结束，约 5 时 30 分准备进行烘炉作业。6 时 5 分协力叉车工陈某，将移动作业平台叉至 5#转炉炉口，操作工计划分 4 次向炉内投入木料。

约 6 时 20 分操作工孙某和朱某站在作业平台上第 3 次向炉内人工投烘炉用的木料，投掷作业结束后，孙某先行离开了作业平台。突然作业平台向转炉炉内方向倾斜，在平台上的朱某不慎滑入高度落差 10.8 m 的转炉炉下渣坑内，即送往医院急救，经抢救无效死亡。

事故原因分析如下：

(1)移动作业平台发生倾倒是造成朱某高处坠落的直接原因。

(2)移动作业平台未完全放置到位，处于不稳定状态，使用前又未检查确认，最终在作业过程中移动作业平台发生倾倒是造成本起事故的主要原因。

(3)操作工朱某在移动作业平台作业时未按照相关规定使用安全带造成本起事故的次要原因。

知识点讲解

考点一　氧气转炉炼钢的工艺特点

氧气转炉炼钢可采用氧气顶吹转炉、氧气底吹转炉、氧气顶底复吹转炉工艺,具体工艺特点如下:

(1)氧气顶吹转炉的工艺特点:可同时进行脱碳、脱磷反应;便于吹炼前期脱磷;炉渣氧化性强,成渣条件好;易冶炼中、高碳钢;废钢比高;操作灵活;炉渣和钢液易过氧化;熔池搅拌性差,温度和成分的均匀程度差;易发生喷溅,损失金属。

(2)氧气底吹转炉的工艺特点:可避免炉渣和钢液的过氧化;熔池搅拌性强;吹炼过程稳定;易冶炼低碳钢;金属损失小;废钢比低;成渣速度慢;脱磷、脱碳反应滞后;炉底寿命短。

(3)氧气顶底复吹转炉的工艺特点:具有上述两种工艺的优点,且避免了上述两种工艺的缺点,金属和合金元素获得率高,冶金成本低,原材料适应性强。

提示

本案例中,B 炼钢车间采用氧气顶底复吹转炉工艺进行炼钢,可能考查氧气顶底复吹转炉的工艺特点。

考点二　转炉修炉作业施工区的安全要求

(1)施工区应有足够照明,危险区域应设立警示标志及临时围栏等。有可能泄漏煤气、氧气、高压蒸汽、其他有害气体与烟尘的部位,应采取防护措施。电炉修炉区,应设专用平台或搭建稳固的临时平台,使作业人员能安全方便地进出炉壳。

(2)施工区域耐火砖砖垛重量应不超过平台承重要求,高度应不大于 1.9 m,重质耐火砖砖垛高度不大于 1.5 m,垛间应留宽度大于 1 m 的人行通道。施工区域至车间外部,应临时建立废砖清运、耐火材料输送的专用通道,以保证安全有序、物流畅通。

(3)高处作业人员应佩戴安全带。搭建修炉脚手架应经检查连接牢固,脚手架离工作面 0.05 ~0.1 m,负荷不应大于 279 kg/m^2,其上物料不应集中放置;倾斜跳板宽度应不小于 1.5 m,坡度不大于 30°,防滑条间距应小于 0.3 m。

提示

本案例中,针对该事故,应加强对作业平台和高空作业的安全要求。

考点三　转炉修炉的安全操作要求

(1)转炉停炉洗炉时应制定可靠安全措施,防止炉体垮塌使高温气流喷出伤人。应事先全面清除炉口、炉体、汽化冷却装置、烟道口烟罩、溜料口、氧枪孔和挡渣板等周围的残钢和残渣,然后进行拆炉。

(2)修炉之前,应切断氧气,堵好盲板,移开氧枪,切断炉子倾动和氧枪横移电源;关闭汇总散状料仓并可靠切断气源;炉口应支好安全保护棚,在作业的炉底车、修炉车两侧设置轨道铁，切断钢水罐车和渣罐车的电源。

(3)作业时应认真执行停电、挂牌制度；修炉时，非砌炉人员、监督人员外，其他非必要人员不能靠近。在炉体内外作业，除执行停电挂牌制度外，还应将炉体倾动制动器锁定。采用上修法时，活动烟道移开后，应关闭一次除尘风机插板阀，转炉内应进行通风。烟道口应采取防止坠物伤人的安全措施。采用复吹工艺时，检修前应将底部气源切断，并应采取隔离措施。

考点四 生产经营单位的主要负责人对本单位安全生产工作负有的职责

(1)建立健全并落实本单位全员安全生产责任制，加强安全生产标准化建设。

(2)组织制定并实施本单位安全生产规章制度和操作规程。

(3)组织制定并实施本单位安全生产教育和培训计划。

(4)保证本单位安全生产投入的有效实施。

(5)组织建立并落实安全风险分级管控和隐患排查治理双重预防工作机制，督促、检查本单位的安全生产工作，及时消除生产安全事故隐患。

(6)组织制定并实施本单位的生产安全事故应急救援预案。

(7)及时、如实报告生产安全事故。

同步自测

一、单项选择题(每题的备选项中，只有1个最符合题意)

1. 关于电炉炼钢安全要求的说法，正确的是(　　)。

A. 电炉的最大出钢量，不应超过平均出钢量的130%

B. 容量30 t及其以上的电炉，均应采用高架式布置

C. 电炉倾动机械应设零位锁定，电极升降应有安全联锁

D. 氧气阀门站至氧燃烧咀和碳氧喷枪的氧气管线，应采用铜制作

2. 氧气转炉炼钢的基本原料是铁水。其中，混铁炉供应是铁水供应方式之一。其具体流程是(　　)。

A. 高炉铁水→铁水罐→铁水罐车→混铁炉→转炉

B. 高炉铁水→铁水罐车→混铁炉→铁水罐→转炉

C. 铁水罐车→高炉铁水→铁水罐→混铁炉→转炉

D. 铁水罐车→铁水罐→高炉铁水→混铁炉→转炉

3. 关于连铸设备和设施安全要求的说法，错误的是(　　)。

A. 确定铸机弯曲半径、拉速、冷却水等参数时，应确保铸坯凝固长度小于冶金长度

B. 钢水罐回转台旋转时，包括钢水罐的运动设备与固定构筑物的净距，应大于0.4 m

C. 结晶器、二次喷淋冷却装置应配备事故供水系统

D. 采用放射源控制结晶器液面时，放射源只能在调试或浇注时打开，其他时间均应关闭

4. 大于3 t的钢锭(坯)，其堆放高度不大于(　　)m。

A. 1.9　　B. 2.5

C. 3.0　　D. 3.5

二、案例分析题

C钢铁集团所属炼钢股份公司炼钢车间主要设备有120 t氧气顶吹转炉、氧枪升降机构、3.2 MPa氧气管道、80 t冶金起重机2台、出钢台车、测温取样装置、真空槽、车间东西

两侧各有1部物料升降机,配合若干台叉车。

2019年4月23日0时20分,C钢铁集团所属炼钢股份公司炼钢车间一号转炉出第1炉钢。该车间清渣班长陈某到钢包房把一号钢包车开到吹氩处吹氩气。0时30分,陈某把钢包车开到起吊位置,天车工刘某驾驶3号80 t天车落钩挂包(双钩)准备运到4号连铸机进行铸钢。陈某站在钢包东侧(正确位置应站在距钢包5 m处)指挥挂包。陈某仅看到东侧钩挂好后,以为两侧钩也挂好了,就吹哨明示起吊。天车工刘某听到起吊哨声后起吊钢包。天车由1号炉向4号连铸机方向行驶约8 m后,陈某才发现天车西侧挂钩没有挂到位,钩尖顶在钢包耳轴中间,钢包倾斜,随时都有滑落坠包的危险。当天车行驶到三号包坑上方时,天车工刘某听到地面多人的喊声,立即停车。在急刹车的惯性作用下,两侧顶在钢包耳轴的吊钩尖脱离钢包轴,严重倾斜钢包(钢包自重30 t,钢水质量40 t)扭弯东侧吊钩后脱钩坠落地面,钢水洒地后因温差而爆炸(钢水温度16 400 ℃),造成3人死亡、2人重伤和1人轻伤,事故直接经济损失30万元。

根据以上场景,回答下列问题:

1. 根据《企业职工伤亡事故分类》,说明该事故根据严重程度分类的类别。

2. 根据《安全生产法》,说明C钢铁集团主要负责人对本单位安全生产工作应负的职责。

3. 简述该事故发生的原因。

4. 根据《生产安全事故信息报告和处置办法》,简要分析该事故应有哪些部门立即赶往现场?

答案详解

一、单项选择题

1. B。【解析】根据《炼钢安全规程》,电炉的最大出钢量,不应超过平均出钢量的110%。容量30 t及其以上的电炉,均应采用高架式布置,并采用钢水罐车出钢。电炉倾动机械应设零位锁定,电极升降应有上限位锁定;电炉炉盖升降与旋转、电极升降与旋转、炉子倾动等动作的机械之间,应设有可靠的安全联锁;电炉液压站,应在断电事故情况下仍能完成一次出钢动作。氧气阀门站至氧燃烧咀和碳氧喷枪的氧气管线,应采用不锈钢制作,并应在软管接头前焊接长1.5 m以上的铜管。

2. B。【解析】铁水供应的主要方式主要有:(1)铁水罐直接热装。(2)混铁炉供应铁水,工艺流程为高炉铁水→铁水罐车→混铁炉→铁水罐→转炉。(3)混铁车(鱼雷罐车)供应铁水,工艺流程为高炉铁水→混铁车(鱼雷罐车)→铁水罐→转炉。

3. B。【解析】根据《炼钢安全规程》,确定铸机弯曲半径、拉速、冷却水等参数时,应确保铸坯凝固长度小于冶金长度。钢水罐回转台旋转时,包括钢水罐的运动设备与固定构筑物的净距,应大于0.5 m。结晶器、二次喷淋冷却装置应配备事故供水系统;一旦正常供水中断,即发出警报,立即停止浇注,事故供水系统启动,事故供水系统运行期间应降低拉速,并在规定时间内保证铸机的安全;应定期检查事故供水系统的可靠性。采用放射源控制结晶器液面时,放射源的装、卸、运输和存放,应使用专用工具,应建立严格的管理和检测制度;放射源只能在调试或浇注时打开,其他时间均应关闭;放射源启闭应有检查确认制度与标志,打开时人员应避开其辐射方向,其存放箱与存放地点应设置警告标志。

4. D。【解析】根据《炼钢安全规程》,钢锭(坯)堆放的地面应平整,地坪负荷要满足堆垛高度的要求，堆垛要放置平稳整齐，垛间保持一定安全距离和考虑热坯辐射要求。堆放高度，应符合下列规定：(1)大于3 t的钢锭不大于3.5 m。(2)0.5~3 t的钢锭不大于2.5 m。(3)小于0.5 t的钢锭不大于1.9 m。(4)人工吊挂钢锭不大于1.9 m。(5)长度6 m及以上的连铸坯不大于4 m。(6)长度3~6 m的连铸坯不大于3 m。(7)长度3 m以下的连铸坯不大于2.5 m。(8)圆坯堆垛应设置钢架堆放。

二、案例分析题

【答案】

1. 该事故属于特大伤亡事故。理由：根据《企业职工伤亡事故分类》，特大伤亡事故是指一次事故死亡3人以上的事故(含3人)。
2. C钢铁集团主要负责人对本单位安全生产工作应负的职责：
(1)建立健全并落实本单位全员安全生产责任制，加强安全生产标准化建设。
(2)组织制定并实施本单位安全生产规章制度和操作规程。
(3)组织制定并实施本单位安全生产教育和培训计划。
(4)保证本单位安全生产投入的有效实施。
(5)组织建立并落实安全风险分级管控和隐患排查治理双重预防工作机制，督促、检查本单位的安全生产工作，及时消除生产安全事故隐患。
(6)组织制定并实施本单位的生产安全事故应急救援预案。
(7)及时、如实报告生产安全事故。
3. 该事故原因分析如下：3号天车起吊钢水包时，两侧挂钩没有完全挂住钢包的耳轴，而是钩尖顶在西侧耳轴中间。陈某指挥起吊时站位不对，他只能看到挂钩挂住东侧钢包耳轴上，而没有看到西侧挂钩是否挂住钢包西侧耳轴，就吹哨指挥起吊。造成钢包西侧受力不均匀，钢包倾斜，随时都有脱钩坠包的危险，导致天车工刘某操作天车时因急刹车惯性力作用，使西侧挂钩从耳轴上脱落，扭弯钢包东侧吊钩，造成钢包坠地，高温钢水倾翻，这是造成钢水外泄爆炸事故的直接原因。
4. 该事故造成3人死亡、2人重伤和1人轻伤，事故直接损失30万元。根据《生产安全事故报告和调查处理条例》的规定，属于较大事故。《生产安全事故信息报告和处置办法》规定，发生较大事故的，设区的市级应急管理部门、省级煤矿安全监察局负责人应当立即赶赴事故现场。

【解析】

1. 本案例第1问主要考查事故严重程度分类。根据《企业职工伤亡事故分类》，伤亡事故是指企业职工在生产劳动过程中，发生的人身伤害、急性中毒。事故根据严重程度可以分为：(1)轻伤事故。指只有轻伤的事故。(2)重伤事故。指有重伤无死亡的事故。(3)死亡事故。①重大伤亡事故。指一次事故死亡1~2人的事故。②特大伤亡事故。指一次事故死亡3人以上的事故(含3人)。
2. 本案例第2问主要考查生产经营单位的主要负责人对本单位安全生产工作负有的职责。具体内容详见答案。
3. 本案例第3问主要考查事故原因分析。具体内容详见答案。
4. 本案例第4问主要考查生产安全事故信息的处置。《生产安全事故报告和调查处理条例》第三条规定，根据生产安全事故(以下简称事故)造成的人员伤亡或者直接经济损失，事故一般分为以下等级：(1)特别重大事故，是指造成30人以上死亡，或者100人以上重伤(包括急性工业中毒，下同)，或者1亿元以上直接经济损失的事故。(2)重大事故，是指造成10人以上30人以下死亡，或者50人以上100人以下重伤，或者5 000万元以上1亿元以下直接经济损失的事故。(3)较大事故，是指造成3人以上10人以下死亡，或者10人以上50人以下重伤，或者1 000万元以上5 000万元以下直接经济损失的事故。(4)一般事故，是指造成3人以下死亡，或者10人以下重伤，或者1 000万元以下直接经济损失的事故。国务院应急管理部门可以会同国务院有关部门，制定事故等级划分的补充性规定。本条第一款所称的“以上”包括本数，所称的“以下”不包括本数。《生产安全事故信息报告和处置办法》第十八条规定，应急管理部门、煤矿安全监察机构接到生产安全事故报告后，应当按照下列规定派员立即赶赴事故现场：(1)发生一般事故的，县级应急管理部门、煤矿安全监察分局负责人立即赶赴事故现场。(2)发生较大事故的，设区的市级应急管理部门、省级煤矿安全监察局负责人应当立即赶赴事故现场。(3)发生重大事故的，省级应急管理部门、省级煤矿安全监察局负责人立即赶赴事故现场。(4)发生特别重大事故的，国家应急管理部、国家煤矿安全监察局负责人立即赶赴事故现场。上级应急管理部门、煤矿安全监察机构认为必要的，可以派员赶赴事故现场。

第六章 轧钢安全

知识架构

- 轧钢安全
  - 轧钢的相关知识
    - 轧钢的定义
    - 轧钢的分类
      - 热轧
      - 冷轧
    - 轧钢的工艺特点
      - 热轧的工艺特点
      - 冷轧的工艺特点
  - 轧钢的工艺流程
    - 坯料准备
    - 坯料加热
    - 轧制
    - 精整
  - 轧钢生产过程中的危险、有害因素
    - 火灾
    - 爆炸
    - 中毒和窒息
    - 机械伤害
    - 灼烫
    - 起重伤害
    - 触电
    - 高处坠落
    - 淹溺
  - 轧钢生产的基本安全要求
    - 人行通道的要求
    - 与生产无关的人员，不应进入轧制危险区域
    - 新建、改建和扩建轧钢厂的设置要求
    - 车间主要危险源或危险场所的要求
    - 安全联锁装置的设置要求
  - 备料的安全要求
    - 热轧坯料的堆垛高度、间距等要求
    - 冷轧原料钢卷的多层堆垛的要求
    - 原料工作业的安全防护措施
    - 吊运钢坯和钢卷的操作要求
  - 加热的安全要求
    - 加热设备的要求
    - 工业炉窑的设置要求
    - 加热炉、热处理炉的要求
    - 煤气危险区域作业的划分
    - 工业炉窑使用煤气的要求
  - 轧制的安全要求
    - 基本要求
    - 型钢、线材轧制
    - 板、带轧制
    - 钢管轧制
  - 坯料清理、酸洗、涂镀、清洗和精整的安全要求
    - 坯料清理
    - 酸洗
    - 涂镀
    - 清洗和精整

考点解读

考点一 轧钢的相关知识

1. 轧钢的定义

轧钢就是采用高速旋转的轧辊将轧件拖入辊缝中,并将轧件轧制成所需要的形状的过程。

2. 轧钢的分类

轧钢按轧制温度的不同可分为热轧与冷轧;按轧制时轧件与轧辊相对运动关系的不同可分为纵轧、横轧和斜轧;按轧制产品成型特点的不同还可分为一般轧制和特殊轧制。周期轧制、旋压轧制、弯曲成型等都属于特殊轧制方法。

3. 轧钢的工艺特点

热轧就是在金属在再结晶温度以上进行轧制,冷轧是金属在再结晶温度以下进行轧制,即轧件不经过加热,直接轧制。

(1)热轧的工艺特点如下:

①热轧能显著降低能耗,降低成本。热轧时金属塑性高,变形抗力低,大大减少了金属变形所需的能量消耗。

②热轧通常采用大铸锭、大压下量轧制,不仅提高了生产效率,还为提高轧制速度、实现轧制过程的连续化和自动化创造了条件。

③热轧能改善金属及合金的加工工艺性能,即将铸态组织转变为加工组织,通过组织的转变使材料的塑性大幅度提高。

④轧制方式的特性决定了轧后板材性能存在着各向异性,主要包括:

a. 材料的纵向、横向和高向有着明显的性能差异。

b. 存在着变形织构和再结晶织构,在冲制性能上存在着明显的方向性。

(2)冷轧的工艺特点如下:

①冷轧板卷产品尺寸精确,厚度均匀,板卷厚度差一般不超过0.01~0.03 mm或更小,完全可以符合高精度公差的要求。

②可获得热轧无法生产的极薄带材(最薄可达0.001 mm以下)。

③冷轧产品表面质量优越,不存在热轧板卷常常出现的麻点、压入氧化铁皮等缺陷,并且可根据用户的要求,生产出不同表面粗糙度的板卷(光泽面或麻糙面等),以利于下道工序的加工。

④冷轧板卷具有很好的力学性能和工艺性能,如较高的强度、较低的屈服极限、良好的深冲性能等。

⑤可实现高速轧制和全连续轧制,具有较高的生产效率。

考点二 轧钢的工艺流程

轧钢工艺是将化学成分和形状不同的钢锭或钢坯,轧成形状和性能符合要求的钢材的过程。由于钢材品种多,形状规格不一,用途不尽相同,因此轧钢的工艺流程也不相同。但是轧钢工艺总体由坯料准备、胚料加热、轧制、精整等几个基本工序组成。

1. 坯料准备

坯料准备包括表面缺陷的清理、表面氧化铁皮的去除和坯料的预先热处理等内容。

2. 坯料加热

坯料加热是热轧生产工艺过程中的重要工序。

3. 轧制

轧制是整个轧钢生产工艺过程的核心。坯料通过轧制完成变形过程。轧制工序对产品的质量起着决定性作用。

4. 精整

精整是轧钢生产工艺过程中比较复杂的一个工序。它对产品的质量起着最终的保证作用。产品的技术要求不同,精整工序的内容也大不相同。精整工序通常又包括钢材的切断或卷取、轧后冷却、矫直、成品热处理、成品表面清理和各种涂色等许多具体工序。

链接

热轧生产的基本工序为备料→上料→加热→轧制→热处理→精整→包装;冷轧生产的基本工序为备料→上料→酸洗→轧制→热处理→涂镀→精整→包装。

考点三　轧钢生产过程中的危险、有害因素

本考点主要从火灾、爆炸、中毒和窒息、机械伤害、灼烫、起重伤害、触电、高处坠落、淹溺等几个方面来分析轧钢生产过程中的危险。

1. 火灾

电气元件、线路、开关等设施发生短路、过载、接触不良、绝缘不良和有外来火源等,都易引发电气火灾。电缆的绝缘材料、填充物和覆盖层都具有可燃性,遇到高温或外界火源极易被引燃,电缆一旦着火会很快蔓延,波及临近的电缆和电气设备,导致火灾扩大。

在传送热轧件的过程中,若是缺少防护设施或者防护不到位,存在热轧件的氧化物飞溅到周围,从而引起周围易燃物品的燃烧,造成火灾。

热轧件及热切头和火焰切割机有窜出热件或者火焰的可能,所以在高速轧制设备及飞剪机处应设置安全罩或者挡板,靠近轧线的液压软管和电缆都必要采用金属防护罩,若缺少防护装置有发生高温物体飞出引燃电缆和液压软管的可能,从而造成火灾。

2. 爆炸

加热炉、无氧化预热炉、干燥炉点火时,易发生爆炸事故。

3. 中毒和窒息

加热炉和热处理炉使用混合煤气,火焰切割和设备维修及废钢切割用的是焦炉煤气,而煤气的主要成分为一氧化碳、甲烷、氢气、硫化氢等。因此,这些有毒物质一旦发生泄漏被人员吸入、皮肤接触等,均可能造成中毒和窒息的危险。

4. 机械伤害

在使用机械设备过程中,由于操作者的不安全行为、机械设备的不安全状态等原因,往往容易引发各种机械伤害事故,造成人员伤亡,影响生产正常进行。在生产安全事故中,机械设备对人体伤害的事故占据很大的比例。

5. 灼烫

灼烫是指火焰烧伤、高温物体烫伤、化学灼伤、物理灼伤,但不包括电灼伤和火灾引起的烧伤。易造成灼烫的部位主要有高温加热设备、高温物流、热力管道等。

6. 起重伤害

轧钢过程中，主要采用天车进行起重作业。天车的桥架沿铺设在两侧高架上的轨道纵向运行，起重小车沿铺设在桥架上的轨道横向运行。在用天车进行起重作业时，如果不按规程操作，违章作业，容易导致起重伤害。

7. 触电

在生产或设备检修过程中，如果电气设备安装不恰当，使用不合理，维修不及时，尤其是电气工作人员如果缺乏必要的电气安全知识，不仅会造成电能浪费，还会发生电气设备与设施伤害事故，危及人身和财产安全。

8. 高处坠落

高处作业是指在距基准面 2 m 以上(含 2 m)有可能坠落的高处进行的作业。在高处作业过程中因坠落而造成的伤亡事故，称之为高处坠落事故。

若存在天车、登高人梯、人孔、安装孔、地坑等高处作业，在进行设备检修及维护时，也大量存在高处作业。在这些易坠落部位，如果设施设置不牢，缺少防护栏杆，易导致坠落事故发生。

9. 淹溺

在贮水池、水泵站、污水处理装置、沉淀池等贮水部位，如果不采取安全措施，容易导致淹溺伤害事故发生。另外，在贮水池、水泵站、吸水井等贮水部位未设立围栏；在贮水部位的池壁未设立上下水池的人梯都有可能造成人员淹溺的危险。

考点四　轧钢生产的基本安全要求

(1)经过辊道、冷床、移送机和运输机等设备的人行通道，应修建符合下列规定的人行天桥：

①桥宽不小于 0.8 m，两侧设不低于 1.05 m 的防护栏杆。

②跨越输送灼热金属的天桥，应设隔热桥板，两侧设不低于 1.5 m 的防护挡板。

③有可能发生飞溅金属屑、渣或氧化铁皮处的人行天桥，两侧应设置不低于 2.0 m 的防护挡板。

④有高速轧件上窜危险处的人行天桥，应设置金属网罩，其网眼应小于最小轧件的尺寸。

⑤跨越轧制线的人行天桥，其间距不宜超过 40 m。

(2)与生产无关的人员，不应进入生产操作场所。应划出非岗位操作人员行走的安全路线，其宽度一般不小于 1.5 m。未经批准，人员禁止进入轧制危险区域，只有在运转设备停止、相关危害得到隔离的情况下，才能许可进入危险区域。因检查需要，经办理相关审批手续后，方可允许在设备运转情况下进入危险部位。

(3)新建、改建和扩建轧钢厂，应靠厂房一侧沿轧制生产线的方向，在地面修建安全通道，或在距离地面适当高度修建供参观和其他生产操作人员行走的安全通道(其宽度不小于 1 m，栏杆高度不低于 1.05 m)。

(4)距地面 1.5 ~ 2 m 以上需要经常操作、检测、检修或运输的设备，均应设置带上下扶梯的固定平台或安全通道，并设不低于 1.05 m 的防护栏杆，栏杆下部应有不小于 0.1 m 的护脚板。工作平台或安全通道，应至少设两个出入口。

(5)设备裸露的转动或快速移动部分，应设结构可靠的安全防护罩、防护栏杆或防护挡板。

(6)轧钢厂区内的坑、沟、池、井,应设置安全盖板或安全护栏。

(7)安全标志和安全色,应符合《安全标志及其使用导则》和《安全色》的规定。

(8)车间主要危险源或危险场所,应有禁止接近,禁止通行、禁火或其他警告标志;各种射线源、高压供电设施、易于泄漏煤气(或天然气)等可燃气体,以及其他严重危险的区域,应设声光报警信号;起重机易于碰撞的设备、高处作业坠物区、电磁起重机运行区、易燃易爆场所以及其他事故多发地段,均应使用易于辨认的安全色标明或设置醒目的警告标志牌。热镀锌机组锌锅区域(地上和地下)应使用易于辨认的安全色标明或设置醒目的警告标志牌。

(9)钢直梯、斜梯、防护栏杆和工作平台,应符合《固定式钢梯及平台安全要求 第1部分:钢直梯》~《固定式钢梯及平台安全要求 第3部分:工业防护栏杆及钢平台》的规定。

(10)轧钢车间使用表压超过0.1 MPa的液体和气体的设备和管路,应安装压力表,必要时还应安装安全阀和逆止阀等安全装置。各种阀门应采用不同颜色和不同几何形状的标志,还应有表明开、闭状态的标志。

(11)不同介质的管线,应按照《工业管道的基本识别色、识别符号和安全标识》的规定标明不同的颜色,并注明介质名称和流向。

(12)液压站、阀台、蓄势器和液压管路,应有安全阀。减压阀、液压控制阀、截止阀和蓄势器与油路之间应有紧急闭锁装置。

(13)液压系统和润滑系统的油箱,应设液位上下限、压力上下限、油温上限和油泵过滤器堵塞的显示和警报装置,油箱和油泵之间应有安全联锁装置。

(14)高频电气设备应符合高频和超高频电磁场电源的安全要求,高频设备应屏蔽,其电场强度不应超过10 V/m,磁场强度不应超过5 A/m。强电磁辐射区域应设警示标识,体内安装有心脏起搏器或金属植入物的人员禁止进入。

(15)酸洗和碱洗区域,应有防止人员灼伤和应急防护的措施,如安全喷淋或洗涤设施、应急措施。

(16)采用放射性元素检测仪表的区域,应有明显的标志,并有必要的防护措施,并按有关规定定期检测。

(17)车间内部压力管道的安全保护装置(安全泄放装置、阻火器)以及安全防护的基本要求应严格遵循《压力管道规范 工业管道 第6部分:安全防护》的相关要求。

(18)检修中应按检修方案拆除安全装置,并有安全防护措施。检修完毕,安全装置应及时恢复。安全防护装置的变更,应经安全部门同意,并应做好记录归档。

(19)工艺设备操作系统应建立防止非正常操作或动作的程序及措施,防止因非正常操作、误操作等造成事故。

(20)轧制企业使用的所有化学品均应评估潜在毒性和物理风险,并建立台账,应尽可能采用低危害的材料替代使用。

(21)牵引用钢丝绳、运行的带钢靠近人行通道时,应设置防止钢丝绳、带钢断裂伤人的防护装置。

(22)漩流井内、锌锅地下室、全氢炉地下室等进行作业时,应先进行易燃易爆、有毒有害气体和氧含量的检测。检测合格后,方可作业。

(23)在漩流井入口处采取有效措施,防止人员掉下。进入渣沟清渣时,应设专人负责联系、监护,并挂“禁止启泵”警示牌。启泵时,启泵人员应联系确认安全后,方可启泵。

典型例题

【单选题】在轧钢生产中，经过辊道的人行通道，在可能发生飞溅金属屑处的人行天桥两侧应设置不低于(　　)m 的防护挡板。

A. 0.8　　　　B. 1.05

C. 1.5　　　　D. 2.0

D。【解析】经过辊道、冷床、移送机和运输机等设备的人行通道，应修建符合下列规定的人行天桥：(1)桥宽不小于 0.8 m，两侧设不低于 1.05 m 的防护栏杆。(2)跨越输送灼热金属的天桥，应设隔热桥板，两侧设不低于 1.5 m 的防护挡板。(3)有可能发生飞溅金属屑、渣或氧化铁皮处的人行天桥，两侧应设置不低于 2.0 m 的防护挡板。(4)有高速轧件上窜危险处的人行天桥，应设置金属网罩，其网眼应小于最小轧件的尺寸。(5)跨越轧制线的人行天桥，其间距不宜超过 40 m。

考点五　备料的安全要求

(1)热轧坯料的堆垛高度应低于 4.5 m，堆垛应平稳、整齐放置，人与原料之间的距离应大于 2 m，堆垛与堆垛之间的距离应考虑热坯辐射因素。

(2)冷轧原料钢卷的多层堆垛应呈梯形，踩距应大于 0.4 m，高度不应超过 3 层，堆垛与人行道的间距应大于 2 m，钢卷凸出端面应小于带宽的 1/4。

(3)原料工作业时，应戴安全帽、耐高温手套、隔热面罩，穿隔热服、耐高温防砸鞋等。

(4)高温热源区域应采取通风、散热措施，高温介质设备应采取隔热保温措施。

(5)吊运钢坯和钢卷时，禁止在操作室、易燃易爆气体管道和设施上方通过。

(6)指吊人员禁止站在原料堆垛上或吊车司机视线盲区内进行指挥。

(7)严禁触摸炽热的钢坯和钢卷。

考点六　加热的安全要求

(1)加热设备应设可靠的隔热层，其外表面温度应遵守《评价企业合理用热技术导则》的规定。

(2)工业炉窑应设各种安全回路的仪表装置和自动警报系统，对使用低压燃气和燃油的工业炉窑，炉前输配介质管道应设在线连续压力检测、低压报警以及压力过低联锁快速切断阀关闭以防止回火燃爆的保护措施。

(3)影响到设备或系统安全的加热设备，应配置安全供水。工业炉窑所有密闭性水冷系统，均应按规定试压合格方可使用；水压不应低于 0.1 MPa，出口水温不应高于 50 ℃。

(4)均热炉揭盖机，应设声光警报信号。运渣小车应设声光信号灯，速度不应超过 5 km/h，外缘距通廊壁间距不应小于 0.8 m。

(5)实行重级工作制的钳式起重机，应设防碰撞装置，夹钳夹紧显示灯，操纵杆零位锁扣，挺杆升降安全装置和小车行驶缓冲装置。

(6)均热炉出渣口附近的炉壁，应用挡板覆盖。

(7)平行布置的加热炉之间的净空间距除满足设备要求外，还应留有足够的人员安全通道和检修空间。

(8)端面出料的加热炉，应设有防止钢料冲击辊道的缓冲器。

(9)使用氢气的热处理炉，应遵守《氢气使用安全技术规程》的规定：

①全氢罩式退火炉的废氢气应经废氢气烧嘴燃烧和经管道排放至厂房外。

②连续退火炉的高氢冷却段的出入口应设密封隔离装置，并设泄漏强制排放系统。

③不锈钢光亮退火炉的出入口应设密封隔离装置，并设泄漏强制排放系统，同时应设置自动消防灭火系统。

(10)氮气使用场所，应设氧含量在线连续监测和报警装置，并有防窒息的应急措施。氮气供应系统应设置事故工况下持续供应氮气的储罐设施，氮气管道安全防护的基本要求应遵循《压力管道规范 工业管道 第6部分：安全防护》的相关规定。

(11)进入使用氢气、氮气的炉内，或燃气储存设施(贮气柜、球罐等)内检修，应采取可靠的隔断和置换措施，经检测合格，并应有专人监护和采取便于炉内、外人员联系的措施后，方可进入。

(12)无氧化炉正常运行时，严禁打开检修人孔。

(13)使用煤气的生产区，其煤气危险区域作业的划分，应符合表6-1的规定。第一类区域，应戴上呼吸器方可工作；第二类区域，应有监护人员在场，并备好呼吸器方可工作；第三类区域，可以工作，但应有人定期巡视检查。

表6-1 煤气危险区域作业的划分

第一类	第二类	第三类
(1)带煤气抽堵盲板、换流量孔板，处理开闭器。 (2)煤气设备漏煤气处理。 (3)煤气管道排水口、放水口。 (4)烟道内部	(1)烟道、渣道检修。 (2)煤气阀等设备的修理。 (3)停、送煤气处理。 (4)加热炉、罩式炉，辊底式炉煤气开闭口。 (5)开关叶型插板。 (6)煤气仪表附近	(1)加热炉、罩式炉、辊底式炉炉顶及其周围，加热设备仪表室。 (2)均热炉看火口、出渣口、渣道洞口。 (3)加热炉，热处理炉烧嘴，煤气阀。 (4)其他煤气设备附近。 (5)煤气爆发试验

(14)工业炉窑使用煤气，应遵守下列规定：

①在有煤气危险的区域作业，应携带便携式一氧化碳报警仪。

②加热设备与风机之间应设安全联锁、泄爆装置，并采取煤气倒灌的措施。

③炉子点火、停炉、煤气设备检修和动火，应按规定用氮气或蒸汽吹净管道内残余煤气或空气，并经检测合格，方可进行。

④使用煤气的加热炉，开启的眼镜阀(盲板阀)应用自动控制，控制点距离阀门5 m以上；就地操作时，应佩戴空气呼吸器。

⑤严格执行《工业企业煤气安全规程》的有关规定。

(15)使用工业煤气或高焦混合煤气的炉子，炉区应设置一定数量固定式一氧化碳检测仪，并配有声光报警指示，操作台应有煤气报警终端显示。

(16)工业炉窑使用天然气、液化石油气或焦炉煤气，应遵守下列规定：

①应执行其煤气危险区域作业的有关规定。

②调压站和一次仪表室均属甲类有爆炸危险的建筑，应配置有害气体检测设备。操作室与调压站宜分开布置，毗邻而建时应以隔爆墙隔开，并设有两个向外开启的门，并满足《建筑设计防火规范(2018年版)》的相关规定。

(17)贮油罐或重油池，应安装排气管和溢流管。输送重油的管路应设快速切断阀，切断阀动作与火灾自动报警系统信号自动联锁控制，并在醒目位置设置禁火警示标志。

(18)电热设备应有保证机电设备安全操作的联锁装置。水冷却电热设备的排水管，应有水温过高警报和供水中断时炉子自动切断电源的安全装置。

(19)采用电感应加热的炉子，应防止电磁场危害周围设备和人员的措施。

(20)连续退火炉的辐射管和炉辊的装卸应采用专用的吊具进行，需要采用起重机或人工更换时，应采取必要的安全措施。

(21)工业炉窑检修和清渣，应严格按照有关危险作业、煤气安全、设备维护规程和操作规程进行，防止发生人员烫伤和中毒窒息事故。

(22)工业炉窑加热，应执行有关操作规程，防止炉温过高塌炉。

(23)彩色涂层烘烤炉、焚烧炉应遵守《涂装作业安全规程 涂层烘干室安全技术规定》规定。

链接

工业炉窑是轧钢企业中用于钢锭、钢坯和钢材加热、保温和热处理的设备。

典型例题

【单选题】在轧钢生产中，当进行煤气设备漏煤气处理作业时，使用煤气的生产区，应(　　)方可工作。

A. 戴上呼吸器　　B. 有监护人员在场

C. 有人定期巡视检查　　D. 有监护人员在场，并备好呼吸器

A。【解析】煤气危险第一类区域(包括带煤气抽堵盲板、换流量孔板，处理开闭器；煤气设备漏煤气处理；煤气管道排水口、放水口；烟道内部)，应戴上呼吸器方可工作。

考点七　轧制的安全要求

1. 基本要求

(1)操作室和操作台，应设在便于观察操作设备而又安全的地点，并应进行坐势和视度检验，坐视标高取 1.2 m，站视标高取 1.5 m。

(2)横跨轧机辊道的主操作室，以及经常受热坯烘烤或有氧化铁皮飞溅的操作室，应采用耐热材料和其他隔热措施，并采取防止氧化铁皮飞溅影响以及防雾的措施。

(3)轧机的机架、轧辊和传动轴，应设过载保护装置，以及防止其破坏时碎片飞散的措施。

(4)轧机与前后辊道或升降台、推床、翻钢机等辅助设施之间，应设安全联锁装置。自动、半自动程序控制的轧机，设备动作应具有安全联锁功能。

(5)轧机的润滑和液压系统，应设置各种监测和保险装置。

(6)轧辊应堆放在指定地点，宜使用辊架堆放。辊架的结构型式应与堆放的轧辊型式相匹配，堆放的高度应与堆放的轧辊型式和地点相匹配，以确保稳定堆放和便于调运。辊架间的安全通道宽度不小于 0.6 m。

(7)加工热辊时，应采取措施防止职工受热辐射。

(8)用磨床加工轧辊，操作台应设置在砂轮旋转面以外，不应使用不带罩的砂轮进行磨削。带冷却液体的磨床，应设防止液体飞溅的装置。

(9)应优先采用机械自动或半自动换辊方式。换辊作业区应有足够的安全空间，换辊

应指定专人负责指挥，并拟定换辊作业计划和安全措施。

(10)剪机与锯，应设专门的控制台来控制。喂送料、收集切头和切边，均应采用机械化作业或机械辅助作业。运行中的轧件，不应用棍、管撬动或用手脚接触和搬动。

(11)热锯机应有防止锯屑飞溅的设施，在有人员通行的方向应设防护挡板。

(12)各运动设备或部件之间，应有安全联锁控制。

(13)剪切机及圆盘锯机换刀片或维修时，应切断电源，并进行安全定位。

(14)地下人行通道，起点净空高度应不小于 2 m，宽度不小于 0.7 m。通道应设有必要的入口。有铁皮落下的沟段，人行通道上部应设置防护挡板。

(15)地下管廊、地下隧道、滞留易燃易爆气体、窒息性气体和其他有害气体的地沟，应有通风措施。

(16)在线检测，应优先采用自动检测系统。

(17)检修或维护高频设备时，应切断高压电源。

(18)轧机的操作区域应设置防滑措施。

(19)不停机清辊作业应有安全防护措施。

(20)废料坑应安装有牢固的安全围栏或盖板，盖板每边的边缘应大于坑边 0.2 m，并采取固定措施。

2. 型钢、线材轧制

(1)弯曲的坯料，不应使用起重机喂入轧机。

(2)轧机轧制时，不应用人工在线检查和调整导卫板、夹料机、摆动式升降台和翻钢机，不应横越摆动台和进到摆动台下面。

(3)型钢专用加工作业线上各设备之间，应有安全联锁装置。

(4)预精轧机、精轧机、定径机、减径机的机架以及高速线材轧机，应设金属防护罩。

(5)采用活套轧制的轧机，应设保护人员安全的防护装置，并应考虑便于检修。

(6)小型轧机尾部机架的输出辊道，应有不低于 0.3 m 的侧挡板。

(7)卷线机操作台主令开关，应设在距卷线机 5 m 以外的安全地点。

(8)轧线上的切头尾事故飞剪，应设安全护栏和防护网。

(9)高速线材轧机高速区的预精轧机组、精轧机组、减定径机组、夹送辊及吐丝机，均应设安全罩和警示牌。

(10)正常轧制时，任何人不得进入连轧机机架中和机架上。

(11)线材精轧机后不应设置人行天桥。

3. 板、带轧制

(1)轧机除鳞装置，应设置防止铁鳞飞溅危害的安全护板和水帘。

(2)热带连轧机与卷取机之间的输送辊道，两侧应设有不低于 0.3 m 的防护挡板。

(3)带钢轧机应能在带钢张力作用下安全停车。

(4)冷轧机机架之间应设置可移动式安全门。卷取机工作区周围，应设置安全防护网或板、门。地下式卷取机的上部，周围应设有防护栏杆，并有防止带钢冲出轧线的收集器。

(5)采用起重机运输的水平或立式的钢卷，应进行周向打捆或采取其他固定钢卷外圈的措施。

(6)板、带冷轧机，应有防止异物、冷轧板、带断裂及头、尾、边飞裂伤人和损坏设备的设施。

4. 钢管轧制

(1)穿孔机、轧管机、定径机、均整机和减径机等主要设备与相应的辅助设备之间，应设有可靠的电气安全联锁。

(2)穿孔机、轧管机、定径机和减径机等主要设备的轧辊更换，宜优先采用液压换辊方式。

(3)更换顶头、顶杆和芯棒，宜采用机械化作业。

(4)采用油类调制石墨润滑芯棒，应设有抽风排烟装置，同时应采取防滑、防电气短路的必要措施。

(5)冷轧管机与冷拔管机，应有防止钢管断裂和管尾飞甩的措施。

(6)张力减径机后的辊道应设置盖板，出口速度较高的还应在辊道末端设置防止钢管冲出事故的收集套。

(7)芯棒限动辊道应加防护罩。

典型例题

【单选题】在轧钢轧制生产中，废料坑应安装有牢固的安全围栏或盖板，盖板每边的边缘应超过坑边(　　)m，并采取固定措施。

A. 0.1　　B. 0.2

C. 0.3　　D. 0.4

B。【解析】轧机的操作区域应设置防滑措施。不停机清辊作业应有安全防护措施。废料坑应安装有牢固的安全围栏或盖板，盖板每边的边缘应大于坑边 0.2 m，并采取固定措施。

考点八　坯料清理、酸洗、涂镀、清洗和精整的安全要求

1. 坯料清理

钢坯堆放的地面应平整，堆垛要放置平稳整齐，垛间保持一定安全距离和考虑热坯辐射要求，有钢架堆放的垛高要求不超过钢架高度，无钢架堆放的钢坯层间要交叉放置，垛高要求不超过 4.5 m，且不影响起重机作业和司机视线。坯料火焰清理应符合安全要求，应有防热坯辐射的个体保护措施，并应制定相应的安全作业标准。

2. 酸洗

酸洗车间宜单独布置，对有关设施和设备应采取防酸措施，并应保持良好通风。酸洗车间应设置贮酸槽，采用酸泵向酸洗槽供酸，不应采用人工搬运酸罐加酸。碱洗极板日常管理应建立完备的巡检制度。

钢丝生产中，酸洗应遵守下列规定：

(1)酸洗装置应有酸雾密闭或净化设施，使车间环境达到《工作场所有害因素职业接触限值 第 1 部分：化学有害因素》和《工作场所有害因素职业接触限值 第 2 部分：物理因素》的要求。

(2)酸、碱洗槽宜采取地上式布置，并高出地面 0.6 m。

(3)酸洗车间应有冲洗设施。

(4)间歇式酸洗机组的磷化槽、热水槽、硼砂槽，宜设抽风设施。

(5)合金钢丝车间的(熔融)碱浸炉和淬火槽，应布置在单独的工作室内，或与其他设备隔开布置，并有通风设备。

3. 涂镀

(1)镀层与涂层的溶剂室或配制室,以及涂层黏合剂配制间,均应符合下列规定:

①采用防爆型电气设备和照明装置。

②设备良好接地。

③不应使用钢制工具以及穿戴化纤衣物和带钉鞋。

④涂料、溶剂室、配制间、涂层间周围 10 m 范围内,不应有烟火。

⑤设有机械通风和除尘装置。

(2)镀锌设备和接触锌液的工具以及投入镀锌液中的物料,应(预热)干燥。

(3)锌锅周围不应积水,以防漏锌遇水爆炸。

(4)锅的锌灰和锌渣的吹刷区,以及炼制锌铝合金,均应设有除尘或通风装置。

(5)涂镀层磷化、钝化和涂胶干燥时,应防止热源与物料接触;涂层烘烤炉应设有易燃易爆气体检测、控制安全联锁装置。

(6)涂胶机及其辅助设备,应良好接地;易产生静电的部位,应有消除静电积聚的装置。

(7)磷化、涂胶和复合剂的胶辊辊筒之间,不应存有坚硬物和其他可燃物料。

(8)塑料覆层以及复合板生产过程中产生的边角料和碎屑,应集中存放于通风良好的专用仓库,并应远离明火。

(9)辊涂机设有涂层房的,涂层房应有通风和消防措施。

(10)彩色涂层烘烤装置和相关设备,应有防爆措施。

(11)采用高压水冲洗清洁辊面的,应有防止高压水伤人的措施。

(12)宜采用机器人加锌锭和清浮渣,人工加锌锭和清浮渣应有充足的工作场地。

(13)涂镀过程中产生的所有有害污染物均应强制通风且净化处理后排放至远离职工位置。新鲜空气的吸入口应远离排放口以使潜在的有毒气体不被循环。

(14)轧钢企业应对涂镀机组使用的所有不同类型涂镀原料,包括但不限于:锌,锌合金,铅,铬和塑料及其液态、粉末、固体或熔融金属等进行职业危害检测,并根据检测结果制定控制措施,应为从业人员及时、足额配备专用防护用品,定期进行健康体检。

4. 清洗和精整

(1)喷水冷却的冷床,应设有防止水蒸气散发和冷却水喷溅的防护和通风装置。

(2)在作业线上人工修磨和检查轧件的区段,应采取相应的防护措施。

(3)衬胶和喷漆加工间,应独立设置,并有完善的消除静电、通风和消防设施。

(4)收集废边和废切头等,应采用机械或用机械辅助方式。

(5)采用人工进行成品包装,应制定严格的安全操作规程。

链接

精整工序的主要设备有纵向切边机(热剪和冷剪)、横剪机组、拉伸弯曲矫直机、纯拉伸机组、厚板剪机、清洗线设备等。

同步自测

一、单项选择题(每题的备选项中,只有 1 个最符合题意)

1. 轧钢生产过程中,关于轧制安全要求的说法,错误的是(　　)。

A. 精轧机、定径机、减径机的机架应设置金属防护罩

B. 热带连轧机与卷取机之间的输送辊道,两侧应设置防护网

C. 检修或维护高频设备时,应切断高压电源
D. 轧机除鳞装置,应设置防止铁鳞飞溅危害的安全护板和水帘

2. 下列不属于热轧工艺特点的是(   )。
A. 金属塑性高,变形抗力低
B. 提高了生产效率
C. 热轧产品表面质量优越,不存在麻点、压入氧化铁皮等缺陷
D. 能改善金属及合金的加工工艺性能

3. 钢丝生产中,关于酸洗安全要求的说法,错误的是(   )。
A. 间歇式酸洗机组的磷化槽、热水槽、硼砂槽,宜设抽风设施
B. 酸洗车间应有冲洗设施
C. 合金钢丝车间的(熔融)碱浸炉和淬火槽,应布置在单独的工作室内
D. 酸、碱洗槽宜采取地下式布置,并低于地面 0.5 m

4. 镀层与涂层的溶剂室或配制室,以及涂层黏合剂配制间设置时,应符合的规定是(   )。
A. 溶剂室、配制室或配制间应单独布置
B. 涂料、溶剂室、配制间、涂层间周围 15 m 范围内,不应有烟火
C. 溶剂室、配制间应设置抽风设施
D. 采用防爆型电气设备和照明装置

二、案例分析题

2019 年 4 月 16 日 17 时 5 分,C 轧钢厂安源片高线二车间发生一起员工手掌被压伤事故。事故发生后,安全管理部本着“四不放过”原则,在 C 轧钢厂安源片会议室召开了事故分析会,现将事故通报如下:4 月 16 日 17 时 5 分,C 轧钢厂安源片高线二车间 1 号线风冷线 1 段地辊第一根传动辊轴断裂,停机后 CS_2 操作室通知维修厂钳工进行处理。在钳工处理的过程中,当班操作工黎某提出,将 1 段最后一根与 2 段第一根进行连接处理可缩短恢复时间。钳工谢某和张某采纳了操作工的建议,并协助操作工黎某处理。当班机长彭某与调度员董某在作业现场,机长彭某催问钳工链条接好没有,操作工黎某回复说:“就接好了。”机长彭某就通过对讲机指令 CS_2 操作室开机,17 时 14 分吐丝机启动时联动 1 段、2 段地辊,造成操作工黎某左手被链条压伤。

根据以上场景,回答下列问题:
1. 简述“四不放过”原则的内容。
2. 根据《安全生产法》,说出 C 轧钢厂安全管理部的安全生产职责。
3. 简述 C 轧钢厂安源片高线二车间岗前安全培训的内容。
4. 针对 C 轧钢厂现状,提出防范生产安全事故的建议。

答案详解

一、单项选择题

1. B。【解析】热带连轧机与卷取机之间的输送辊道,两侧应设有不低于 0.3 m 的防护挡板。故选项 B 错误。
2. C。【解析】冷轧产品表面质量优越,不存在热轧板卷常常出现的麻点、压入氧化铁皮等缺陷。故选项 C 错误。
3. D。【解析】酸洗应遵守下列规定:(1)酸洗装置应有酸雾密闭或净化设施,使车间环境

达到《工作场所有害因素职业接触限值 第1部分：化学有害因素》和《工作场所有害因素职业接触限值 第2部分：物理因素》的要求。(2)酸、碱洗槽宜采取地上式布置，并高出地面0.6 m。(3)酸洗车间应有冲洗设施。(4)间歇式酸洗机组的磷化槽、热水槽、硼砂槽，宜设抽风设施。(5)合金钢丝车间的(熔融)碱浸炉和淬火槽，应布置在单独的工作室内，或与其他设备隔开布置，并有通风设备。

4. D。【解析】镀层与涂层的溶剂室或配制室，以及涂层黏合剂配制间，均应符合下列规定：(1)采用防爆型电气设备和照明装置。(2)设备良好接地。(3)不应使用钢制工具以及穿戴化纤衣物和带钉鞋。(4)涂料、溶剂室、配制间、涂层间周围10 m范围内，不应有烟火。(5)设有机械通风和除尘装置。

二、案例分析题

【答案】

1. “四不放过”原则的内容如下：
(1)事故原因未查清不放过。
(2)整改措施未落实不放过。
(3)有关人员未受到教育不放过。
(4)责任人员未处理不放过。

2. C轧钢厂安全管理部的安全生产职责如下：
(1)组织或者参与拟订本单位安全生产规章制度、操作规程和生产安全事故应急救援预案。
(2)组织或者参与本单位安全生产教育和培训，如实记录安全生产教育和培训情况。
(3)组织开展危险源辨识和评估，督促落实本单位重大危险源的安全管理措施。
(4)组织或者参与本单位应急救援演练。
(5)检查本单位的安全生产状况，及时排查生产安全事故隐患，提出改进安全生产管理的建议。
(6)制止和纠正违章指挥、强令冒险作业、违反操作规程的行为。
(7)督促落实本单位安全生产整改措施。

3. C轧钢厂安源片高线二车间岗前安全培训的内容如下：
(1)工作环境及危险因素。
(2)所从事公众可能遭受的职业伤害和伤亡事故。
(3)所从事工种的安全职责、操作技能及强制性标准。
(4)自救互救、急救方法、疏散和现场紧急情况的处理。
(5)安全设备设施、个人防护用品的使用和维护。
(6)本车间(工段、区、队)安全生产状况及规章制度。
(7)预防事故和职业危害的措施及应注意的安全事项。
(8)有关事故案例。
(9)其他需要培训的内容。

4. 针对C轧钢厂现状，防范该类生产安全事故的建议如下：
(1)落实安全生产责任制。
(2)完善现场安全生产规章制度或操作规程。
(3)加强员工安全培训教育。
(4)建立可靠的通信联络制度，关键指令有核实措施。

(5)传动部位安装防护罩,并和生产装置联锁。

(6)检维修作业现场设置安全管理人员监督。

【解析】

1. 本案例第1问主要考查“四不放过”原则的内容。根据《国务院办公厅关于加强安全工作的紧急通知》,安全工作要立足防范,按照“安全第一,预防为主”的方针,层层建立安全工作责任制。对责任不落实,发生重特大事故的,要严格按照事故原因未查清不放过、责任人员未处理不放过、整改措施未落实不放过、有关人员未受到教育不放过的“四不放过”原则和《国务院关于特大安全事故行政责任追究的规定》,严肃追究有关领导和责任人的责任。

2. 本案例第2问主要考查生产经营单位的安全生产管理机构以及安全生产管理人员的安全生产职责。具体内容详见答案。

3. 本案例第3问主要考查车间安全培训的内容。《生产经营单位安全培训规定》第十二条规定,加工、制造业等生产单位的其他从业人员,在上岗前必须经过厂(矿)、车间(工段、区、队)、班组三级安全培训教育。生产经营单位应当根据工作性质对其他从业人员进行安全培训,保证其具备本岗位安全操作、应急处置等知识和技能。第十五条规定,车间(工段、区、队)级岗前安全培训内容应当包括:(1)工作环境及危险因素。(2)所从事工种可能遭受的职业伤害和伤亡事故。(3)所从事工种的安全职责、操作技能及强制性标准。(4)自救互救、急救方法、疏散和现场紧急情况的处理。(5)安全设备设施、个人防护用品的使用和维护。(6)本车间(工段、区、队)安全生产状况及规章制度。(7)预防事故和职业危害的措施及应注意的安全事项。(8)有关事故案例。(9)其他需要培训的内容。

4. 本案例第4问主要考查生产安全事故的防范措施。本题可以结合题意及相关法律法规作答。具体内容详见答案。

提示

本案例主要考查安全生产管理和安全生产法律法规的相关内容。

第七章　有色金属压力加工安全

知识架构

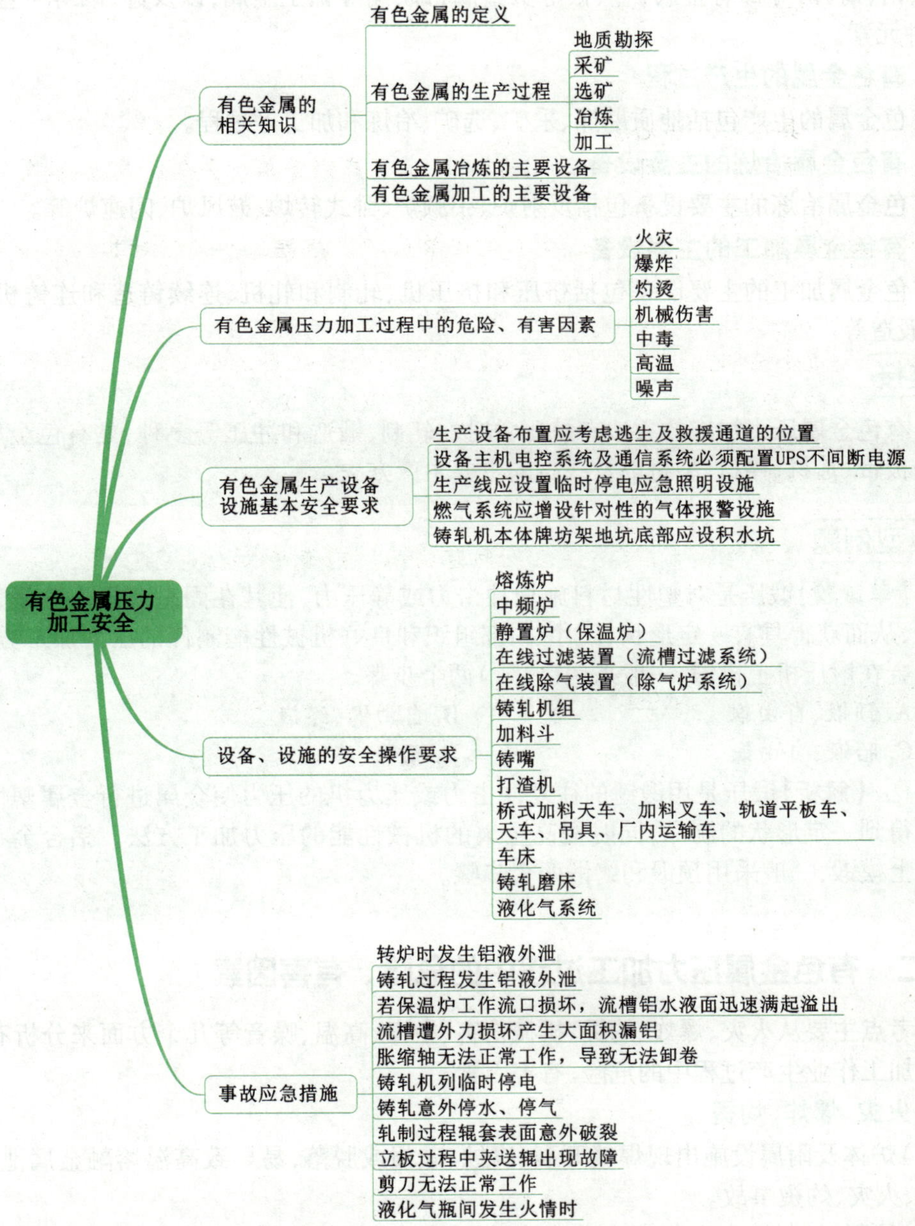

考点解读

考点一　有色金属的相关知识

1. 有色金属的定义

有色金属是指除铁、铬、锰三种金属以外所有的金属，包括铜、铝、铅、锌、镍等常用金属；钨、钼、锡、锑等稀有金属；金、银等贵金属；铈、镧等稀土金属，以及硅、硒等半金属，共计64 种元素。

2. 有色金属的生产过程

有色金属的生产包括地质勘探、采矿、选矿、冶炼和加工等过程。

3. 有色金属冶炼的主要设备

有色金属冶炼的主要设备包括反射炉、中频炉、卧式转炉、鼓风炉、闪速炉等。

4. 有色金属加工的主要设备

有色金属加工的主要设备包括挤压和挤压机、轧制和轧机、连续铸造和连铸机、连铸连轧、锻造等。

链接

有色金属压力加工的方法有挤压、拉拔、轧制、锻造和冲压等多种，是有色金属及合金板带、箔材、棒材、型材以及线材的主要生产方法。

典型例题

【单选题】锻压是对塑性材料施加冲击力或静压力，使其在固态范围内分子发生流动，从而获得具有一定形状、尺寸、内部组织和良好机械性能制件的压力加工方法。铝合金在锻压机上模锻，一般采用(　　)两个步骤。

A. 预锻、自由锻　　B. 自由锻、终锻

C. 胎锻、自由锻　　D. 预锻、终锻

D。【解析】锻压是用锻锤的往复冲击力或压力机的压力使金属进行金属塑性变形以得到一定形状的制品，同时提高金属的机械性能的压力加工方法。铝合金在锻压机上模锻，一般采用预锻和终锻两个步骤。

考点二　有色金属压力加工过程中的危险、有害因素

本考点主要从火灾、爆炸、灼烫、机械伤害、中毒、高温、噪音等几个方面来分析有色金属压力加工作业生产过程中的危险、有害因素。

1. 火灾、爆炸、灼烫

(1)炉体及附属设施出现焊缝开裂、腐蚀、破损或脱落，易导致高温熔融金属泄漏，引发爆炸、火灾、灼烫事故。

(2)原料、辅料沾有水分或油漆时，与高温熔融金属接触易导致爆炸、火灾、灼烫事故。

(3)使用燃气熔炼炉时，燃气点火因操作错误易导致爆炸、火灾等事故。

(4)未在熔炼炉旁设置安全坑，发生高温熔融金属泄漏时导致爆炸、火灾事故。

(5)作业坑、安全坑内潮湿、熔炼炉周边有积水、存放易燃易爆物品，熔融金属泄漏导致爆炸、火灾事故发生。

(6)盛装熔融金属的罐(包)等容器耳轴破(断)裂或脱落导致熔融金属泄漏，引起火灾、爆炸、灼烫事故。

(7)压铸机压铸时熔料溅出遇水、油导致爆炸、火灾和灼烫事故。

(8)模具潮湿，浇铸时易发生爆炸事故。

2. 机械伤害

(1)光电安全保护装置缺失易导致机械伤害。

(2)双手操纵装置失灵易导致机械伤害。

3. 中毒

有色金属压力加工时，作业人员会接触到各种有毒物质，如氟化物、硫化物、一氧化碳等。如果没有良好的防护措施，会使得作业人员中毒，危害作业人员的健康。

4. 高温

有色金属压力加工时的高温会影响人体的体温调节和水盐代谢及循环系统等，还可以抑制中枢神经系统，使工人在操作过程中注意力分散，肌肉工作能力降低，从而导致伤害事故。

5. 噪声

有色金属压力加工时的噪声能引起人听觉功能敏感度下降甚至造成耳聋，或引起神经衰弱、心血管疾病及消化系统等疾病，噪声影响信息交流，促使误操作发生率上升。

考点三　有色金属生产设备设施基本安全要求

(1)生产设备布置应充分考虑各作业流程中出现紧急情况(如漏铝等)后的逃生及救援通道位置。

(2)设备主机电控系统及通信系统必须配置 UPS 不间断电源，保证设备失压瞬间能继续工作。

(3)生产线应设置临时停电应急照明设施，保证夜间停电紧急停机处理时临时照明。

(4)燃气系统应增设针对性的气体报警设施。如固定式的煤气(液化器)泄露报警器、手持煤气(液化气)报警器等设备、设施。

(5)铸轧机本体牌坊架地坑底部应设积水坑，用来抽出轧辊水套意外漏水后流到坑底的积水，已建成铸轧机没有水坑的应采取其他措施收集轧辊水套意外漏水。

(6)生产区域应规划安全通道并按相关规定标识，通道设置应满足紧急情况下逃生和救援的需要。

考点四　设备、设施的安全操作要求

本考点以有色金属铝为例进行分析。

1. 熔炼炉

(1)采取顶上加料方式的圆形熔炼炉，在投料时，熔炼炉周围 10 m 以内不允许站人；使用揭盖机移动熔炼炉炉盖时，应设专人指挥以确保揭盖机与炉盖固定位对齐。禁止从移开的炉盖、吊运中的加料斗底下通过。

(2)带有再生床的蓄热式熔炼炉在进行更换氧化铝球时，需关闭供气、排烟装置，并做好警示标识。

2. 中频炉

(1)中频炉开动前,应先检查冷却水、润滑及接地情况,确认正常后方能启动。冷却水压力不得低于规定值。停机 15 min 后,检查水冷电缆、漏铝报警仪数值正常后方能停冷却水。

(2)禁止在热状态下连续启动,禁止超载运行。

(3)化料过程中或清炉时应注意观察炉壁温度是否正常,如遇停水,或料超温等异常,应立即停机。

(4)运行中,电流、电压应按规定匹配,开机人员不应离开。

(5)每班检查炉膛,发现异常,应立即停机,每班应检查电线沟有否积水或杂物并及时处理。

(6)加料、扒渣、清炉和出炉操作时,应要把"逆变"停止即功率调到 0,以免发生电击。进行该项操作时,应要戴手套操作。

(7)夯实打包块时,严禁用脚踏踩打包块,防止由于打铝包块熔化塌陷将人带入。

(8)操作人员应按规定检查感应器冷却水管接头,发现漏水应及时停电并采取措施处理和烘干漏水处。

(9)倾倒铝水前应检查倾翻液压缸与炉体的连接销钉。

(10)检查紧固炉体水管接头或其他部位后,应及时清理,带走检修工器具和其他物品,防止遗留物品被加热而损坏设备。

(11)倾倒积液坑前应保持干燥,积液放流前应烘烤流槽,防止积液流出后爆溅。

(12)铝水保温时,逆变功率应保持在设备规定的功率范围内并及时测温。

(13)炉子需较长时间停机时,要及时把铝水倒净后,用压缩气吹冷炉膛,以免炉墙出现较大裂纹,并及时停电。

3. 静置炉(保温炉)

(1)转炉平台应备有大锤、堵钎(流眼钎子)和堵套各两个以上、硅酸铝毡等漏铝专用应急物品,非漏铝应急情况禁止挪用。

(2)进行转炉(或导炉、转铝)作业时,应保证有两人以上配合操作。

(3)转炉作业前,应保证大锤、堵钎(流眼钎子)、堵套、捞渣铲、硅酸铝毡(有的厂家流槽为固定的,不用硅酸铝毡)等物品齐全,转炉流槽畅通,无任何异物。

(4)活动流槽放入转炉口以前,应清理转炉口和导流管内结渣,清理流槽时应注意保护流槽禁止用钝器击打流槽。活动流槽接头清理干净后垫上硅酸铝毡,将活动流槽放下,让导流管预热 10 min。

(5)转炉作业开始时,电气人员应预先检查好铝液激光测微仪(有的厂家没有),若流槽断面面积较小时,应优先采用燃气烘烤或放出少量铝液对流槽进行预热,放流中必须专人监护全过程。转炉作业过程中,流槽内铝液液面离流槽表面高度应保证 10 cm 以上。

(6)转炉前操作人员应根据保温炉内铝液余量估算转炉铝液数量,转入保温炉铝液过程中应密切关注铝液液面,严防铝液溢出。

(7)若保温炉配备有透气砖,应采取有效的监控、预防措施对透气砖的完整情况进行跟踪,避免透气砖损坏发生漏铝。

(8)在保温炉炉盖上维修时严禁踩踏在保温材料上,必须站踩在炉盖钢梁上并设专人监护。

4. 在线过滤装置(流槽过滤系统)

(1)流槽过滤系统上设有精炼气体装置的应做好防护措施,防止意外气体泄漏导致铝液飞溅,流槽过滤系统旁应备用漏铝专用应急物品。

(2)保温炉流口到铸轧机机架前地面应保持干燥、清洁,不得有积水、油泥。

(3)进行开机准备前应检查流槽过滤系统所有铝液液面控制装置是否工作正常,保证流槽过滤系统各放流口堵紧牢固,各连接处密封良好。停机时应及时堵住保温炉流口,再进行放残铝操作。停机后各段流槽、过滤箱都要排干铝液并清理干净,工具应充分干燥。

5. 在线除气装置(除气炉系统)

(1)新换上(修)炉子及停产时间长的炉子,要按烘炉制度进行烘炉。

(2)扒渣或清理炉内部件时应戴面罩,电气维修时,应切断除气炉设备相关电源,并固定好除气炉炉盖。

(3)需打开炉盖除气炉炉盖时,应先将流量、压力调整到较低值(一般为原来的一半),然后再慢慢打开炉盖。禁止直接打开炉盖。

(4)若因工艺需要清理除气炉炉盖夹渣时,炉盖离铝液表面高度应低于40 cm,以防铝渣掉落引起铝液飞溅。更换转子时,取出转子应放在专用的架子上,以防灼烫伤人。新换石墨转子放入铝液中,应充分预热后逐渐放入,若除气炉炉内为全密封设计的,应保证排气孔无堵塞,工作正常。

(5)需检查石墨转子电机故障,应关闭相应电源;设备维修人员在检查故障原因时,若需爬到除气炉炉盖上方时,应穿耐高温劳保鞋并专人监护,操作时应注意防止烫伤。

(6)严禁使用四氯化碳等禁用的有毒气体进行在线除气。

6. 铸轧机组

(1)开机准备。开机准备的安全操作要求如下:

①主机开动前应作全面检查,包括机械、电气、液压、润滑和冷却水各部分,确认设备正常后方可开机。

②采用石墨喷涂系统清辊:开动石墨喷涂系统前应检查各接近开关,限位开关及喷枪是否正常,确认两侧无障碍物后方可进行。采用火焰清辊:点燃清辊火焰前要检查液化气瓶阀门、并确认管道无泄漏站位牢靠后方可开始点火清辊。

③剪切机启动前检查行程开关、刀刃情况,确认良好后方可剪切。剪切机由专人操作,确保安全。剪床启动前应观察剪床周围是否有物体和无关人员靠近

④立板跑渣前,铸嘴、流槽、过滤箱在立板前应充分烘干加热,流槽系统连接应紧密吻合,处理意外漏铝人员必须分工到位,应指定一名现场指挥负责人,负责现场指挥。

⑤在轧辊入口侧清理辊道时应站在牢靠的位置,并有可靠的防止夹入措施。

⑥清洗辊面油污应站在牌坊架出口侧进行清洗工作;若因设备限制,无法在牌坊架出口侧进行清洗工作时,在牌坊架入口人员站位位置应采取防滑措施。

⑦清洗辊面油污使用易燃或弱酸性的溶剂时,应佩戴加长型防腐蚀塑胶手套,在清洗过程中,应避免溶剂大量滴落或飞溅到铸轧设备、地面、衣服上。

⑧更换铸轧辊进行辊面烘烤前,应保证辊面无残留易燃溶剂,牌坊架底部无易燃溶剂残留,易燃溶剂的容器已远离铸轧机牌坊架周围;烘烤工具应放置平稳。

⑨立板前使用液化气枪对流槽烘烤时,应注意加热位置必须经常改变,严禁对同一位置长时间使用液化气枪加热以防流槽损坏产生漏铝隐患。改变液化气枪加热位置时,枪口不得指向他人或自己,防止烫伤;烤辊过程动作应准确,放置到合适位置后,枪口上应使用硅酸棉毡覆盖,以防火焰四射。

⑩使用铝杆等测量辊缝大小时,严禁戴手套操作,铝杆长度应大于20 cm;开机前与轧辊相关操作应在机架出口侧完成。夹送辊开启前,应保证夹送方向入口侧没有人、物,防止压入伤害。

⑪卸卷小车位置有坑道的应做好防护措施;卸卷小车工作前,应检查运行方向上有无障碍物。

(2)维护与保养。换辊前检查换辊轨道上有无障碍物、螺栓,链条是否正常可靠,限位开关是否正常。检修、维护期间,维护人员应挂警示牌。

(3)注意事项。铸轧机操作过程中应有以下注意事项:

①前后摆动台板动作时,检查是否有障碍物,注意不碰到人。

②在立板开始及剪切时用夹送辊、卷取机开始卷取带材未满一圈时,不要松开夹送辊。

③剪切机不得剪切超过额定厚度的铝板以及其他材料,剪床前后有人员时禁止操作剪床。

(4)警示。警示要求如下:

①严禁将手及异物伸入剪刀口之间。

②推卷器工作时,其运动方向不得站人。

③卸卷小车进出、升降时,其盖板上严禁站人。

④准备拔前箱放流塞杆至铝水从铸嘴流出过程中,铸嘴的正前方禁止站人。

⑤在正常生产过程尽量避免人员下到铸轧机在线板带下进行操作。

7. 加料斗

(1)使用加料斗前,应检查加料斗的转轴、吊臂、钢丝绳等部件,确认正常后开始使用。

(2)向加料斗中加入铝锭等物料时,应注意放入方式,避免造成太大噪声。

(3)所加的铝锭、废料等物料必须保持干燥。

(4)加入废料时,应检查废料的杂质,可能产生铝液爆炸或可能产生有毒有害气体的废料不得直接加料。

(5)应定期对加料斗的转动铰链进行加脂润滑。

(6)采用加料斗加料应设专人指挥,加料过程中炉子周围10 m范围内严禁站人,防止铝液溅出伤人。

8. 铸嘴

(1)安装铸嘴过程抬压板时应两人相互配合,禁止一人扛压板。

(2)用锤子固定前箱前应观察前方及周围,防止锤击过程中锤头飞出伤人。

(3)制作及装配铸嘴需要锯、磨、抛光作业时应戴好口罩,防止粉尘吸入。

(4)铸嘴烘干出炉前应先停电,防止触电。

9. 打渣机

(1)在打渣机上模刷隔离剂时应站位安全,上模应有可靠固定防止滑落。

(2)装渣过程应注意观察,保证装渣量不超过下模的上边沿。

(3)压渣过程打渣机周围3 m严禁站人,防止铝液铝渣溅出伤人。

(4)严禁将未凝固的铝渣从下模中倒出,应将下模中的铝渣充分冷却后倒渣。

(5)叉车运输渣块应固定牢靠,防止运输过程中滑落。

10. 桥式加料天车、加料叉车、轨道平板车、天车、吊具、厂内运输车

吊运铸轧卷应优先采用L型吊具。

11. 车床

(1)工作前按规定穿戴好防护用品(安全帽、工作服、劳保鞋)扎好袖口,袖口扣紧,上衣下摆不能敞开,不得在开动的车床旁穿、脱换衣服,防止机器绞伤,接触转动部件时禁止

戴手套，切削时要戴好防护眼镜。

（2）开机前认真检查车床上的防护、保险、机械传动部分、电气部分防护装置、卡盘是否安全可靠，电器开关和手柄是否在正常位置。

（3）轧辊上、下车床要使用专用的吊具，并由专人指挥天车吊运。不准开车装卸卡盘，装卸完工件后要立即取下扳手。

（4）工件装夹应牢固，夹紧时可用接力扳手，不得用榔头敲打扳手。

（5）车床开动应要观察周围动态，车床开动先慢速、后中速，仔细检查是否正常。

（6）进刀时应选择合理的进刀量，以防进刀量过大导致砸刀。

（7）车床开动后，不准用手接触运动着的工件、刀具和转动的部件，严禁隔着车床的转动部件传递或拿取物品。

（8）调整车床行程、装夹工件、刀具及擦拭车床时应停止车床运行。

（9）不准用手直接清除铁屑，应用专用的工具清扫。

（10）下地坑扒铁屑时，要注意滑跌，并戴好口罩。

（11）工作结束时，应切断车床电源或总电源，将刀具和工件从工作部位退出，清理安放好所使用的工、夹、量具，并清扫车床。

（12）发现不安全因素要立即报告，积极排除，并向下一班交代清楚。

12. 铸轧磨床

（1）工作前按规定穿戴好防护用品（安全帽、工作服、劳保鞋），袖口扣紧，上衣下摆不能敞开，不得在开动的磨床旁穿、脱换衣服，防止机器绞伤，接触转动部件时禁止戴手套。

（2）开车前应先检查各操作手柄是否已退到空挡位置上，然后空车运转，并注意各润滑部位是否有油，空转数分钟，确认磨床情况正常再进行工作。

（3）装卸重大工件时应先垫好木板及其他防护装置，工作时必须装夹牢固，严禁在砂轮的正面和侧面用手拿工件直接磨削。

（4）砂轮安装前，必须认真检查，砂轮规格应符合要求——无裂纹，响声清脆；安装后应先空转 3 ~ 5 min，确认正常后，方可使用。在试转时，人不得站在砂轮的正面。

（5）砂轮安装时，法兰盘和砂轮之间应垫好衬垫，紧固螺丝，要做好静平衡，新砂轮安装时应经过二次平衡，以防产生震动。

（6）旋螺帽时要用专用扳手，不要用力过猛以免滑倒。

（7）轧辊上、下磨床要使用专用的吊具，并由专人指挥天车吊运。

（8）开车后应站在砂轮侧面，砂轮和工件应平稳地接触，使磨削量逐渐加大，不准骤然加大进给量。

（9）准备磨削对刀，砂轮逼近辊面时，要改用微调进给方式小心接触辊面，防止电流过大烧伤辊面。

（10）磨削时砂轮正前方不准站人，操作者要站在砂轮侧面。

（11）砂轮运行线速度不得超过砂轮规定线速度，要选择合理的进刀量，以防砂轮爆裂。

（12）卸工件时要先退出砂轮，砂轮未退出工件时，不得停止砂轮转动。

（13）磨床运转中不准测量转动的工件、擦拭磨床或将手直接接触旋转部位，以免发生意外。

（14）磨床间应保持密闭，保持温度恒定，注意防火。

（15）工作完毕停车时，应先关闭冷却液，让砂轮运转 5 min，进行脱水，方可停车。然后做好保养工作，刷清铁屑灰尘，润滑加油，切断电源。

(16)发现不安全因素要立即报告,积极排除,并向下一班交代清楚。

(17)磨削液过滤装置工作时,禁止用手直接清理辊道,防止手夹入。

13. 液化气系统

(1)液化气瓶间应设有气体泄漏报警装置及强制通风设备并开启,非运行操作人员严禁入内,凡进入液化气瓶间工作人员(配料工),必须经过针对液化气泄漏、燃烧、爆炸应急处置的安全消防培训。

(2)进入液化气间前,应先开门通风,并将两边门扣钩好,确保室内处于良好的通风状态。

(3)液化气瓶间周围10 m内严禁烟火,动火需按危险作业审批制度执行。渣车严禁从液化气间门口经过,严禁携带火种和穿带鞋钉的鞋进入液化气瓶间。

(4)所有电气设备均应防爆,管道可靠接地,严禁在液化气间使用移动电话。

(5)严禁用金属、石头等互相敲击,或敲击容器及管道;做好设备、仪器、仪表的维护、保养与定期检修。

(6)拆装、搬运液化气瓶时,务必小心操作,避免撞击产生火花,禁止接收不带防震圈的气瓶。

(7)灭火器应配备齐全,必须按要求进行检查。液化气燃烧后产生的高强辐射使人很难靠近,灭火主要采用水枪喷洒灭火降温,防止爆炸,液化气瓶间周围应设有可以使用的消防栓。

(8)工作人员每班应对液化气间安全运行情况进行巡视(每班至少2次)。

(9)当液化气泄漏报警装置报警或发现有异常泄漏现象时,应立即停止使用。同时关闭漏液化气瓶阀门,并立即报告调度、安环专员及铸轧生产班组负责人。

(10)相关人员接到报告后应到现场确认,通知设备维护人员进行检查维护,确认系统无异常后方可重新使用。

链接

连续铸轧是指液体金属通过两个旋转方向相反的轧辊经冷却凝固、铸造、轧制生产出板带的工艺过程。

考点五　事故应急措施

本考点以铝为例来说明有色金属压力加工发生事故的应急措施。

1. 转炉时发生铝液外泄

转炉时发生铝液外泄导致事故发生时,其应急措施如下:

(1)转炉时,若发现流槽中的铝液异常升高无法控制,一名转炉人员应立即打开流槽的应急出口,使铝液加快流向保温炉,促使液面下降,另一名转炉人员及时用堵钎或备用堵钎堵紧熔炼炉流口。及时向带班长汇报,处理漏铝现场。

(2)若出现铝液溢出流槽,一名转炉人员应及时向当班人员发出漏铝消息,另一名转炉人员将完整硅酸棉铺在地面上2层以上,踩在硅酸棉上到达熔炼炉流口处,用堵钎或备用堵钎将流口堵住,防止铝液继续流出。

(3)若熔炼炉流口无法堵上,应及时安排行车工向熔炼炉内加入铝锭或废料等固体材料,进行强行冷却,降低铝水的流动性,减少铝液流出。同时根据情况更换堵钎和堵套重新堵塞或用湿硅酸棉将流口周围堵住,防止再次漏铝。

(4)若出现停电、停气时,应立即组织人员撬开炉门,同时叉车工就近叉出铝锭到熔炼炉附近,采用人工向熔炼炉内投铝锭进行降温。

2. 铸轧过程发生铝液外泄

铸轧过程发生铝液外泄导致事故发生时,其应急措施如下:

(1)若发现机列流槽中的铝液异常上升铝水溢出,机列操作人员应相互配合立即用应急堵钎将保温炉流口堵住,轻轻用大锤或重物敲紧,待流槽铝水液面下降后,再将控流杆套上新堵套后堵住,使流口控流装置正常工作。

(2)若流槽液面无法下降,则迅速用专用工具清理流口积渣及更换新控流杆和堵套,重新堵塞,轻轻用大锤或重物敲紧。

3. 若保温炉工作流口损坏,流槽铝水液面迅速满起溢出

若保温炉工作流口损坏,流槽铝水液面迅速满起溢出导致事故发生,其应急措施如下:

(1)最先发现的人应及时向当班人员发出漏铝消息,机列炉组留一名操作人员在岗,其余人全部到达漏铝机列。

(2)待人员到达现场后,将应急硅酸棉铺在地面 2 层以上。从硅酸棉上踩过将前箱、流口箱、过滤箱流眼捅开放流,将流槽中铝液放出。

(3)堵漏人员从硅酸棉上踩过到达流口位置,用应急大堵钎套上堵套将保温炉工作流口堵住,并用大锤敲紧。

(4)组织人员进行保温炉放流和清理漏铝现场。放流后更换保温炉流口砖。

4. 流槽遭外力损坏产生大面积漏铝

流槽遭外力损坏产生大面积漏铝导致事故发生时,其应急措施如下:

(1)最先发现的人员应及时向当班人员发出漏铝消息,机列炉组留一名操作人员在岗,其余人全部到达漏铝机列。

(2)待人员到达现场后,将应急硅酸棉铺在地面 2 层以上。从硅酸棉上踩过到达流口位置,用应急大堵钎套上堵套将保温炉工作流口堵住,并用大锤敲紧。

(3)从硅酸棉上踩过将前箱、流口箱、过滤箱流眼捅开放流,将流槽中铝液放出。

(4)组织人员清理漏铝现场。

5. 胀缩轴无法正常工作,导致无法卸卷

将给进的铝板用剪板机分段剪切。设备维修人员应同时配合抢修胀缩轴,若短时间无法修复应采取停机措施。

6. 铸轧机列临时停电

铸轧机列临时停电导致事故发生,其应急措施如下:

(1)先用堵钎堵住保温炉流眼。

(2)组织人员先将流槽过滤系统、前箱内铝液放流,使用液化气枪加热除气炉和机列附属设备内铝液,然后再根据来电时间,决定是否将除气炉及其他流槽附属设备中的铝液放流。

7. 铸轧意外停水、停气

铸轧意外停气时,应立即组织人员抢修,同时密切关注保温炉的铝液温度,若时间较长,保温炉铝液温度明显下降的,应用硅酸棉将流槽各个位置紧密覆盖,并提高除气炉铝液加热设定温度。若还无法及时恢复供气的,则应立即停机放出保温炉内铝液。

8. 轧制过程辊套表面意外破裂

发现辊套表面意外破裂时应关闭辊套水泵阀门并停机，辊套周围应设立警戒区域禁止人员靠近，其后按停机步骤操作。

9. 立板过程中夹送辊出现故障

夹送辊短时间无法夹紧短时间内对生产、安全无影响，时间长了会引起粘辊（即板坯粘到辊面上），故发生此故障时，应采取相关措施（如降速，增加辊面润滑）防止粘辊；若已经粘辊并且板坯旋转到牌坊架底部或顶部，最好停机处理，也可采取断带处理，从新牵引出板头。

10. 剪刀无法正常工作

若铸轧过程中发生剪刀无法剪下导致卷径或卷重超过机列设计要求仍无法修复时，应停机处理；若剪刀卡在板坯上，应及时采取措施（大锤敲、压板坯）让剪刀和板坯分离，同时降低带速；处理过程中剪刀前的板坯会拱起，此时在处理时应注意人或手禁止站在或钻到板坯底下，以防夹伤。若大锤敲、压板坯的措施仍无法奏效，应立刻停机处理。

11. 液化气瓶间发生火情时

液化气瓶间发生火情导致事故发生，其急措施如下：

（1）操作人员应立即采取措施关闭漏气液化气瓶阀门开关，利用现场消防设施进行灭火，并通知消防部门，同时向调度员或安环员报告。

（2）调度员或安环员接到通知赶到现场后应设置隔离区域，禁止无关人员靠近该区域并组织人员动用消防设施进行灭火。

（3）当消防队到达现场后，现场人员应配合消防队进行灭火。

案例分析

案例场景

B 金属制品有限公司，共有员工 450 人，占地空间 4.8×10^4 m^2 该企业的核心业务是电镀铝合金轮毂，主要从事铝合金表面处理，表面镀层有铜、镍、铬；对高低档铝合金制品均可进行电镀加工。

2020 年 8 月 2 日 7 时 37 分左右，B 金属制品有限公司汽车轮毂抛光车间突然冒起一大股白色烟雾，大约 10 s 之后烟雾由白色转变为青灰色，并且越来越浓烈；7 时 39 分，汽车轮毂抛光车间发生爆炸。7 点 42 分左右，烟雾已经蔓延至整个厂区。随后警方和 120 急救人员赶到，与附近的一些群众一起将受伤人员送上救护车。

经事故调查后初步判断，爆燃是由于企业存在的问题和隐患长期没有得到解决，粉尘浓度超标，遇到火源，发生爆炸。爆燃是金属粉尘被引燃引发的。这些物质附着性较强，裹在人身上难以甩脱。这导致企业 50% 员工烧伤面积超过 90%，伤势最轻的烧伤面积也超过 50%，几乎所有员工都是深度烧伤。

知识点讲解

考点一　粉尘爆炸的要素

粉尘爆炸的 5 个要素：氧气、可燃性粉尘、点火源、扩散（粉尘云）和受限空间。

提示

职业病危害严重的用人单位每三年至少进行 1 次职业病危害现状评价。

考点二　粉尘可能引起的尘肺病

(1)矽肺。
(2)煤工尘肺。
(3)石墨尘肺。
(4)炭黑尘肺。
(5)石棉肺。
(6)滑石尘肺。
(7)水泥尘肺。
(8)云母尘肺。
(9)陶工尘肺。
(10)铝尘肺。
(11)电焊工尘肺。
(12)铸工尘肺。
(13)其他尘肺。

考点三　消除和降低粉尘危害的技术措施

本案例中,B 金属制品有限公司结合本次事故,制定消除和降低粉尘危害的技术措施:

(1)改革工艺流程,使生产过程机械化、密闭化、自动化。

(2)湿式作业。

(3)不能采取湿式作业的场所采用密闭、抽风、除尘的方法。

(4)个体防护和个人卫生,作业时佩戴防尘护具,B 企业也要加强对员工的教育培训、现场的安全检查以及对防尘的综合管理等。

考点四　事故调查

(1)特别重大事故由国务院或者国务院授权有关部门组织事故调查组进行调查。

(2)重大事故、较大事故、一般事故分别由事故发生地省级人民政府、设区的市级人民政府、县级人民政府负责调查。省级人民政府、设区的市级人民政府、县级人民政府可以直接组织事故调查组进行调查,也可以授权或者委托有关部门组织事故调查组进行调查。

(3)未造成人员伤亡的一般事故,县级人民政府也可以委托事故发生单位组织事故调查组进行调查。

提示

根据该考点,可以延伸到诸多其他考点,如报告事故的内容、事故监督部门、事故调查组的组成人员、不同事故类型的处理与批复等。考生须参照《生产安全事故报告和调查处理条例》着重记忆。

同步自测

一、单项选择题(每题的备选项中,只有1个最符合题意)

1. 有色金属压力加工中,主要采用轧制、拉拔、挤压、旋压等方法生产,其中铝与铝合金的线材加工主要采用的方法是(　　)。

A. 拉拔法　　B. 轧制法

C. 旋压法　　D. 挤压法

2. 采取顶上加料方式的圆形熔炼炉,在投料时,熔炼炉周围(　　)m以内不允许站人。

A. 10　　B. 15

C. 20　　D. 25

3. 关于除气炉系统安全操作要求的说法,错误的是(　　)。

A. 扒渣或清理炉内部件时应戴面罩

B. 若因工艺需要清理除气炉炉盖夹渣时,炉盖离铝液表面高度应低于30 cm

C. 需检查石墨转子电机故障,应关闭相应电源

D. 严禁使用四氯化碳等禁用的有毒气体进行在线除气

4. 关于熔炼炉安全操作要求的说法,错误的是(　　)。

A. 采取顶上加料方式的圆形熔炼炉在投料时,熔炼炉周围15 m以内不允许站人

B. 使用揭盖机移动熔炼炉炉盖时,应设专人指挥以确保揭盖机与炉盖固定位对齐

C. 禁止从移开的炉盖、吊运中的加料斗底下通过

D. 带有再生床的蓄热式熔炼炉在进行更换氧化铝球时,需关闭供气、排烟装置,并做好警示标识

二、案例分析题

D有色金属加工企业的主要生产设备为金属切削机床、车床、铣床、磨床、钻床、锻床、冲床、剪床等,同时,车间还安装了3 t桥式起重机,配备了2辆叉车。根据该企业近几年的事故统计资料,大部分事故为机械伤害和物体打击事故。该有色金属加工企业的质检人员发现一些锻件表面存在龟裂现象。

2020年9月20日19时50分,工人丙在锻床上进行锻造作业时,因左手进入模具取料造成左手食指、中指、无名指及小指指尖被模具压伤的重伤事故。为使相关单位从中吸取教训,经过调查,事故发生过程如下。

2020年9月20日18时30分,锻造组根据生产需要,安排小组的所有人员回厂加班。19时15分,班组长甲安排乙师傅在锻床上给丙等三名新员工示范操作加压工作,准备让三名新员工正式开始上岗操作,但三名新员工均未取得上岗证。该操作需要两人共同完成,一人手动将加热好的金属坯料推入锻造设备,站在机台前方的另一人踩脚踏开关,使坯料发生塑性变形而获得锻件。19时35分,乙讲完操作程序和注意事项并示范操作后,看着丙和一名新工人配合作业十几块金属坯料后,就离开和另一名新工人在旁边另一台锻床上配合作业。19时50分,当丙伸左手推入新坯料时,左手食指、中指、无名指和小指被突然下压的锻锤锤头击伤,丙大叫一声,在旁边锻床作业的乙见状立即跑上前去将该锻造设备关闭,让丙将左手拉出,发现其左手的中指已从第二指节处压断,食指、无名指也只有皮肉相连,在现场的班组长甲立即将丙送至附近医院治疗。

根据以上场景,回答下列问题:

1. 该企业锻造采用的方法是哪种?请说明理由。

2. 锻件表面出现龟裂的原因可能有哪些？

3. 导致这起事故的直接原因和间接原因有哪些？

4. 为杜绝或减少此类锻床事故的发生，D 有色金属加工企业应采取哪些安全防范措施？

答案详解

一、单项选择题

1. A。【解析】有色金属压力加工中，主要采用轧制、拉拔、挤压、旋压等方法生产。其中铝与铝合金的线材加工主要采用拉拔法；管材、棒材、型材的加工主要采用挤压法。
2. B。【解析】采取顶上加料方式的圆形熔炼炉，在投料时，熔炼炉周围 10 m 以内不允许站人；使用揭盖机移动熔炼炉炉盖时，应设专人指挥以确保揭盖机与炉盖固定位对齐。
3. B。【解析】在线除气装置（除气炉系统）安全操作要求如下：(1) 新换上（修）炉子及停产时间长的炉子，要按烘炉制度进行烘炉。(2) 扒渣或清理炉内部件时应戴面罩，电气维修时，应切断除气炉设备相关电源，并固定好除气炉炉盖。(3) 需打开炉盖除气炉炉盖时，应先将流量、压力调整到较低值（一般为原来的一半），然后再慢慢打开炉盖。禁止直接打开炉盖。(4) 若因工艺需要清理除气炉炉盖夹渣时，炉盖离铝液表面高度应低于 40 cm，以防铝渣掉落引起铝液飞溅。更换转子时，取出转子应放在专用的架子上，以防灼烫伤人。新换石墨转子放入铝液中，应充分预热后逐渐放，若除气炉炉内为全密封设计的，应保证排气孔无堵塞，工作正常。(5) 需检查石墨转子电机故障，应关闭相应电源；设备维修人员在检查故障原因时，若需爬到除气炉炉盖上方时，应穿耐高温劳保鞋并专人监护，操作时应注意防止烫伤。(6) 严禁使用四氯化碳等禁用的有毒气体进行在线除气。
4. A。【解析】熔炼炉安全操作要求如下：(1) 采取顶上加料方式的圆形熔炼炉，在投料时，熔炼炉周围 10 m 以内不允许站人；使用揭盖机移动熔炼炉炉盖时，应设专人指挥以确保揭盖机与炉盖固定位对齐。禁止从移开的炉盖、吊运中的加料斗底下通过。(2) 带有再生床的蓄热式熔炼炉在进行更换氧化铝球时，需关闭供气、排烟装置，并做好警示标识。

二、案例分析题

【答案】

1. 该企业锻造采用的方法是机器自由锻。理由：机器自由锻的施工工艺是将加热好的金属坯料放在锻造设备的上、下砧铁之间，在锻锤的冲击力或压力的作用下，使其发生塑性变形而获得锻件。
2. 锻件表面出现龟裂的原因有：

   (1) 钢中铜、锡、砷、硫含量过多。

   (2) 始锻温度过高。
3. 导致这起事故的直接原因有：

   (1) 操作者违章作业，在无辅助工具的情况下，直接手动将加热好的金属坯料推入锻造设备。

   (2) 设备无安全防护装置，使用脚踏开关。

   导致这起事故的间接原因有：

   (1) 车间、班组违章指挥工人上岗作业。

(2)新工人岗位培训管理不规范。

(3)工件模具存在缺陷。

(4)锻造设备存在安全隐患。

4. 该企业应采取的安全防范措施有:

(1)应选择本质安全性能较好的锻造设备。

(2)在锻造设备上安装安全防护装置。

(3)工件模具选用、安装合适,防止其飞出伤人。

(4)锻造工人应严格执行操作规程。

(6)加强对机械设备的检查、维护、保养工作,发现机械设备有问题,及时进行维修。

(7)加强对操作人员的安全教育,完善新员工岗位培训管理,提高工人的安全意识。

(8)配置个体防护用品。

【解析】

1. 本案例第1问主要考查的是锻造的方法。锻造的方法一般有自由锻、模锻和特殊锻造。自由锻是指将加热好的金属坯料放在锻造设备的上、下砧铁之间。在冲击力或压力的作用下,发生塑性变形而获得锻件的锻造方法。自由锻有手工自由锻和机器自由锻两类。前者靠手锤和钳子在砧铁上锻打工件,打击力来自锻工本身。后者靠锻锤(主要是空气锤)和钳子在砧座上锻打工件,打击力来自锻锤。模锻是指金属坯料在具有一定形状的锻模模膛内,受冲击力或静压力而产生塑性变形的加工方法。特殊锻造适用于生产某些特殊形状的零件。

2. 本案例第2问主要考查锻件产生龟裂的原因。自由锻生产过程中产生的主要缺陷有表面横向裂纹、内部横向裂纹、表面纵向裂纹、内部纵向裂纹、炸裂、自行开裂、龟裂、过烧等。其中,龟裂现象是指锻件表面出现龟甲状较浅裂纹,其产生的原因有:(1)钢中铜、锡、砷、硫含量过多。(2)始锻温度过高。

3. 本案例第3问主要考查锻造事故发生的直接原因和间接原因。锻造设备的锻锤加工区是危险区域,送料、接料时严禁将手或身体其他部分伸入危险区内。在无辅助工具的情况下,丙直接手动将加热好的金属坯料推入锻造设备,导致手指被突然下压的锻锤击伤。另外,锻造设备无防护装置,操作者可能误踩脚踏开关,锻锤突然下压从而导致事故发生。在丙等新员工未经考核取得上岗证的情况下,车间、班组违章指挥安排其独立上岗操作是事故发生的主要原因。在乙讲完操作程序和注意事项并示范操作后,就让丙等三名新员工独立上岗作业,说明D有色金属加工企业的岗位培训管理方式十分不规范,这也是事故发生的原因之一。根据规定,入厂新员工在未取得操作证的情况下,只能在师傅的带领下做辅助工作,不能单独上机操作。另外,车间、班组未配备适当的辅助工具将金属坯料送入锻造设备,在设备本质安全性得不到保证的条件下安排生产,增加了事故发生的可能性。

4. 本案例第4问主要考查锻床事故的安全防范措施。D有色金属加工企业应采取的安全防范措施详见答案。

第八章　煤气安全

知识架构

- 煤气安全
  - 煤气的基本知识
    - 冶金煤气的定义
    - 冶金煤气的种类
      - 焦炉煤气、高炉煤气、转炉煤气、发生炉煤气
    - 煤气的主要成分
      - 一氧化碳、二氧化碳、氢气、甲烷、氮气、碳氢化合物
    - 煤气的性质
      - 易燃、易爆、有毒
  - 煤气生产、回收与净化安全要求
    - 发生炉煤气的生产与净化
    - 水煤气（含半水煤气）的生产与净化
    - 高炉煤气的回收与净化
    - 焦炉煤气的回收与净化
    - 转炉煤气的回收与净化
  - 煤气柜的安全要求
    - 湿式煤气柜
      - 区域布置
      - 设备结构
      - 湿式煤气柜的检验
    - 干式煤气柜
      - 区域布置
      - 设备结构
      - 干式煤气柜的检验
  - 煤气加压站和混合站的安全要求
    - 煤气加压站、混合站、抽气机室建筑物的安全要求
    - 煤气加压站和混合站的一般规定
  - 煤气管道的安全要求
    - 煤气管道的结构与施工
    - 煤气管道的敷设
    - 煤气管道的防腐
    - 煤气管道的试验
    - 煤气管道的不停输封堵
  - 煤气设备与管道附属设备的安全要求
    - 燃烧装置
    - 隔断装置
    - 放散装置
    - 冷凝物排水器
    - 蒸汽管、氮气管
    - 补偿器
    - 泄爆阀
    - 人孔、手孔及检查管
    - 管道标志和警示牌

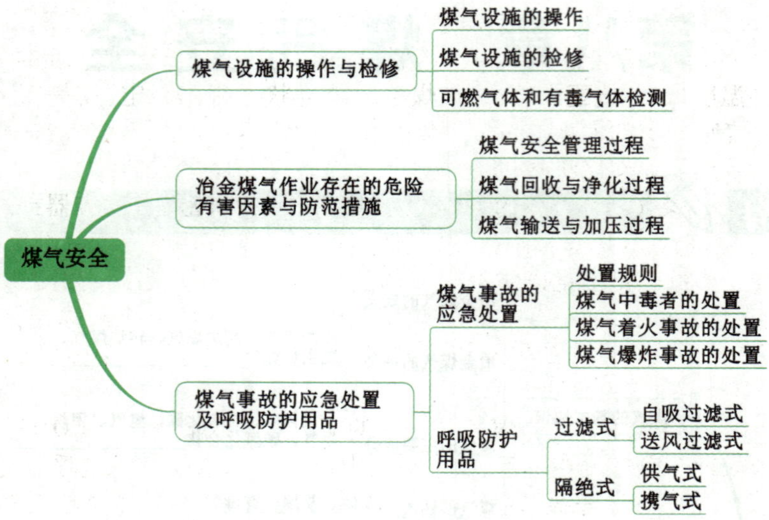

考点解读

考点一　煤气的基本知识

1. 冶金煤气的定义

冶金煤气是在炼钢、炼铁、炼焦、发生炉、铁合金生产过程中产生的含有大量 CO 的可燃性混合气体。

2. 冶金煤气的种类

煤气的成分一般受制气原料和煤气的生产、回收工艺方法的不同，其组成和相应成分所占的百分比也不尽相同，常见的冶金煤气如表 8-1 所示。

表 8-1 常见的冶金煤气

种类	内容
焦炉煤气	这种煤气是炼焦煤在炼焦炉碳化室中经过高温干馏，在产出焦炭的同时所产生的一种可燃气体，是炼焦工业的副产品。焦炉煤气无色、有异味
高炉煤气	这种煤气是高炉炼铁过程中产生的含有一氧化碳、氢等可燃气体的高炉排气。高炉煤气无色
转炉煤气	这种煤气是在转炉炼钢过程中，铁水中的碳在高温下和吹入的氧生成一氧化碳和少量二氧化碳的混合气体。转炉煤气无色，具有铁腥味
发生炉煤气	这种煤气是一种专门制作的气体燃料，因用煤气发生炉生产而得名。在充满固体燃料的竖式煤气发生炉的下部，通入空气和水汽的混合物，使之穿过灼热的固体燃料层而制得

3. 煤气的主要成分

煤气的主要成分包括一氧化碳、氢气、甲烷、二氧化碳、氮气、碳氢化合物。

4. 煤气的性质

煤气具有易燃、易爆、有毒的性质，故易发生燃烧、爆炸、中毒事故，具体内容如下：

(1)煤气的燃烧。燃烧应具备的条件包括：有可燃物质；有助燃物质；有火源。上述三个条件在燃烧过程中缺一不可,统称燃烧的三要素。注意“回火”“脱火”都不是稳定的燃烧状态,在实际工作中要禁止。“回火”与“脱火”通常在点火初期产生,此时(加热窑炉、锅炉等)炉体内温度低,燃烧配风要调整,煤气的燃烧状态很不稳定,煤气压力的波动、配风数量的高低、烧咀开关的大小等因素都会引起“回火”或“脱火”。煤气窑炉的点火要特别慎重,严密监视煤气的燃烧状况,防止“回火”或“脱火”事故的发生。

(2)煤气爆炸。煤气爆炸产生的条件有:在密闭(或相对密闭)的容器或空间内;煤气与空气(或氧气)混合在其爆炸极限内;遇火源或高温。煤气在空气中的浓度低于某一极限时,氧化反应产生的热量不足以弥补散失的热量,则燃烧不能进行;浓度超过某一极限时,由于缺氧也无法燃烧。前一浓度极限称为着火下限,后一浓度极限称为着火上限。着火极限也称为爆炸极限。爆炸的下限越低,爆炸的浓度范围越大,燃爆的危险性就越大。爆炸极限可作为确定可燃气体火灾危险性类别的标准。

(3)煤气中毒。煤气中毒是指煤气成分中的CO中毒。煤气中的CO是一种无色、无味的气体,它能长期与空气混在一起,如果空气中存在CO,人就能通过呼吸将CO吸入肺内。正常情况下,人体通过呼吸,使吸入肺中的氧与血液中的Hb(血红蛋白)结合形成HbO_2(氧合血红蛋白)参与人体正常的细胞供氧工作;由于CO和Hb(血红蛋白)结合成HbCO(碳氧血红蛋白)的亲和力要比O_2与Hb(血红蛋白)结合形成HbO_2(氧合血红蛋白)的亲和力大200~300倍,而且HbCO在常压下Hb与CO脱离速度为HBO_2的1/3 600,所以人一旦吸入CO即会形成肌体细胞得不到氧气供应,从而出现中毒症状。急性中毒通常可分为重度、中毒和轻度中毒三个级别。

典型例题

【单选题】冶金煤气是在炼钢、炼铁、炼焦、发生炉、铁合金生产过程中产生的含有大量CO的可燃性混合气体。关于冶金煤气性质的说法,正确的是(　　)。

A. 煤气发生“回火”“脱火”都属于稳定的燃烧状态

B. 煤气浓度超过爆炸上限时,爆炸会更加强烈

C. 煤气爆炸的下限越低,爆炸的浓度范围越小

D. 煤气中毒主要是指煤气成分中的CO中毒

D。【解析】“回火”“脱火”都不是稳定的燃烧状态,在实际工作中要禁止。故选项A错误。煤气浓度超过爆炸上限时,由于缺氧也无法燃烧。故选项B错误。爆炸的下限越低,爆炸的浓度范围越大,燃爆的危险性就越大。故选项C错误。

考点二　煤气生产、回收与净化安全要求

1. 发生炉煤气的生产与净化

(1)区域布置。

①发生炉煤气站的设计应符合《发生炉煤气站设计规范》的规定。

②室外煤气净化设备、循环水系统、焦油系统和煤场等建筑物和构筑物,宜布置在煤气发生站的主厂房、煤气加压机间、空气鼓风机间等的常年最小频率风向的上风侧,并应防止冷却塔散发的水雾对周围的影响。

③新建冷煤气发生站的主厂房和净化区与其他生产车间的防火间距应符合《建筑设计防火规范》的规定。

④非煤气发生站的专用铁路、道路不得穿越站区。

⑤煤气发生站区应设有消防车道。附属煤气车间的小型热煤气站的消防车道,可与邻近厂房的消防车道统一考虑。

⑥煤气发生炉厂房与生产车间的距离应符合《建筑设计防火规范》的有关规定。

⑦煤气加压机与空气鼓风机宜分别布置在单独的房间内,如布置在同一房间,均应采用防爆型电气设备。

(2)厂房建筑的安全要求。

①煤气发生站主厂房的设计应符合下列要求:主厂房属乙类生产厂房、其耐火等级不应低于二级。主厂房为无爆炸危险厂房，但贮煤层应采取防爆措施。当贮煤斗内不可能有煤气漏入时,或贮煤层为敞开或半敞开建筑时,贮煤层属 22 区火灾危险环境。主厂房各层应设有安全出口。

②煤气站其他建筑应符合下列要求:焦油泵房、焦油库属 21 区火灾危险环境;煤场属 23 区火灾危险环境;贮煤斗室、破碎筛分间、运煤皮带通廊属 22 区火灾危险环境;煤气管道排水器室属有爆炸危险的乙类生产厂房,应通风良好,其耐火等级不应低于二级。

③煤气发生站中央控制室应设有调度电话和一般电话,并设有煤气发生炉进口饱和空气压力计、温度计、流量计、煤气发生炉出口煤气压力计、温度计、煤气高低压和空气低压报警装置、主要自动控制调节装置,连锁装置及灯光信号等。

(3)设备结构。

①煤气发生炉炉顶设有探火孔者,探火孔应有汽封,以保证从探火孔看火及插扦时不漏煤气。

②带有水夹套的煤气炉设计、制造、安装和检验应遵守现行有关锅炉压力容器的安全管理规定。煤气发生炉水夹套的给水规定,要遵照相关规定执行。水套集汽包应设有安全阀、自动水位控制器,进水管应设止回阀,严禁在水夹套与集汽包连接管上加装阀门。

③煤气发生炉的进口空气管道上,应设有阀门、止回阀和蒸汽吹扫装置。空气总管末端应设有泄爆装置和放散管,放散管应接至室外。

④煤气发生炉的空气鼓风机应有两路电源供电。两路电源供电有困难的,应采取防止停电的安全措施。

⑤从热煤气发生炉引出的煤气管道应有隔断装置,如采用盘形阀,其操作绞盘应设在煤气发生炉附近便于操作的位置,阀门前应设有放散管。

⑥以烟煤气化的煤气发生炉与竖管或除尘器之间的接管,应有消除管内积尘的措施。

⑦新建、扩建煤气发生炉后的竖管、除尘器顶部或煤气发生炉出口管道,应设能自动放散煤气的装置。

⑧每台煤气发生炉的煤气输入网路(或加压)前应进行含氧量分析,含氟量大于 1% 时,禁止并入网路。

⑨连续式机械化运煤和排渣系统的各机械之间应有电气联锁。

典型例题

【单选题】发生炉煤气站的设计应符合相关规范的规定,关于发生炉煤气站的区域布置的说法,错误的是(　　)。

A. 室外煤气净化设备宜布置在煤气发生站的主厂房的常年最小频率风向的上风侧

B. 非煤气发生站的专用道路可以穿越站区

C. 附属煤气车间的小型热煤气站的消防车道,可与邻近厂房的消防车道统一考虑

D. 煤气加压机与空气鼓风机宜分别布置在单独的房间内

B。【解析】非煤气发生站的专用铁路、道路不得穿越站区。故选项 B 错误。

2. 水煤气(含半水煤气)的生产与净化

(1)区域布置。

①水煤气生产厂房应位于厂区主要建筑物和构筑物常年最小频率风向的上风侧。

②多台水煤气发生炉之间的中心距离应符合相关规定。

③水煤气生产车间的操作控制室可贴邻本车间设置,但应有防火墙隔开。控制室内必须设有调度电话,与使用煤气的车间保持联系,合理分配煤气使用量,以保证管道系统压力稳定。

④水煤气生产车间应设有专用的分析站,除进行生产控制指标分析外,还应定时作安全指标分析测定。

⑤间歇式水煤气炉的排放烟囱应单独设立,不宜和其他煤气设备共用烟道。

(2)厂房建筑的安全要求。

①水煤气生产厂房宜单排布置,厂房的火灾危险性属于甲类,厂房的耐火等级不低于二级。半水煤气生产厂房的火灾危险性属于乙类(如同一装置生产水煤气和半水煤气时,应按水煤气要求处理)。

②水煤气生产厂房一般采用敞开式或半敞开式。宜采用不发生火花的地面,地面应平整并易于清扫。每层厂房应设有安全疏散门和楼梯。水煤气生产厂房的区域内应设有消防车道。

③水煤气生产厂房的电气设备按防爆要求设计。

(3)设备结构。

①水煤气发生炉的料仓层宜有通风设施。煤、焦料仓的漏斗与煤气炉进料口之间的加料器宜采用密封或局部密封。

②通向煤气炉的空气管道的末端应设有泄爆膜和放散管。

③洗涤塔排水管的水封有效高度为洗涤塔计算压力水柱高度至少加 500 mm。

④电除尘器入口、出口管道应设可靠的隔断装置;电除尘器入口、出口应设煤气压力计。电除尘器中水煤气的含氧量,正常操作时应小于 0.6%;大于 0.6% 时,应发出报警信号;达到 0.8% 时,应立即切断电除尘器的电源;电除尘器应设有放散管及泄爆装置。

⑤水煤气(半水煤气)的含氧量应严格控制,一般设自动分析仪,并应有人工分析进行定期抽查。正常情况下,总管煤气含氧量应小于 0.6%;单台炉系统煤气含氧量达到 1% 时,该炉必须停车。

3. 高炉煤气的回收与净化

(1)区域布置。

①新建高炉应布置在居民区常年最小频率风向的上风侧,且厂区边缘距居民区边缘的距离应不小于 1 000 m。

②新建高炉的除尘器应位于高炉铁口、渣口 10 m 以外的地方。旧有设备不符合上述规定的,应在改建时予以解决。

③新建高炉煤气区附近应避免设置常有人工作的地沟,如必须设置,应使沟内空气流通,防止积存煤气。

④厂区办公室、生活室宜设置在厂区常年最小频率风向的下风侧,离高炉 100 m 以外的地点。炉前休息室、浴室、更衣室可不受此限。

⑤厂区内的操作室、仪器仪表室应设在厂区夏季最小频率风向的下风侧,不应设在经常可能泄漏煤气的设备附近。

⑥新建的高炉煤气净化设备应布置在宽敞的地区,保证设备间有良好的通风。各单

独设备(洗涤塔、除尘器等)间的净距不应少于2 m,设备与建筑物间的净距不应少于3 m。

(2)设备结构。

①高炉应符合下列规定:高炉冷却设备与炉壳、风口、渣口以及各水套均应密封严密;软探尺的箱体、检修孔盖的法兰、链轮或绳轮的转轴轴承应密封严密;硬探尺与探尺孔之间应用蒸汽或氮气密封;高炉炉顶装料设备应符合相关要求。

②重力除尘器应符合下列规定:除尘器应设置蒸汽或氮气的管接头;除尘器顶端至切断阀之间,应有蒸汽、氮气管接头。除尘器顶及各煤气管道最高点应设放散阀。

③每座高炉煤气净化设施与净煤气总管之间,应设可靠的隔断装置。

④电除尘器入口、出口管道应设可靠的隔断装置;电除尘器应设有当高炉煤气含氧量达到1%时,能自动切断电源的装置;电除尘器应设有放散管、蒸汽管、泄爆装置。

4. 焦炉煤气的回收与净化

(1)区域布置。

①新建焦炉应布置在居民区常年最小频率风向的上风侧,其厂区边缘与居民区边缘相距应在1 000 m以上,中间应隔有防护林带。

②在钢铁联合企业中,焦炉宜靠近炼铁并与高炉组轴线平行布置。焦炉组纵轴应与常年最大频率风向夹角最小。

③新建焦化厂的办公,生活和卫生设施应布置在厂区常年最小频率风向的下风侧。

(2)煤气冷却及净化区域布置。

①新建焦炉煤气冷却,净化区应布置在焦炉的机侧或一端,其建(构)筑物最外边线距焦炉炉体边线应不小于40 m。中、小型焦炉可适当减小,但不应小于30 m。

②新建煤气冷却、净化区内煤气系统的各种设施的布置应符合下列要求:煤气初冷器(塔)应正对抽气机室,按单行横向排列,初冷器出口煤气集合管中心线与抽气机室的行列线距离应不小于10 m;煤气冷却、净化系统的各种塔器与厂区专用铁路中心线的距离应不小于20 m,与厂区主要道路的最近边缘的距离应不小于10 m。

(3)设备结构。

①煤气回收系统的设备结构应符合下列规定:

a. 装煤车的装煤漏斗口上应有防止煤气,烟尘泄漏的设施。炭化室装煤孔盖与盖座间,炉门与炉门门框间应保持严密。

b. 上升管内应设氮水、蒸汽等喷射设施;一根集气管应设两个放散管,分别设在吸气弯管的两侧;并应高出集气管走台5 m以上,放散管的开闭应能在集气管走台上操作;集气管一端应装有事故用工业水管;集气管上部应设清扫孔,其间距以及平台的结构要求,均应便于清扫全部管道,并应保持清扫孔严密不漏。

c. 采用双集气管的焦炉,其横贯管高度应能使装煤车安全通过和操作,在对着上升管口的横贯管管段下部设防火罩。

d. 在吸气弯管上应设自动压力调节翻板和手动压力调节翻板。

e. 焦炉地下室应加强通风,两端应有安全出口,并应设有斜梯。地下室煤气分配管的净空高度不小于1.8 m。

f. 交换装置应按先关煤气,后交换空气、废气,最后开煤气的顺序动作。要确保炉内气流方向符合焦炉加热系统图。交换后应确保炉内气流方向与交换前完全相反,交换装置的煤气部件应保持严密。

②煤气冷却、净化系统的设备结构应符合下列规定:

a. 煤气冷却及净化系统中的各种塔器,应设有吹扫用的蒸汽管。

b. 各种塔器的入口和出口管道上应设有压力计和温度计；塔器的排油管应装阀门，油管浸入溢油槽中，其油封有效高度为计算压力加500 mm。

c. 电捕焦油器设在抽气机前时，煤气入口压力允许负压，可不设泄爆装置。在鼓风机后，应设泄爆装置，设自动的连续式氧含量分析仪，煤气含氧量达1%时报警，达2%时切断电源。

5. 转炉煤气的回收与净化

(1) 区域布置。

①转炉煤气回收净化系统的设备、机房、煤气柜以及有可能泄漏煤气的其他构件，应布置在主厂房常年最小频率风向的上风侧。

②各单体设备之间以及它们与墙壁之间的净距应不小于1 m。

③抽气机室可设在主厂房内，但应遵守下列规定：与主厂房建筑隔断；废气应排至主厂房外。

(2) 设备结构。

①转炉煤气活动烟罩或固定烟罩应采用水冷却，罩口内外压差保持稳定的微正压。烟罩上的加料孔，氧枪、副枪插入孔和料仓等应密封充氮，保持正压。

②转炉煤气回收设施应设充氮装置及微氧量和一氧化碳含量的连续测定装置。当煤气含氧量超过2%或煤气柜位高度达到上限时应停止回收。

③每座转炉的煤气管道与煤气总管之间应设可靠的隔断装置。

④转炉煤气抽气机应一炉一机，放散管应一炉一个，并应间断充氮，不回收煤气时，应点燃放散。

⑤湿法净化装置的供水系统应保持畅通，确保喷水能熄灭高温气流的火焰和炽热尘粒。脱水器应设泄爆膜。采用半干半湿和干法净化的系统，排灰装置应保持严密。

⑥煤气回收净化系统应采用两路电源供电。

⑦活动烟罩的升降和转炉的转动应联锁，并应设有断电时的事故提升装置。

⑧转炉煤气抽风机应适应转炉烟气的特点，在调节抽气量时，其压力变化不大，同时风机在小风量运转时不喘震，应具有良好的密封性和防爆性能。

⑨转炉操作室和抽气机室、加压机房之间应设直通电话和声光讯号，加压机房和煤气调度之间设调度电话。

⑩转炉煤气回收净化区域应设消防通道。

⑪转炉煤气电除尘器应符合下列规定：电除尘器入口、出口管道应设可靠的隔断装置；电除尘器应设有当转炉煤气含氧量达到1%时，能自动切断电源的装置；电除尘器应设有放散管及泄爆装置。

典型例题

【单选题】转炉煤气回收净化系统的各单体设备之间以及它们与墙壁之间的净距应不小于(　　)m。

A. 1　　B. 1.5

C. 2　　D. 2.5

A。【解析】转炉煤气回收净化系统的设备、机房、煤气柜以及有可能泄漏煤气的其他构件，应布置在主厂房常年最小频率风向的上风侧。各单体设备之间以及它们与墙壁之间的净距应不小于1 m。

考点三　煤气柜的安全要求

1. 湿式煤气柜

(1)区域布置。

①新建湿式柜不应建设在居民稠密区，应远离大型建筑，仓库、通信和交通枢纽等重要设施，并应布置在通风良好的地方；煤气柜周围应设有围墙、消防车道和消防设施，柜顶应设防雷装置。

②湿式柜的防火要求以及与建筑物，堆场的防火间距，应符合《建筑设计防火规范》的规定。湿式可燃气体储罐与建筑物、储罐、堆场等的防火间距不应小于表 8-2 的规定。

表 8-2　湿式可燃气体储罐与建筑物、储罐、堆场等的防火间距/m

<table>
<tr><th colspan="2" rowspan="2">名称</th><th colspan="5">湿式可燃气体储罐的总容积 V/m^3</th></tr>
<tr><th>$V<1\ 000$</th><th>$10\ 000\leqslant V<10\ 000$</th><th>$10\ 000\leqslant V<50\ 000$</th><th>$50\ 000\leqslant V<100\ 000$</th><th>$100\ 000\leqslant V<300\ 000$</th></tr>
<tr><td colspan="2">甲类仓库</td><td rowspan="5">20</td><td rowspan="5">25</td><td rowspan="5">30</td><td rowspan="5">35</td><td rowspan="5">40</td></tr>
<tr><td colspan="2">甲、乙、丙类液体储罐</td></tr>
<tr><td colspan="2">可燃材料堆场</td></tr>
<tr><td colspan="2">室外变、配电站</td></tr>
<tr><td colspan="2">明火或散发火花的地点</td></tr>
<tr><td colspan="2">高层民用建筑</td><td>25</td><td>30</td><td>35</td><td>40</td><td>45</td></tr>
<tr><td colspan="2">裙房，单、多层民用建筑</td><td>18</td><td>20</td><td>25</td><td>30</td><td>35</td></tr>
<tr><td rowspan="3">其他建筑</td><td>一、二级</td><td>12</td><td>15</td><td>20</td><td>25</td><td>30</td></tr>
<tr><td>三级</td><td>15</td><td>20</td><td>25</td><td>30</td><td>35</td></tr>
<tr><td>四级</td><td>20</td><td>25</td><td>30</td><td>35</td><td>40</td></tr>
</table>

注：固定容积可燃气体储罐的总容积按储罐几何容积(m^3)和设计储存压力(绝对压力，10^5 Pa)的乘积计算。

③可燃气体储罐(区)之间的防火间距应符合下列规定：

a. 湿式可燃气体储罐或干式可燃气体储罐之间及湿式与干式可燃气体储罐的防火间距，不应小于相邻较大罐直径的 1/2。

b. 固定容积的可燃气体储罐之间的防火间距不应小于相邻较大罐直径的 2/3。

c. 固定容积的可燃气体储罐与湿式或干式可燃气体储罐的防火间距，不应小于相邻较大罐直径的 1/2。

d. 数个固定容积的可燃气体储罐的总容积大于 200 000 m^3 时，应分组布置。卧式储罐组之间的防火间距不应小于相邻较大罐长度的一半；球形储罐组之间的防火间距不应小于相邻较大罐直径，且不应小于 20 m。

④可燃、助燃气体储罐与铁路、道路的防火间距不应小于表 8-3 的规定。

表 8-3　可燃、助燃气体储罐与铁路、道路的防火间距/m

名称	厂外铁路线中心线	厂内铁路线中心线	厂外道路路边	厂内道路路边	
				主要	次要
可燃、助燃气体储罐	25	20	15	10	5

(2)设备结构。

①湿式柜每级塔间水封的有效高度,应不小于最大工作压力的 1.5 倍。

②湿式柜出入口管道上应设隔断装置,出入口管道最低处应设排水器。出入口管道的设计应能防止煤气柜地基下沉所引起的管道变形。

③湿式柜上应有容积指示装置,柜位达到上限时应关闭煤气入口阀,并设有放散设施,还应有煤气柜位降到下限时,自动停止向外输出煤气或自动充压的装置。

④湿式柜应设操作室,室内设有压力计、流量计、高度指示计,容积上、下限声光讯号装置和联系电话。

⑤湿式柜的水封在寒冷地带应采取相应的防冻措施;湿式柜需设放散管、人孔、梯子,栏杆;湿式柜柜顶和柜壁外的爆炸性气体环境危险区域的范围应遵守相关规范的规定。

(3)湿式煤气柜的检验。

①湿式柜施工完毕,应检查柜体内外涂刷的防腐油漆和水槽底板上浇的沥青层是否符合设计要求。

②湿式柜安装完毕,应进行升降试验,以检查各塔节升降是否灵活可靠,并测定每一个塔节升起或下降后的工作压力是否与设计的工作压力基本一致。有条件的企业可进行快速升降试验,升降速度可按 1.0～1.5 m/min 进行。没有条件的企业可只做快速下降试验。升降试验应反复进行,并不得少于 2 次。

③湿式柜安装完毕后应进行严密性试验。严密性试验方法分为涂肥皂水的直接试验法和测定泄漏量的间接试验法两种,无论采用何种试验方法,只要符合要求都可认为合格。

a. 直接试验法:在各塔节及钟罩顶的安装焊缝全长上涂肥皂水,然后在反面用真空泵吸气,以无气泡出现为合格。

b. 间接试验法:将气柜内充入空气,充气量约为全部贮气容积的 90%。以静置 1 d 后的柜内空气标准容积为起始点容积,以再静置 7 d 后的柜内空气标准容积为结束点容积,起始点容积与结束点容积相比,泄漏率不超过 2% 为合格。测定的柜内空气容积折算成标准容积应用下式计算:

$$V_N = V_t \frac{273 \times (B + P - \omega)}{760 \times (273 + t)}$$

式中:V_N——标准状态下的气体容积数值,单位为立方米(m^3);

V_t——测定的(平均温度为 t ℃及大气压力为 B 毫米汞柱)湿式柜内空气容积数值,单位为立方米(m^3);

B——在湿式柜的 1/2 高度处所测定的大气压数值,单位为毫米汞柱(mmHg);

P——湿式柜工作压力数值,单位为毫米汞柱(mmHg);

ω——湿式柜内饱和水蒸气分压数值,单位为毫米汞柱(mmHg);

t——充入湿式柜内空气各点的平均温度单位为摄氏度(℃)。

提示

气柜在静置 7 d 的试验期内，每天都应测定一次，并选择日出前、微风时，大气温度变化不大的情况下进行测定。如遇暴风雨等温度波动较大的天气时，测定工作应顺延。

典型例题

【单选题】煤气柜分为湿式煤气柜和干式煤气柜。关于湿式煤气柜安全要求的说法，正确的是(　　)。

A. 新建湿式煤气柜时，应邻近仓库、通信和交通枢纽等重要设施

B. 总容积为 8 000 m^3 的湿式煤气柜，与甲类仓库的防火间距不应小于 30 m

C. 湿式柜每级塔间水封的有效高度，应不小于最大工作压力的 1.5 倍

D. 湿式煤气柜出入口管道最低处应设隔断装置

C。【解析】新建湿式柜不应建设在居民稠密区，应远离大型建筑，仓库、通信和交通枢纽等重要设施，并应布置在通风良好的地方。故选项 A 错误。湿式煤气柜的总容积大于 1 000 m^3 且小于等于 10 000 m^3 时，其与甲类仓库的防火间距不应小于 25 m。故选项 B 错误。湿式煤气柜出入口管道上应设隔断装置，出入口管道最低处应设排水器。故选项 D 错误。

2. 干式煤气柜

(1) 区域布置。干式柜的区域布置应遵守湿式柜的相关规定；干式柜与建筑物、堆物的防火间距，应符合《建筑设计防火规范》的有关规定。

(2) 设备结构。

①稀油密封型干式柜的上部可设预备油箱；油封供油泵的油箱应设蒸汽加热管，密封油在冬季要采取防冻措施；底部油沟应设油水位观察装置。

②干式柜应设内、外部电梯，供检修及检查时载人用。电梯应设最终位置极限开关、升降异常灯。电梯内部应设安全开关、安全扣和联络电话。干式柜一般应设有内部电梯供检修和保养活塞用。电梯应设有最终位置极限开关和防止超载、超速装置，还应设救护提升装置；活塞上部应备有一氧化碳检测报警装置及空气呼吸器；干式柜外部楼梯的入口处应设门。

③布帘式柜应设调平装置，活塞水平测量装置及紧急放散装置。用于 LDG 回收时，柜前宜设事故放散塔。应设微氧量的连续测定装置，并与柜入口阀，事故放散塔的入口阀，炼钢系统的三通切换阀开启装置联锁。柜区操作室应设有与转炉煤气回收设施间的声光信号和电话设施。柜位应设有与柜进口阀和转炉煤气回收的三通切换阀的联锁装置。

④控制室内除设有与湿式柜操作室同样的仪表外，还应设活塞升降速度、煤气出入口阀、煤气放散阀的状态和开度等测定仪，及各种阀的开、关和故障信号装置以及与活塞上部操作人员联系的通信设备。

⑤干式柜除生产照明外还应设事故照明、检修照明、楼梯及过道照明、各种检测仪表照明以及外部升降机上、下出入口照明。

(3) 干式煤气柜的检验。

①干式柜施工完毕，应按其结构类型检查活塞倾斜度，活塞回转度、活塞导轮与柜壁的接触面、柜内煤气压力波动值、密封油油位高度、油泵站运行时间、柜容上下限报警联锁

等是否符合设计要求。

②干式柜安装完毕后应进行速度升降试验及严密性试验。采用油封结构的干式柜，应检查柜侧壁是否有油渗漏。

③对干式柜及其底板、活塞板焊缝须做真空试验，以不泄漏为合格；对隔绝煤气的部位、构件焊缝应做煤油渗漏试验，以不泄漏为合格。

考点四　煤气加压站和混合站的安全要求

1. 煤气加压站、混合站、抽气机室建筑物的安全要求

(1)煤气加压站、混合站与焦炉煤气抽气机室主厂房火灾危险性分类及建筑物的耐火等级不应低于表 8-4 中的规定，站房的建筑设计均应遵循《建筑设计防火规范》的有关规定。

表 8-4　煤气加压站、混合站与焦炉煤气抽气机室主厂房火灾危险性分类及建筑物的耐火等级

名称	火灾危险性分类	耐火等级
发生炉煤气加压站主厂房[a]	乙	二级
煤气混合站主厂房[b]	乙	二级
焦炉煤气抽气机主厂房	甲	二级
直立连续式炭化炉煤气抽气机主厂房	甲	二级
转炉煤气抽气机室和加压站厂房	乙	二级
水煤气加压站厂房	甲	二级
煤气混合站管理室	—	二级
煤气加压站管理室	—	二级
焦炉煤气抽气机站管理室	—	二级

注：a 指发生炉煤气加压机房按有爆炸危险的乙类生产厂房设计。

b 指当混合煤气发热值大于 12 552 kJ/m^3 爆炸下限小于 10% 时，煤气混合站按甲类生产厂房设计。

(2)站房应建立在地面上，禁止在厂房下设地下室或半地下室。如为单层建筑物，操作层至屋顶的层高不应低于 3.5 m；如为两层建筑物，上层高度不得低于 3.5 m，下层高度不得低于 3 m。

2. 煤气加压站和混合站的一般规定

(1)煤气加压站、混合站、抽气机室的管理室一般设在主厂房一侧的中部，有条件的可将管理室合并在能源管理中心。为了隔绝主厂房机械运转的噪音，管理室与主厂房间相通的门应设有能观察机械运转的隔音玻璃窗。

(2)管理室应装设二次检测仪表及调节装置。一次仪表不应引入管理室内。一次仪表室应设强制通风装置。

(3)管理室应设有普通电话。大型加压站、混合站和抽气机室的管理室宜设有与煤气调度室和用户联系的直通电话。

(4)站房内应设有一氧化碳监测装置，并把信号传送到管理室内。

(5)有人值班的机械房、加压站、混合站抽气机房内的值班人员不应少于 2 人。室内禁止烟火，如需动火检修，应有安全措施和动火许可证。

(6)煤气加压机、抽气机等可能漏煤气的地方,每月至少用检漏仪或用涂肥皂水的方法检查一次,机械房内的一次仪表导管应每周检查一次。

(7)煤气加压机械应有两路电源供电,如用户允许间断供应煤气,可设一路电源。焦炉煤气抽气机至少应有两台(一台备用),均应有两路电源供电,有条件时,可增设一台用蒸汽带动的抽气机。

(8)水煤气加压机房应单独设立,加压机房内的操作岗位应设生产控制仪表、必要的安全信号和安全联锁装置。

(9)站房内主机之间以及主机与墙壁之间的净距应不小于1.3 m;如用作一般通道应不小于1.5 m;如用作主要通道,不应小于2 m。房内应留有放置拆卸机件的地点,不得放置和加压机械无关的设备;站房内应设有消防设备。

(10)两条引入混合的煤气管道的净距不小于800 m,敷设坡度不应小于0.5%。引入混合站的两条混合管道,在引入的起始端应设可靠的隔断装置;混合站在运行中应防止煤气互串,混合煤气压力在运行中应保持正压。煤气加压机、抽气机的排水器应按机组各自配置。

(11)每台煤气加压机、抽气机前后应设可靠的隔断装置;发生炉煤气加压机的电动机应与空气总管的空气压力继电器或空气鼓风机的电动机进行联锁。

(12)水煤气加压机前宜设有煤气柜,如未设煤气柜,则加压机的电动机应与加压机前的煤气总管压力联锁;当煤气总管的压力降到正常指标以下,应发出低压信号,当压力继续下降到最低值时,煤气加压机应自动停机。

(13)鼓风机的主电机采用强制通风时,如风机风压过低,应有声光报警信号。

典型例题

【单选题】发生炉煤气加压站主厂房的火灾危险性类别为(　　),耐火等级为(　　)。

A. 甲;一级　　　　B. 甲;二级

C. 乙;一级　　　　D. 乙;二级

D。【解析】发生炉煤气加压站主厂房的火灾危险性类别为乙,耐火等级为二级。转炉煤气抽气机室和加压站厂房的火灾危险性类别为乙,耐火等级为二级。

考点五　煤气管道的安全要求

1. 煤气管道的结构与施工

煤气管道和附件的连接可采用法兰、螺纹,其他部位应尽量采用焊接;煤气管道的垂直焊缝距支座边端应不小于300 mm,水平焊缝应位于支座的上方;煤气管道应采取消除静电和防雷的措施。

2. 煤气管道的敷设

(1)架空煤气管道的敷设。

①煤气管道应架空敷设。若架空有困难,可埋地敷设,但应符合相关规定。一氧化碳(CO)含量较高的,如发生炉煤气、水煤气、半水煤气、高炉煤气和转炉煤气等管道不应埋地敷设。

②煤气管道架空敷设应遵守下列规定:

a. 应敷设在非燃烧体的支柱或栈桥上。

b. 不应在存放易燃易爆物品的堆场和仓库区内敷设。

c. 不应穿过不使用煤气的建筑物、办公室、进风道、配电室、变电所、碎煤室以及通风不良的地点等。如需要穿过不使用煤气的其他生活间，应设有套管。

d. 架空管道靠近高温热源敷设以及管道下面经常有装载炽热物件的车辆停留时，应采取隔热措施。

e. 在寒冷地区可能造成管道冻塞时，应采取防冻措施。

f. 在已敷设的煤气管道下面，不应修建与煤气管道无关的建筑物和存放易燃，易爆物品。

g. 在索道下通过的煤气管道，其上方应设防护网。

h. 厂区架空煤气管道与架空电力线路交叉时，煤气管道如敷设在电力线路下面，应在煤气管道上设置防护网及阻止通行的横向栏杆，交叉处的煤气管道应可靠接地。

i. 架空煤气管道根据实际情况确定倾斜度。

j. 通过企业内铁路调车场的煤气管道不应设管道附属装置。

③架空煤气管道与其他管道共架敷设时，应遵守下列规定：

a. 煤气管道与水、热力管、燃油管和不燃气体管在同一支柱或栈桥上敷设时，其上下敷设的垂直净距不宜小于 250 mm。

b. 煤气管道与在同一支架上平行敷设的其他管道的最小水平净距宜符合表 8-5 的规定。

表 8-5 最小水平净距 （单位：mm）

序号	其他管道公称直径	煤气管道公称直径		
		<300	300～600	>600
1	<300	100	150	150
2	300～600	150	150	200
3	>600	150	200	300

c. 与输送腐蚀性介质的管道共架敷设时，煤气管道应架设在上方，对于容易漏气、漏油、漏腐蚀性液体的部位如法兰、阀门等，应在煤气管道上采取保护措施。

d. 与氧气和乙炔气管道共架敷设时，应遵守有关规定。

e. 油管和氧气管宜分别敷设在煤气管道的两侧。

f. 与煤气管道共架敷设的其他管道的操作装置，应避开煤气管道法兰、闸阀、翻板等易泄漏煤气的部位。

g. 在现有煤气管道和支架上增设管道时，应经过设计计算，并取得煤气设备主管单位的同意。

h. 煤气管道和支架上不应敷设动力电缆、电线，但供煤气管道使用的电缆除外。

i. 其他管道的托架、吊架可焊在煤气管道的加固圈上或护板上，并应采取措施，消除管道不同热膨胀的相互影响，但不应直接焊在管壁上。

j. 其他管道架设在管径大于和等于 1 200 mm 的煤气管道上时，管道上面宜预留 600 mm 的通行道。

④架空煤气管道与建筑物、铁路、道路和其他管线间的最小水平净距，应符合表 8-6 规定。

表 8-6　架空煤气管道与建筑物、铁路、道路和其他管线间的最小水平净距

<table>
<tr><th rowspan="2">序号</th><th rowspan="2" colspan="2">建筑物或构筑物名称</th><th colspan="2">最小水平净距/m</th></tr>
<tr><th>一般情况</th><th>特殊情况</th></tr>
<tr><td>1</td><td colspan="2">房屋建筑</td><td>5</td><td>3</td></tr>
<tr><td>2</td><td colspan="2">铁路(距最近边轨外侧)</td><td>3</td><td>2</td></tr>
<tr><td>3</td><td colspan="2">道路(距路肩)</td><td>1.5</td><td>0.5</td></tr>
<tr><td rowspan="3">4</td><td rowspan="3">架空电力线路外侧边缘</td><td>1 kV 以下</td><td>1.5</td><td rowspan="3">—</td></tr>
<tr><td>1 ~ 20 kV</td><td>3</td></tr>
<tr><td>35 ~ 110 kV</td><td>4</td></tr>
<tr><td>5</td><td colspan="2">电缆管或沟</td><td>1</td><td>—</td></tr>
<tr><td>6</td><td colspan="2">其他地下平行敷设的管道</td><td>1.5</td><td>—</td></tr>
<tr><td>7</td><td colspan="2">熔化金属、熔渣出口及其他火源</td><td>10</td><td>可适当缩短,但应采取隔热保护措施</td></tr>
<tr><td>8</td><td colspan="2">煤气管道</td><td>0.6</td><td>0.3</td></tr>
</table>

注:a. 架空电力线路与煤气管道的水平距离,应考虑导线的最大风偏。

b. 安装在煤气管道上的栏杆、走台、操作平台等任何凸出结构,均作为煤气管道的一部分。

c. 架空煤气管道与地下管、沟的水平净距,系指煤气管道支柱基础与地下管道或地沟的外壁之间的距离。

⑤架空煤气管道与铁路、道路、其他管线交叉时的最小垂直净距,应符合表 8-7 规定。

表 8-7　架空煤气管道与铁路、道路、其他管线交叉时的最小垂直净距

<table>
<tr><th rowspan="2">序号</th><th rowspan="2" colspan="2">建筑物或构筑物名称</th><th colspan="2">最小垂直净距/m</th></tr>
<tr><th>管道下</th><th>管道上</th></tr>
<tr><td>1</td><td colspan="2">厂区铁路轨顶面</td><td>5.5</td><td>—</td></tr>
<tr><td>2</td><td colspan="2">厂区道路路面</td><td>5</td><td>—</td></tr>
<tr><td>3</td><td colspan="2">人行道路面</td><td>2.2</td><td>—</td></tr>
<tr><td rowspan="3">4</td><td rowspan="3">架空电力路线</td><td>电压 1 kV 以下</td><td>1.5</td><td>3</td></tr>
<tr><td>电压 1 ~ 30 kV</td><td>3</td><td>3.5</td></tr>
<tr><td>电压 35 ~ 110 kV</td><td>不允许架设</td><td>4</td></tr>
<tr><td>5</td><td colspan="2">架空索道(至小车底最低部分)</td><td>—</td><td>3</td></tr>
<tr><td>6</td><td colspan="2">电车道的架空线</td><td>1.5</td><td>—</td></tr>
<tr><td rowspan="2">7</td><td rowspan="2">其他管道</td><td>管径 < 300 mm</td><td>同管道直径但不小于 0.1</td><td>同管道直径但不小于 0.1</td></tr>
<tr><td>管径 ≥ 300 mm</td><td>0.3</td><td>0.3</td></tr>
</table>

注:a. 表中序号 1 不包括行驶电气机车的铁路。

b. 架空电力线路与煤气管道的交叉垂直净距,应考虑导线的最大垂度。

⑥煤气管道敷设高度还应符合下列规定：

a. 大型企业煤气输送主管管底距地面净距不宜低于 6 m，煤气分配主管不宜低于 4.5 m，山区和小型企业可以适当降低。

b. 新建、改建的高炉脏煤气、半净煤气、净煤气总管一般架设高度：管底至地面净距不低于 8 m（如该管道的隔断装置操作时不外泄煤气，可低至 6 m），小型高炉脏煤气、半净煤气、净煤气总管可低至 6 m。

c. 新建焦炉冷却及净化区室外煤气管道的管底至地面净距不小于 4.5 m，与净化设备连接的局部管段可低于 4.5 m。

d. 水煤气管道在车间外部，管底距地面净空一般不低于 4.5 m，在车间内部或多层厂房的楼板下敷设时可以适当降低，但要有通风措施，不应形成死角。

⑦煤气分配主管可架设在厂房墙壁外侧或房顶，但应遵守下列规定：

a. 沿建筑物的外墙或房顶敷设时，该建筑物应为一、二级耐火等级的丁、戊类生产厂房。

b. 安设于厂房墙壁外侧上的煤气分配主管底面至地面的净距宜大于 4.5 m，并便于检修。与墙壁间的净距：管道外径大于或等于 500 mm 的净距为 500 mm，外径小于 500 mm 的净距等于管道外径，但不小于 100 mm，并尽量避免挡住窗户；管道的附件应安在两个窗口之间；穿过墙壁引入厂房内的煤气支管，墙壁应有环形孔，不应紧靠墙壁。

c. 在厂房顶上装设分配主管时，分配主管底面至房顶面的净距一般不小于 800 mm；外径 500 mm 以下的管道，当用填料式或波形补偿器时，管底至房顶的净距可缩短至500 mm。此外，管道距天窗不宜小于 2 m，并不应妨碍厂房内的空气流通与采光。

⑧厂房内的煤气管道应架空敷设。在地下室不应敷设煤气分配主管。如生产上必需敷设时，应采取可靠的防护措施。

⑨厂房内的煤气管道架空敷设有困难时，可敷设在地沟内，并应遵守下列规定：

a. 沟内除敷设供同一炉的空气管道外，不应敷设其他管道及电缆。

b. 地沟盖板宜采用坚固的炉篦式盖板。

c. 沟内的煤气管道应尽可能避免装置附件、法兰盘等。

d. 沟的宽度应便于检查和维修，进入地沟工作前，应先做一氧化碳浓度含量分析。

e. 沟内横穿其他管道时，应把横穿的管道放入密闭套管中，套管伸出沟两壁的长度不宜小于 200 mm；应防止沟内积水。

⑩煤气分配主管上支管引接处（热发生炉煤气管除外），应设置可靠的隔断装置；车间冷煤气管的进口设有隔断装置、流量传感元件、压力表接头、取样嘴和放散管等装置时，其操作位置应设在车间外附近的平台上；热煤气管道应设有保温层，热煤气站至最远用户之间热煤气管道的长度，应根据煤气在管道内的温度降和压力降确定，但不宜超过 80 m；热煤气管道的敷设应防止由于热应力引起的焊缝破裂，必要时，管道设计应有自动补偿能力或增设管道补偿器；不同压力的煤气管道连通时，应设可靠的调压装置。不同压力的放散管应单独设置。

（2）地下煤气管道的敷设。

①工业企业内的地下煤气管道的埋设深度与建筑物、构筑物或相邻管道之间的最小水平和垂直净距，以及地下管道的埋设和通过沟渠等的安全要求，应遵守《城镇燃气设计规范》的有关规定。压力在 8×10^5 Pa（8.16×10^4 mmH_2O）～12×10^5 Pa（1.22×10^5 mmH_2O）的天然气管道与《城镇燃气设计规范》中关于 8×10^5 Pa（8.16×10^4 mmH_2O）煤气管道的规定相同。

②管道应视具体情况，考虑是否设置排水器，如设置排水器，则排出的冷凝水应集中处理。

③地下管道排水器、阀门及转弯处，应在地面上设有明显的标志。

④与铁路和道路交叉的煤气管道，应敷设在套管中，套管两端伸出部分，距铁路边轨不少于 3 m，距有轨电车边轨和距道路路肩不少于 2 m。

⑤地下管道法兰应设在阀门井内。

典型例题

【单选题】冶金企业的煤气管道应架空敷设，若架空敷设有困难，也可埋地敷设。关于架空煤气管道敷设的说法，正确的是(　　)。

A. 煤气管道不应穿过不使用煤气的建筑物

B. 架空煤气管道与房屋建筑的最小水平净距一般为 3 m

C. 架空煤气管道下与人行道路面的最小垂直净距为 3 m

D. 架空煤气管道与输送腐蚀性介质的管道共架敷设时，煤气管道应架设在下方

A。【解析】架空煤气管道与房屋建筑的最小水平净距一般为 5 m，特殊情况为 3 m。故选项 B 错误架。空煤气管道下与人行道路面的最小垂直净距为 2.2 m。故选项 C 错误。架空煤气管道与输送腐蚀性介质的管道共架敷设时，煤气管道应架设在上方，对于容易漏气、漏油、漏腐蚀性液体的部位如法兰、阀门等，应在煤气管道上采取保护措施。故选项 D 错误。

3. 煤气管道的防腐

(1)架空管道。钢管制造完毕后，内壁(设计有要求者)和外表面应涂刷防锈涂料。管道安装完毕试验合格后，全部管道外表应再涂刷防锈涂料。管道外表面每隔 4～5 年应重新涂刷一次防锈涂料。

(2)埋地管道。钢管外表面应进行防腐处理，遵守表 8-8 的规定。在表面防腐蚀的同时，根据不同的土壤，宜采用相应的阴极保护措施。铸铁管道外表面可只浸涂沥青。

表 8-8　钢管外表面的防腐处理

绝缘等级	绝缘层次									总厚度 /mm
	1	2	3	4	5	6	7	8	9	
加强	底漆一层	沥青～1.5 mm	玻璃布一层	沥青～1.5 mm	玻璃布一层	沥青～1.5 mm	玻璃布一层	沥青～1.5 mm	塑料布或牛皮纸一层	≥5.5

(3)应定期测定煤气管道管壁厚度，建立管道防腐档案。

4. 煤气管道的试验

(1)煤气管道的计算压力等于或大 10^5 Pa(1.02×10^4 mmH_2O)应进行强度试验，合格后再进行气密性试验。计算压力小于 10^5 Pa(1.02×10^4 mmH_2O)，可只进行气密性试验。

(2)煤气管道的计算压力，应符合下列规定：

①常压煤气发生炉出口至煤气加压机前的管道和热煤气发生炉输送管道，计算压力为发生炉出口自动放散装置的设定压力，也等于最大工作压力。

②水煤气发生炉进口管道计算压力等于气化剂进入炉底内的最大工作压力，水煤气出口管道计算压力等于炉顶的最大工作压力。

③常压高炉至半净煤气总管的管道,计算压力等于高炉炉顶的最大工作压力,净煤气总管及以后的管道,计算压力等于过剩煤气自动放散装置的最大设定压力,净高炉煤气管道系统设有自动煤气放散装置时,计算压力等于高炉炉顶的正常压力;高压高炉至减压阀组前的管道,设计压力等于高炉炉顶的最大工作压力,减压阀组后的煤气管道,设计压力等于煤气自动放散装置的最大设定压力。

④焦炉煤气或直立连续式炭化炉煤气抽气管的煤气计算压力等于煤气抽气机所产生的最大负压力的绝对值,净煤气管道计算压力等于煤气自动放散装置的最大设定压力,净煤气管道系统没有自动放散装置时,计算压力等于抽气机最大工作压力。

⑤转炉煤气抽气机前的煤气管道计算压力等于煤气抽气机产生的最大负压力的绝对值。

⑥煤气加压机(抽气机)入口前的管道,计算压力等于剩余煤气自动放散装置的最大设定压力;煤气加压机(抽气机)出口后的煤气管道,计算压力等于加压机(抽气机)入口前的管道计算压力加压机(抽气机)最大升压。

⑦天然气管道计算压力为最大工作压力。

⑧混合煤气管道的计算压力按混合前较高的一种管道压力计算。

(3)煤气管道可采用空气或氮气做强度试验和气密性试验,并应做生产性模拟试验。

(4)煤气管道的试验,应遵守下列规定:

①管道系统施工完毕,应进行检查,并应符合有关规定。

②对管道各处连接部位和焊缝,经检查合格后,才能进行试验,试验前不得涂漆和保温。

③试验前应制定试验方案,附有试验安全措施和试验部位的草图,征得安全部门同意后才能进行。

④各种管道附件、装置等,应分别单独按照出厂技术条件进行试验。

⑤试验前应将不能参与试验的系统、设备、仪表及管道附件等加以隔断;安全阀、泄爆阀应拆卸,设置盲板部位应有明显标记和记录。

⑥管道系统试验前,应用盲板与运行中的管道隔断。

⑦管道以闸阀隔断的各个部位,应分别进行单独试验,不应同时试验相邻的两段;在正常情况下,不应在闸阀上堵盲板,管道以插板或水封隔断的各个部位,可整体进行试验。

⑧用多次全开、全关的方法检查闸阀、插板、蝶阀等隔断装置是否灵活可靠;检查水封、排水器的各种阀门是否可靠;测量水封、排水器水位高度,并把结果与设计资料相比较,记入文件中;排水器凡有上下水和防寒设施的,应进行通水、通蒸汽试验。

⑨清除管道中的一切脏物、杂物,放掉水封里的水,关闭水封上的所有阀门,检查完毕并确认管道内无人,封闭人孔后,才能开始试验。

⑩试验过程中如遇泄漏或其他故障,不应带压修理,测试数据全部作废,待正常后重新试验。

(5)煤气管道的强度试验,应遵守下列规定:

①架空管道气压强度试验的压力应为设计压力的 1.15 倍,压力应逐级缓升,首先升至试验压力的 50%,进行检查,如无异常现象,继续按试验压力的 10% 逐级升压,直至达到所要求的试验压力。每级稳压 5 min,以无泄漏、目测无变形等为合格。

②埋地煤气管道强度试验的试验压力为计算压力的 1.5 倍。

(6)架空煤气管道气密性试验,应遵守下列规定:

①架空煤气管道经过检查,符合规定后,进行严密性试验,试验压力如下:

a. 加压机前的室外管道为计算压力加 5×10^3 Pa(510 mmH_2O),但不小于 2×10^4 Pa(2 040 mmH_2O);加压机前的室内管道为计算压力加 1.5×10^4 Pa(1 530 mmH_2O),但不小于 3×10^4 Pa(3 060 mmH_2O)。

b. 位于抽气机、加压机后的室外管道应等于加压机或抽气机最大升压加 2×10^4 Pa(2 040 mmH_2O)。位于抽气机、加压机后的室内管道应等于加压机或抽气机最大升压加 3×10^4 Pa(3 060 mmH_2O)。

c. 常压高炉[炉顶压力小于 3×10^4 Pa(3 060 mmH_2O)者为常压高炉]的煤气管道(包括净化区域内的管道)为 5×10^4 Pa(5 100 mmH_2O)。

d. 高压高炉减压阀组前的煤气管道为炉顶工作压力的 1.0 倍,减压阀组后的净煤气总管为 5×10^4 Pa(5 100 mmH_2O)。

e. 常压发生炉污煤气、半净煤气管道为炉底最大送风压力,但不应低于 3×10^3 Pa(306 mmH_2O)。

f. 转炉煤气抽气机前煤气冷却,净化设备及管道为计算压力加 5×10^3 Pa(510 mmH_2O)。

②架空煤气管道气密性试验允许泄漏率标准应遵守表 8-9 的规定:

表 8-9　架空煤气管道气密性试验允许泄漏率标准

管道计算压力/Pa(kgf/cm^3)	管道环境	试验时间/h	每小时平均泄漏率/%
$<10^5$(1.02)	室内外、地沟及无围护结构的车间	2	1
$\geqslant10^5$(1.02)	室内及地沟	24	0.25
	室外及无围护结构的车间	24	0.5

注:管道计算压力大于或等于 10^5 Pa(1.02×10^4 mmH_2O)的允许泄漏率标准,仅适用公称直径为 0.3 m的管道,其余直径的管道的压力降标准,尚应乘以按下式求出的校正系数 C:

$$C=0.3/D_g$$

式中:D_g——试验管道的公称直径,单位为米(m)。

③架空煤气管道气密性试验泄漏率的计算根据下式确定:

$$A=\frac{1}{t}\left(1-\frac{P_2T_1}{P_1T_2}\right)\times100\%$$

式中:A——每小时平均泄漏率,%;

P_1、P_2——试验开始、结束时管道内气体的绝对压力数值,单位为帕(毫米水柱)[Pa(mmH_2O)];

T_1、T_2——试验开始、结束时管道内气体的绝对值温度数值,单位为开尔文(K);

t——试验时间,单位为小时(h)。

(7)地下煤气管道的气密性试验,应遵守下列规定:

①试验前应检查地下管道的坐标、标高、坡度、管基和垫层等是否符合设计要求,试验用的临时加固措施是否安全可靠;对于仅需做气密性试验的地下煤气管道,在试验开始之前,应采用压力与气密性试验压力相等的气体进行反复试验,及时消除泄漏点,然后正式进行试验。

②长距离煤气管道做气密性试验时，应在各段气密性试验合格后，再做一次整体气密性试验。

③地下煤气管道应将土回填至管顶50 cm以上，为使管道中的气体温度和周围土壤温度一致，需停留一段时间后才能开始气密性试验，停留时间应遵守表8-10的规定。

表8-10 停留时间

管道直径/m	≤0.3	>0.3～0.5	>0.5
停留时间/h	6	12	24

典型例题

【单选题】架空管道气压强度试验的压力应为设计压力的(　　)倍。

A. 1.15　　B. 1.2

C. 1.3　　D. 1.5

A。【解析】架空管道气压强度试验的压力应为设计压力的1.15倍，压力应逐级缓升，首先升至试验压力的50%，进行检查，如无异常现象，继续按试验压力的10%逐级升压，直至达到所要求的试验压力。每级稳压5 min，以无泄漏、目测无变形等为合格。

5. 煤气管道的不停输封堵

不停输封堵工艺是指在管道上带压焊接旁通三通并开旁通孔，建立旁通管路，达到不停输封堵的目的。一般不停输封堵施工宜采用此种工艺。

(1)封堵作业准备。

①管道调查与现场踏勘。对封堵作业管段的走向、埋深、高差、作业距离、土壤情况等进行现场调查。了解管道技术规格、输送介质参数、管道运行参数、防腐方式、清管情况、最低允许输送压力及管道允许的最长停输时间等。

②材料的复核。对提供的管件进行复核；钢管及对开三通(对开四通)不应有磨损、裂纹、气孔、褶皱、重皮、夹渣等缺陷，无超过壁厚负偏差的锈蚀和凹陷；应检查对开三通(对开四通)卡环的伸出圈数，以保证安装塞堵位置准确；密封材料不应有气孔、杂质、飞边、毛刺、裂纹等缺陷，塞堵和封堵头用密封材料应满足管道介质和运行温度的要求；检查筒刀的筒体尺寸，并检查筒刀和中心钻的刀齿是否完好。

③量具、仪表应经过检定或校准，并在有效期限内。

④施工前所有机械设备应调试运转正常。

⑤模拟试验。根据管道参数、介质参数、运行参数，作业单位无类似作业经验时，作业开始前应先进行模拟试验。

⑥焊接工艺及评定。根据管道材料、运行参数以及焊件材料编制焊接工艺指导书；按焊接工艺指导书施焊后进行工艺评定，按合格的焊接工艺评定编制焊接工艺规程；按照焊接工艺规程进行带压管道焊接。

⑦施工现场确定原则。施工现场应有足够的作业场地和操作空间，道路畅通。

⑧作业坑的要求。作业坑分为封堵作业坑和动火作业坑，封堵作业坑和动火作业坑之间宜设隔墙，作业坑形式见图8-1；作业坑两侧应设有方便上下的安全通道；作业坑土质不稳定时，应有预防作业坑塌方的措施；地下水位较高的地段，应采取降水措施；设备应摆放在距离作业坑1 m范围外。

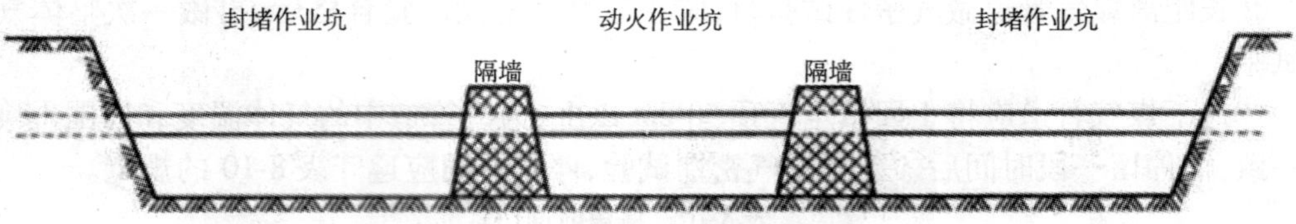

图 8-1　封堵作业坑示意图

⑨作业平台的搭建。在地上管道施工,对开三通(对开四通)的法兰端面高于地面1.3 m时,应搭建作业平台;在埋地管道施工,对开三通(对开四通)的法兰端面高于作业坑底1.3 m时,应搭建作业平台;作业平台应搭建牢固,有足够的操作空间,有护栏和上下行梯。

(2)封堵作业。

①开孔、封堵作业点的选取。开孔、封堵作业点应选择在直管段上。开孔部位尽量避开管道焊缝,无法避开时,对开孔刀切削部位的焊道宜适量打磨。中心钻不应落在焊缝上。开孔封堵部位的管道圆度误差不得超过管外径的1%。测量施焊部位管道壁厚,满足施焊最小壁厚要求。

②封堵管件的组对与焊接。管道介质流速应符合要求;按焊接工艺规程施焊;宜对焊接三通部位的管道螺旋焊缝和对接焊缝进行适量打磨;焊工数量、焊接顺序、焊接质量检验等应符合相关要求。

③安装要求。

a. 刀具的安装。中心钻提取鞍形板装置应工作可靠。刀具结合器与开孔机主轴之间的锥度联接不应有任何松动。测量筒刀与开孔结合器内孔的同轴度,控制在1 mm以内。

b. 封堵头的安装。塞式封堵头、筒式封堵头、折叠式封堵头、囊式封堵头应符合相关安装要求。

c. 夹板阀的安装。夹板阀应在关闭状态下吊装;内旁通应关闭;应测量夹板阀内孔与对开三通(对开四通)法兰内孔的同轴度,同轴度误差不应超过1 mm;开孔机与开孔结合器、封堵器与封堵结合器应竖直安装和拆卸。

d. 开孔机与开孔结合器、封堵器与封堵结合器应竖直安装和拆卸。

e. 旁通管路的要求。根据管道工艺条件要求,确定旁通管路的材质及管径;旁通管路的焊接应有焊接工艺规程,应对焊缝进行无损检测;应在旁通管路高点安装排气阀,低点安装排污阀,并在适当位置安装压力表;旁通管路应支撑固定,保障管线平稳运行。

f. 塞堵的安装。调整塞堵结合器内中心顶杆的伸出长度;应检查塞堵的方向,确保鞍形板的方向与管道方向一致;塞堵安装完成后,开孔机主轴应全部收回;开孔时切下的鞍形板应随塞堵装回管道。

g. 尺寸测量。相关设备组装完成后,应测量并记录设备的安装尺寸,计算开孔、封堵、下塞堵的操作尺寸。

④开孔作业。

a. 试验压力。开孔前应对焊接到管道上的管件和组装到管道上的阀门、开孔机等部件进行整体试压,试验压力宜等于管道运行压力,最高不应超过管道运行压力的1.1倍,并填写开孔作业检查表;关闭夹板阀,卸去开孔结合器的压力,验证夹板阀的密封性,若密封良好,进行下道作业;若泄漏,应进行检修更换。

b. 开孔。开孔前，应打开开孔结合器上的排气阀，当排气完毕后关闭排气阀，然后开孔；开孔时，当开孔机切削到预定尺寸后，停机，然后以手动操作开孔机使开孔刀前进5～10 mm，确认孔完全被开透，方可上提刀具；开孔完成后将刀退出，关闭夹板阀，卸放压力。然后排出开孔结合器内的介质，拆卸开孔机。

⑤旁通管路投用。旁通管路安装完成后，用运行管道内介质导通旁通管路。

⑥封堵作业。

a. 封堵作业期间不应清管、调整管道运行参数。

b. 液体管道带压封堵时的介质流速不应大于2.5 m/s，气体管道带压封堵时的介质流速不应大于5 m/s。

c. 封堵设备吊装到夹板阀上之前，确认封堵头的封堵方向为被封堵管段。

d. 下封堵时应先下下游封堵头，后下上游封堵头。

e. 封堵效果的验证。打开平衡孔降压，压力降为零，观察5 min，若封堵隔离段管道压力没有回升，则封堵成功，并填写封堵作业检查表。

⑦介质排放。应采用防爆设备排放管道介质；应对封堵隔离段进行惰性气体的置换。

⑧断管作业。应采用机械方法断管；断管期间，宜采用水冷却，并采取预防管道轴向膨胀的措施。

⑨管道改造作业。按焊接工艺规程进行焊接；焊缝应进行无损检测。

⑩封堵隔离段投用。封堵隔离段投用前应进行惰性气体置换；应通过管道介质导入置换掉惰性气体。

⑪解除封堵。对塞式、折叠和筒式封堵头，应首先确认封堵头前后的压力平衡，并应先提上游封堵头，后提下游封堵头；囊式封堵头应先提封堵囊，后提挡板。

⑫拆除旁通管路。对管道输送介质为液体的旁通管路，宜将旁通管路内的介质注入到运行管道或油罐车中；对管道输送介质为可燃气体的旁通管路，宜将旁通管路内的介质放燃并进行氮气置换；对长距离的旁通管路的拆除，宜采用机械方法断管。如采用氧－乙炔切割时，应采取安全保护措施。

⑬下塞堵作业。下塞堵作业期间管道运行参数应保持稳定；应在开孔机和夹板阀的上阀板上安装压力表，并进行压力监控；操作过程中，应先用夹板阀的内旁通平衡压力，再打开外平衡管路阀门；塞堵到位后，伸出卡环并确认卡环圈数；确认塞堵安装完毕后，应先脱离主轴，并将主轴上提25 mm，之后验证塞堵密封效果。

⑭取塞堵作业。首先应取压力平衡孔的塞堵，然后安装压力表，确认管道运行参数；取塞堵时开孔机上宜安装助力器。

⑮安装盲板。安装前，应对盲板的密封面、密封垫片进行外观检查，不应有缺陷；螺栓应对称紧固。

⑯防腐及地貌恢复。三通等管件应按原管道防腐等级进行防腐；对于埋地管道，待防腐层固化后按规定再进行土方回填，并做好地貌的恢复；地貌恢复后，应在地面上埋设标志桩。

链接

盲板的直径按下式计算：

$$D = 0.318S + 2H - 10$$

式中：D——盲板直径，mm；

S——法兰附近管道外圆周长，mm；

H——法兰螺栓孔至管道外壁的距离，mm。

盲板的厚度按下式计算：

$$h = KD\sqrt{\frac{p}{[\sigma]}} + C$$

式中：h——盲板厚度，mm；

D——管道计算直径，mm；

K——系数，取0.5（常压堵板或盖板取0.45）；

P——计算压力，MPa；

$[\sigma]$——许用应力，MPa；

C——安全裕度，取1.5～2 mm。

典型例题

【单选题】在煤气管道不停输封堵作业中，下列做法正确的是（　　）。

A. 封堵作业点应选择在管道焊缝处

B. 夹板阀应在开启状态下吊装

C. 开孔前进行整体试压时，试验压力应为管道运行压力的1.5倍

D. 下封堵时应先下下游封堵头，后下上游封堵头

D。【解析】开孔、封堵作业点应选择在直管段上。开孔部位尽量避开管道焊缝，无法避开时，对开孔刀切削部位的焊道宜适量打磨。故选项A错误。夹板阀应在关闭状态下吊装；内旁通应关闭。故选项B错误。开孔前应对焊接到管道上的管件和组装到管道上的阀门、开孔机等部件进行整体试压，试验压力宜等于管道运行压力，最高不应超过管道运行压力的1.1倍。故选项C错误。

考点六　煤气设备与管道附属设备的安全要求

1. 燃烧装置

（1）当燃烧装置采用强制送风的燃烧嘴时，煤气支管上应装止回装置或自动隔断阀。在空气管道上应设泄爆膜。

（2）煤气、空气管道应安装低压警报装置。

（3）空气管道的末端应设有放散管，放散管应引到厂房外。

2. 隔断装置

（1）一般规定。凡经常检修的部位应设可靠的隔断装置；焦炉煤气、发生炉煤气、水煤气（半水煤气）管道的隔断装置不应使用带铜质部件。寒冷地区的隔断装置，应根据当地的气温条件采取防冻措施。

（2）插板。插板是可靠的隔断装置。安设插板的管道底部离地面的净空距；金属密封面的插板不小于8 m，非金属密封面的插板不小于6 m，在煤气不易扩散地区须适当加高；

封闭式插板的安设高度可适当降低。

(3)水封。

①水封装在其他隔断装置之后并用时,才是可靠的隔断装置。水封的有效高度为煤气计算压力至少加 500 mm,并应定期检查水封高度。

②水封的给水管上应设给水封和止回阀。

③禁止将排水管、满流管直接插入下水道。水封下部侧壁上应安设清扫孔和放水头。U 型水封两侧应安设放散管、吹刷用的进气头和取样管。

(4)眼镜阀和扇形阀。

①眼镜阀和扇形阀不宜单独使用,应设在密封蝶阀或闸阀后面。

②敞开眼镜阀和扇形阀应安设在厂房外,如设在厂房内,应离炉子 10 m 以上。

(5)密封蝶阀。

①密封蝶阀不能作为可靠的隔断装置,只有和水封、插板、眼镜阀等并用时才是可靠的隔断装置。

②密封蝶阀的使用应符合下列要求:密封蝶阀的公称压力应高于煤气总体气密性试验压力;单向流动的密封蝶阀,在安装时应注意使煤气的流动方向与阀体上的箭头方向一致;轴头上应有开、关程度的标志。

(6)旋塞。

①旋塞一般用于需要快速隔断的支管上。

②旋塞的头部应有明显的开关标志。

③焦炉的交换旋塞和调节旋塞应用 2×10^4 Pa(2 040 mmH_2O)的压缩空气进行气密性试验,经 30 min 后压降不超过 5×10^2 Pa(51 mmH_2O)为合格。试验时,旋塞密封面可涂稀油(50 号机油为宜),旋塞可与 0.03 m^3的风包相接,用全开和全关两种状态试验。

(7)闸阀。

①单独使用闸阀不能作为可靠的隔断装置。

②所用闸阀的耐压强度应超过煤气总体试验的要求。

③煤气管道上使用的明杆闸阀,其手轮上应有"开"或"关"的字样和箭头,螺杆上应有保护套。

④闸阀在安装前,应重新按出厂技术要求进行气密性试验,合格后才能安装。

(8)盘形阀。

①盘形阀(或钟形阀)不能作为可靠的隔断装置,一般安装在污热煤气管道上。

②盘形阀的使用应符合下列要求:拉杆在高温影响下不歪斜,拉杆与阀盘(或钟罩)的连接应使阀盘(或钟罩)不致歪斜或卡住;拉杆穿过阀外壳的地方,应有耐高温的填料盒。

(9)盲板。

①盲板主要适用于煤气设施检修或扩建延伸的部位。

②盲板应用钢板制成,并无砂眼,两面光滑,边缘无毛刺。盲板尺寸应与法兰有正确的配合,盲板的厚度按使用目的经计算后确定。堵盲板的地方应有撑铁,便于撑开。

(10)双板切断阀。阀腔注水型且注水压力为煤气计算压力至少加 5 000 Pa,并能全闭到位,保证煤气不泄漏到被隔断的一侧的双板切断阀是可靠的隔断装置。

3. 放散装置

(1)吹刷煤气放散管。

①下列位置应安设放散管:煤气设备和管道的最高处;煤气管道以及卧式设备的末

端；煤气设备和管道隔断装置前，管道网隔断装置前后支管闸阀在煤气总管旁0.5 m内，可不设放散管，但超过0.5 m时，应设放气头。

②放散管口应高出煤气管道、设备和走台4 m，离地面不小于10 m。厂房内或距厂房20 m以内的煤气管道和设备上的放散管，管口应高出房顶4 m。厂房很高，放散管又不经常使用，其管口高度可适当减低，但应高出煤气管道、设备和走台4 m。不应在厂房内或向厂房内放散煤气。

③放散管口应采取防雨、防堵塞措施。

④放散管根部应焊加强筋，上部用挣绳固定。

⑤放散管的闸阀前应装有取样管。

⑥煤气设施的放散管不应共用，放散气集中处理的除外。

(2)剩余煤气放散管。

①剩余煤气放散管应安装在净煤气管道上。

②剩余煤气放散管应控制放散，其管口高度应高出周围建筑物，一般距离地面不小于30 m，山区可适当加高，所放散的煤气应点燃，并有灭火设施。

③经常排放水煤气(包括半水煤气)的放散管，管口高度应高出周围建筑物，或安装在附近最高设备的顶部，且设有消声装置。

4. 冷凝物排水器

(1)排水器之间的距离一般为200～250 m，排水器水封的有效高度应为煤气计算压力至少加500 mm。高压高炉从剩余煤气放散管或减压阀组算起300 m以内的厂区净煤气总管排水器水封的有效高度，应不小于3 000 mm。

(2)煤气管道的排水管宜安装闸阀或旋塞，排水管应加上、下两道阀门。

(3)两条或两条以上的煤气管道及同一煤气管道隔断装置的两侧，宜单独设置排水器。如设同一排水器，其水封有效高度按最高压力计算。

(4)排水器应设有清扫孔和放水的闸阀或旋塞；每只排水器均应设有检查管头；排水器的满流管口应设漏斗；排水器装有给水管的，应通过漏斗给水。

(5)排水器可设在露天，但寒冷地区应采取防冻措施；设在室内的，应有良好的自然通风。

5. 蒸汽管、氮气管

(1)具有下列情况之一者，煤气设备及管道应安设蒸汽或氮气管接头：

①停、送煤气时需用蒸汽和氮气置换煤气或空气者。

②需在短时间内保持煤气正压力者。

③需要用蒸汽扫除萘、焦油等沉积物者。

(2)蒸汽或氮气管接头应安装在煤气管道的上面或侧面，管接头上应安旋塞或闸阀。为防止煤气串入蒸汽或氮气管内，只有在通蒸汽或氮气时，才能把蒸汽或氮气管与煤气管道连通，停用时应断开或堵盲板。

6. 补偿器

(1)补偿器宜选用耐腐蚀材料制造。

(2)带填料的补偿器，应有调整填料紧密程度的压环。补偿器内及煤气管道表面应经过加工，厂房内不得使用带填料的补偿器。

7. 泄爆阀

(1)泄爆阀安装在煤气设备易发生爆炸的部位。

(2)泄爆阀应保持严密,泄爆膜的设计应经过计算。

(3)泄爆阀泄爆口不应正对建筑物的门窗。

8. 人孔、手孔及检查管

(1)闸阀后,较低的管段上,膨胀器或蝶阀组附近、设备的顶部和底部,煤气设备和管道需经常入内检查的地方,均应设人孔。

(2)煤气设备或单独的管段上人孔一般不少于两个。可根据需要设置人孔。人孔直径应不小于600 mm,直径小于600 mm的煤气管道设手孔时,其直径与管道直径相同。有砖衬的管道,人孔圈的深度应与砖衬的厚度相同。人孔盖上应根据需要安设吹刷管头。

(3)在容易积存沉淀物的管段上部,宜安设检查管。

9. 管道标志和警示牌

(1)厂区主要煤气管道应标有明显的煤气流向和种类的标志。

(2)所有可能泄漏煤气的地方均应挂有提醒人们注意的警示标志。

典型例题

【单选题】煤气设备和管道上的放散管包括剩余煤气放散管、事故放散管和吹刷煤气放散管,其中吹刷煤气放散管可设置的位置不包括(　　)。

A. 煤气设备和管道的最高处

B. 煤气设备和管道的最低处

C. 煤气设备和管道隔断装置前

D. 煤气管道以及卧式设备的末端

B。【解析】下列位置应安设吹刷煤气放散管:煤气设备和管道的最高处;煤气管道以及卧式设备的末端;煤气设备和管道隔断装置前,管道网隔断装置前后支管闸阀在煤气总管旁0.5 m内,可不设放散管,但超过0.5 m时,应设放气头。

考点七　煤气设施的操作与检修

1. 煤气设施的操作

(1)除有特别规定外,任何煤气设施均应保持正压操作,在设备停止生产而保压又有困难时,则应可靠地切断煤气来源,并将内部煤气吹净。

(2)吹扫和置换煤气设施内部的煤气,应用蒸汽、氮气或烟气为置换介质。吹扫或引气过程中,不应在煤气设施上拴、拉电焊线,煤气设施周围40 m内不应有火源。

(3)煤气设施内部气体置换是否达到预定要求,应按预定目的,根据含氧量和一氧化碳分析或爆发试验确定。

(4)炉子点火时,炉内燃烧系统应具有一定的负压,点火程序应为先点燃火种后给煤气,不应先给煤气后点火。凡送煤气前已烘炉的炉子,其炉膛温度超过1 073 K(800 ℃)时,可不点火直接送煤气,但应严密监视其是否燃烧。

(5)送煤气时不着火或者着火后又熄灭,应立即关闭煤气阀门,查清原因,排净炉内混合气体后,再按规定程序重新点火。

(6)凡强制送风的炉子,点火时应先开鼓风机但不送风,待点火送煤气燃着后,再逐步增大供风量和煤气量。停煤气时,应先关闭所有的烧嘴,然后停鼓风机。

(7)固定层间歇式水煤气发生系统若设有燃烧室,当燃烧室温度在773 K(500 ℃)以上,且有上涨趋势时,才能使用二次空气。

(8)直立连续式炭化炉操作时应防止炉内煤料“空悬”。严禁同一孔炭化炉同时捣炉和放焦。炉底要保持正压。

(9)煤气系统的各种塔器及管道,在停产通蒸汽吹扫煤气合格后,不应关闭放散管;开工时,若用蒸汽置换空气合格后,可送入煤气,待检验煤气合格后,才能关闭放散管。但不应在设备内存在蒸汽时骤然喷水,以免形成真空压损设备。

(10)送煤气后,应检查所有连接部位和隔断装置是否泄漏煤气。

(11)各类离心式或轴流式煤气风机均应采取有效的防喘震措施。除应选用符合工艺要求、性能优良的风机外,还应定期对其动、静叶片及防喘震系统进行检查,确保处于正常状态。煤气风机在启动、停止、倒机操作及运行中,不应处于或进入喘震工况。

2. 煤气设施的检修

(1)煤气设施停煤气检修时,应可靠地切断煤气来源并将内部煤气吹净。长期检修或停用的煤气设施,应打开上、下人孔、放散管等,保持设施内部的自然通风。

(2)进入煤气设施内工作时,应检测一氧化碳及氧气含量。经检测合格后,允许进入煤气设施内工作时,应携带一氧化碳及氧气监测装置,并采取防护措施,设专职监护人。具体要求如下:

①一氧化碳含量不超过 30 mg/m^3(24 ppm)时,可较长时间工作。

②一氧化碳含量不超过 50 mg/m^3时,入内连续工作时间不应超过 1 h。

③不超过 100 mg/m^3时,入内连续工作时间不应超过 0.5 h。

④在不超过 200 mg/m^3时,人内连续工作时间不应超过 15 ~ 20 min。

⑤工作人员每次进入设施内部工作的时间间隔至少在 2 h 以上。

链接

煤气安全的检测方法有化学分析法、光谱吸收法、氧化锆法、顺磁法、热催化法、电化学传感器检测法、气相色谱分析法。

(3)进入煤气设备内部工作时,安全分析取样时间不应早于动火或进塔(器)前 0.5 h,检修动火工作中每 2 h 应重新分析。工作中断后恢复工作前 0.5 h,也应重新分析,取样应有代表性,防止死角。当煤气比重大于空气时,取中、下部各一气样;煤气比重小于空气时,取中、上部各一气样。

(4)打开煤气加压机、脱硫、净化和贮存等煤气系统的设备和管道时,应采取防止硫化物等自燃的措施。

(5)带煤气作业或在煤气设备上动火,应有作业方案和安全措施,并应取得煤气防护站或安全主管部门的书面批准。

(6)带煤气作业如带煤气抽堵盲板、带煤气接管、高炉换探料尺、操作插板等危险工作,不应在雷雨天进行,不宜在夜间进行;作业时,应有煤气防护站人员在场监护;操作人员应佩戴呼吸器或通风式防毒面具,并应遵守下列规定:

①工作场所应备有必要的联系信号、煤气压力表及风向标志等。

②距工作场所 40 m 内,不应有火源并应采取防止着火的措施,与工作无关人员应离开作业点 40 m 以外。

③应使用不发火星的工具,如铜制工具或涂有很厚一层润滑油脂的铁制工具。

④距作业点 10 m 以外才可安设投光器。

⑤不应在具有高温源的炉窑等建、构筑物内进行带煤气作业。

(7)在煤气设备上动火,除应遵守上述有关规定外,还应遵守下列规定:

①在运行中的煤气设备上动火,设备内煤气应保持正压,动火部位应可靠接地,在动火部位附近应装压力表或与附近仪表室联系。

②在停产的煤气设备上动火,除应遵守相关规定外,还应遵守:用可燃气体测定仪测定合格,并经取样分析,其含氧量接近作业环境空气中的含氧量;将煤气设备内易燃物清扫干净或通上蒸汽,确认在动火全过程中不形成爆炸性混合气体。

(8)电除尘器检修前,应办理检修许可证,采取安全停电的措施。进入电除尘器检查或检修,除应遵守本标准有关安全检修和安全动火的规定外,还应遵守以下事项:

①断开电源后,电晕极应接地放电。

②入内工作前,除尘器外壳应与电晕极连接。

③电除尘器与整流室应有联系信号。

(9)进入煤气设备内部工作时,所用照明电压不得超过 12 V。

(10)加压机或抽气机前的煤气设施应定期检验壁厚,若壁厚小于安全限度,应采取措施后,才能继续使用。

(11)在检修向煤气中喷水的管道及设备时,应防止水放空后煤气倒流。

3. 可燃气体和有毒气体检测

(1)基本规定。

①在生产或使用可燃气体及有毒气体的生产设施及储运设施的区域内,泄漏气体中可燃气体浓度可能达到报警设定值时,应设置可燃气体探测器。

②泄漏气体中有毒气体浓度可能达到报警设定值时,应设置有毒气体探测器。

③既属于可燃气体又属于有毒气体的单组分气体介质,应设有毒气体探测器。

④可燃气体与有毒气体同时存在的多组分混合气体,泄漏时可燃气体浓度和有毒气体浓度有可能同时达到报警设定值,应分别设置可燃气体探测器和有毒气体探测器。

⑤可燃气体和有毒气体的检测报警应采用两级报警。同级别的有毒气体和可燃气体同时报警时,有毒气体的报警级别应优先。

⑥需要设置可燃气体、有毒气体探测器的场所,宜采用固定式探测器;需要临时检测可燃气体、有毒气体的场所,宜配备移动式气体探测器。

⑦进入爆炸性气体环境或有毒气体环境的现场工作人员,应配备便携式可燃气体和(或)有毒气体探测器。进入的环境同时存在爆炸性气体和有毒气体时,便携式可燃气体和有毒气体探测器可采用多传感器类型。

⑧可燃气体和有毒气体检测报警系统应独立于其他系统单独设置。

链接

固定式检测仪器可分为在线测试型(检测生产线中的气体)和扩散型(检测气体泄漏情况);便携式检测报警器可分为带记忆型(可贮存数据)和不带记忆型(不可贮存数据)。

(2)检测点的布置。

下列可燃气体和(或)有毒气体释放源周围应布置检测点:

①气体压缩机和液体泵的动密封。

②液体采样口和气体采样口。

③液体(气体)排液(水)口和放空口。

④经常拆卸的法兰和经常操作的阀门组。

(3)生产设施。

①释放源处于露天或敞开式厂房布置的设备区域内，可燃气体探测器距其所覆盖范围内的任一释放源的水平距离不宜大于10 m，有毒气体探测器距其所覆盖范围内的任一释放源的水平距离不宜大于4 m。

②释放源处于封闭式厂房或局部通风不良的半敞开厂房内，可燃气体探测器距其所覆盖范围内的任一释放源的水平距离不宜大于5 m；有毒气体探测器距其所覆盖范围内的任一释放源的水平距离不宜大于2 m。

③比空气轻的可燃气体或有毒气体释放源处于封闭或局部通风不良的半敞开厂房内，除应在释放源上方设置探测器外，还应在厂房内最高点气体易于积聚处设置可燃气体或有毒气体探测器。

典型例题

【单选题】带煤气作业或在煤气设备上动火时，应制定作业方案和安全措施，并取得有关部门的书面批准。下列采取的安全措施中，正确的是(　　)。

A. 距作业点10 m以外安设投光器

B. 距工作场所50 m内禁止火源

C. 操作人员佩戴氧气呼吸器或通风式防毒面具

D. 工作场所应备有必要的联系信号、煤气压力表、钢制工具

A。【解析】距工作场所40 m内禁止火源。故选项B错误。操作人员应佩戴呼吸器或通风式防毒面具。使用氧气呼吸器时，易发生着火爆炸事故，已逐渐被淘汰。故选项C错误。工作场所应备有必要的联系信号、煤气压力表及风向标志等。应使用不发火星的工具，如铜制工具或涂有很厚一层润滑油脂的铁制工具。故选项D错误。

考点八　冶金煤气作业存在的危险有害因素与防范措施

1. 煤气安全管理过程

煤气安全管理过程危险有害因素与防范措施，如表8-11所示。

表8-11　煤气安全管理过程危险有害因素与防范措施

场所/环节/部位	危险有害因素	易发生的事故类型	主要防范措施
安全管理要求	设计与施工不符合要求	中毒和窒息、火灾、坍塌、其他爆炸	参见正文中关于煤气安全生产的基本要求
	未建立煤气应急救援体系	中毒和窒息、火灾、其他爆炸	(1)在煤气使用单位较多的企业中，应设煤气调度室，煤气使用单位较少的企业，煤气分配工作由动力或生产调度室负责；各使用单位应服从煤气调度室的统一调度。 (2)每个生产、供应、使用煤气的企业，应设煤气防护站或防护组，并配备必要的人员，建立紧急救护体系

（续表）

场所/环节/部位	危险有害因素	易发生的事故类型	主要防范措施
安全管理要求	未建立煤气应急救援体系	中毒和窒息、火灾、其他爆炸	(3)组织防护人员进行技术教育和业务学习,定期进行各种事故的抢救演习。 (4)煤气防护站应设煤气急救专用电话,氧气(空气)充装室应符合有关规定。 (5)煤气防护站应配备呼吸器、自动苏生器、氧气袋、担架、充填装置及其他设施。 (6)煤气企业应建立应急救援体系,制定应急救援预案,并定期进行演练评估。 (7)发生煤气中毒、着火、爆炸和大量煤气泄漏等事故,应立即报告调度室和煤气防护站。如发生着火事故应立即报火警,如发生煤气中毒事故,应立即通知附近卫生所。 (8)事故现场应划出危险区域,布置岗哨,抢救事故的人员应服从统一领导和指挥,未查明事故原因和采取必要的安全措施前,不应向煤气设施恢复送气

2. 煤气回收与净化过程

煤气回收与净化过程危险有害因素与防范措施,如表 8-12 所示。

表 8-12 煤气回收与净化过程危险有害因素与防范措施

场所/环节/部位	危险有害因素	易发生的事故类型	主要防范措施
高炉煤气净化	煤气泄漏	中毒和窒息、火灾、其他爆炸	(1)常压高炉的洗涤塔、文氏管洗涤器、灰泥捕集器和脱水器的污水排出管的水封有效高度,应为高炉炉顶最高压力的 1.5 倍,且不小于 3 m。 (2)高压高炉的洗涤塔、文氏管洗涤器、灰泥捕集器下面的浮标箱和脱水器,应使用符合高压煤气要求的排水控制装置,并有可靠的水位指示器和水位报警器。水位指示器和水位报警器均应在管理室反映出来。 (3)各种洗涤装置应装有蒸汽或氮气管接头。在洗涤器上部,应装有安全泄压放散装置。 (4)可调文氏管、减压阀组必须采用可靠的严密的轴封。 (5)每座高炉煤气净化设施与净煤气总管之间,应设可靠的隔断装置。 (6)布袋除尘器每个出入口应设可靠的隔断装置,布袋除尘器应设有煤气高、低温报警和低压报警装置,布袋除尘器箱体应采用泄爆装置,向外界卸灰时,应有防止煤气外泄的措施。 (7)余压透平进出口煤气管道上应设可靠的隔断装置,入口管道上设有紧急切断阀。余压透平应设有可靠的严密的轴封,余压透平发电装置应有可靠的并网和电气保护装置,以及调节、监测、自动控制仪表和必要的联络信号。 (8)高炉煤气净化系统气密性实验应合格

（续表）

场所/环节/部位	危险有害因素	易发生的事故类型	主要防范措施
焦炉煤气净化	脱硫液泄漏	中毒和窒息、灼烫	(1)控制合理空气量及检查再生塔液位正常。 (2)合理控制液位调节器，及时提取硫磺。 (3)检查脱硫系统溶液管网无泄漏。 (4)检查脱硫液反应槽液位正常
	煤气泄漏	中毒和窒息、火灾	(1)区域内安装固定式一氧化碳检测报警器。 (2)检查捕液器无腐蚀泄漏及煤气压力、液位正常。 (3)检查脱硫区域内脱硫塔及煤气管网无泄漏。 (4)开停工前检查确认，各处阀门开关处于正常位置
	脱硫剂自燃	火灾	(1)脱硫剂换料及堆放时洒水。 (2)及时清运废脱硫剂
转炉煤气回收	回收误操作	中毒和窒息、火灾、其他爆炸	(1)转炉操作室和抽气机室、加压机房之间应设有直通电话和声光讯号，加压机房和煤气调度之间设调度电话。 (2)转炉煤气回收设施应设冲氮装置及微氧量和一氧化碳含量的连续测定装置，当煤气含氧量超过2%或煤气柜位高度到达上限时应停止回收
	电除尘安全装置不全或者失效	中毒和窒息、火灾、其他爆炸	(1)电除尘器应设有当转炉煤气含氧量达到1%时，能自动切断电源的装置。 (2)电除尘器应设有放散管和泄爆装置。 (3)电除尘器入口、出口管道应设有可靠的隔断装置

3. 煤气输送与加压过程

煤气输送与加压过程危险有害因素与防范措施，如表8-13所示。

表8-13 煤气输送与加压过程危险有害因素与防范措施

场所/环节/部位	危险有害因素	易发生的事故类型	主要防范措施
煤气管道	煤气泄漏	中毒和窒息、火灾、其他爆炸	参见正文中关于煤气管道的安全操作技术要求
附属设施	煤气泄漏	中毒和窒息、火灾	参见正文中关于煤气管道附属装置的安全操作技术要求
加压与混合	煤气泄漏	其他爆炸	参见正文中关于煤加压站与混合站的安全操作技术要求
煤气柜	煤气泄漏	中毒和窒息、火灾	参见正文中关于煤气柜的安全操作技术要求

考点九　煤气事故的应急处置及呼吸防护用品

1. 煤气事故的应急处置

(1)煤气事故的处置规则。

①发生煤气中毒、着火、爆炸和大量泄漏煤气等事故，应立即报告调度室和煤气防护

站。如发生煤气着火事故应立即挂火警电话，发生煤气中毒事故应立即通知附近卫生所。发生事故后应迅速查明事故情况，采取相应措施，防止事故扩大。

②抢救事故的所有人员都应服从统一领导和指挥，指挥人应是企业领导人（厂长、车间主任或值班负责人）。

③事故现场应划出危险区域，布置岗哨，阻止非抢救人员进入。进入煤气危险区的抢救人员应佩戴呼吸器，不应用纱布口罩或其他不适合防止煤气中毒的器具。

④未查明事故原因和采取必要安全措施前，不应向煤气设施恢复送气。

(2)煤气中毒者的处置。

①将中毒者迅速及时地救出煤气危险区域，抬到空气新鲜的地方，解除一切阻碍呼吸的衣物，并注意保暖。抢救场所应保持清静、通风，并指派专人维持秩序。

②中毒轻微者，如出现头痛、恶心、呕吐等症状，可直接送往附近卫生所急救。

③中毒较重者，如出现失去知觉，口吐白沫等症状，应通知煤气防护站和附近卫生所赶到现场急救。

④中毒者已停止呼吸，应在现场立即做人工呼吸并使用苏生器，同时通知煤气防护站和附近卫生所赶到现场抢救。

⑤中毒者未恢复知觉前，不得用急救车送往较远医院急救，就近送往医院抢救时，途中应采取有效的急教措施，并应有医务人员护送。

⑥有条件的企业应设高压氧舱，对煤气中毒者进行抢救和治疗。

(3)煤气着火事故的处置。

①煤气设施着火时，应逐渐降低煤气压力，通入大量蒸汽或氮气，但设施内煤气压力最低不得小于 100 Pa(10.2 mmH_2O)。不应突然关闭煤气闸阀或封水封，以防回火爆炸。直径小于或等于 100 mm 的煤气管道起火，可直接关闭煤气阀门灭火。

②煤气隔断装置、压力表或蒸汽、氮气接头，应有专人控制操作。

(4)煤气爆炸事故的处置。

①发生煤气爆炸事故后，应立即切断煤气来源，迅速将剩余煤气处理干净。

②对爆炸地点应加强警戒。

③在爆炸地点 40 m 以内不应有火源。

链接

煤气事故的预防措施应从煤气中毒、着火、爆炸的发生机理入手，且应制定事故抢救措施，准备抢险设备。

2. 呼吸防护用品

呼吸防护用品是指防御缺氧空气和空气污染物进入呼吸道的防护用品。

(1)呼吸防护用品分类，如表 8-14 所示。

表 8-14 呼吸防护用品分类

过滤式			隔绝式			
自吸过滤式		送风过滤式	供气式		携气式	
半面罩	全面罩		正压式	负压式	正压式	负压式

(2)相关定义。

①过滤式呼吸防护用品是指能把吸入的作业环境空气通过净化部件的吸附、吸收、催化或过滤等作用，除去其中有害物质后作为气源的呼吸防护用品。

②自吸过滤式呼吸防护用品是指靠佩戴者呼吸克服部件阻力的过滤式呼吸防护用品。

③送风过滤式呼吸防护用品是指靠动力(如电动风机或手动风机)克服部件阻力的过滤式呼吸防护用品。

④密合型面罩是指能罩住鼻、口的与面部密合的面罩，或能罩住眼、鼻和口的与头面部密合的面罩。密合型面罩分为半面罩和全面罩。

⑤隔绝式呼吸防护用品是指能使佩戴者呼吸器官与作业环境隔绝，靠本身携带的气源或者依靠导气管引入作业环境以外的洁净气源的呼吸防护用品。

⑥供气式呼吸防护用品是指佩戴者靠呼吸或借助机械力通过导气管引入清洁空气的隔绝式呼吸防护用品。

⑦携气式呼吸防护用品是指佩戴者携带空气瓶、氧气瓶或生氧器等作为气源的隔绝式呼吸防护用品。

⑧负压式呼吸防护用品是一种呼吸防护用品，使用者任一呼吸循环过程面罩内压力在吸气阶段均小于环境压力。

⑨正压式呼吸防护用品是一种呼吸防护用品，使用者任一呼吸循环过程面罩内压力均大于环境压力。

⑩逃生型呼吸防护用品只用于在紧急情况下从有害环境逃生的呼吸防护用品。

提示

金属冶炼企业经常采用氧气呼吸器(易发生着火爆炸事故，已逐渐被淘汰)、逃生呼吸器(过滤式、压缩空气式)、长管式呼吸器、背压式压缩空气呼吸器以及自动苏生器。

典型例题

【单选题】某钢铁企业直径 600 mm 的焦炉煤气管道焊口开裂，煤气泄漏并着火。下列灭火方法中，正确的是(　　)。

A. 立即停煤气风机，打水降温，用干粉灭火器灭火

B. 关闭着火点前端煤气阀门，通入大量蒸汽或氮气

C. 用高压水降温，并立即关闭着火点前端煤气阀门

D. 逐渐降低焦炉煤气管道压力，通入大量蒸汽或氮气

D。【解析】煤气设施着火时，应逐渐降低煤气压力，通入大量蒸汽或氮气，但设施内煤气压力不应低于 100 Pa，不应突然关闭煤气阀门或封水封，以防回火爆炸。

案例分析

案例场景

2020 年 7 月 13 日 11 时左右，B 企业燃气车间主任在车间巡视检查，发现 15×10^4 m^3 高炉煤气柜油压异常，且活塞上 CO 浓度超标。经过检查、调整回油量、观察油位变化后，立即通知车间内部调度(气柜班)班长甲，让他叫上车间技术员乙、综合作业班班长丙、综合作业班副班长丁一同检查气柜油位。14 时左右，气柜活塞落底，退出运行。14 时 15 分

左右，车间主任需参加会议，在交代甲、乙、丙、丁4人尽快调节好油位后离去，甲、乙、丙、丁4人继续进行故障排查。经处理油位仍不正常，打电话给车间主任要求进入气柜内进一步检查，车间主任同意打开人孔，并要求戴好空气呼吸器入柜检查。甲、丁进入气柜检查，乙、丙在气柜外监护。17时左右，在打开气柜人孔后，甲用CO报警仪进行检测，听到CO报警仪报警声，甲意识到柜内还有煤气，于是安排大家到车间办公室休息。

17时40分左右，乙再次上到气柜人孔处，检测柜内煤气浓度，CO报警仪显示读数为999 ppm（报警仪量程为0～999 ppm）。18时左右，甲、乙、丙、丁4人各自佩戴空气呼吸器并携带CO报警仪和手电筒等工器具，准备按照事前分工安排进气柜检查。甲先上到人孔平台，由于人孔太小，佩戴空气呼吸器不便进去，甲试图先进入气柜，再佩戴空气呼吸器。待丁上到气柜人孔平台后，见甲已进到气柜内，并已背好空气呼吸器，但还未戴好呼吸器面罩。随后，丁突然听到一声响，看到甲斜躺在气柜活塞油槽之间，丁立即用手扯住甲衣服，试图将甲拉出来，但没拉动，同时大声向乙、丙呼救。乙迅速爬上平台，和丁一起施救，并将丁的空气呼吸器面罩戴到甲的脸上。丙立即打电话报告车间主任，并通知煤气防护站派人救援。18时15分左右，煤气防护站和消防队救援人员、市第一人民医院救护人员以及其他相关人员相继赶到现场，并迅速组织施救。18时45分左右，甲被从气柜内救出，立即送往市第一人民医院，终因抢救无效死亡。

事故发生后，事故调查立即展开了调查，并将事故调查报告报送给了负责事故调查的人民政府。

知识点讲解

考点一 煤气爆炸的要素

煤气爆炸产生的要求在考点一中有详细叙述，考生须理解掌握。

考点二 事故的直接原因和间接原因

1. 直接原因

甲在组织检查煤气柜油位故障且需要进入气柜内检查作业时，未制定煤气区域受限空间作业方案；未采取将其他人孔打开等有效对流通风措施对气柜活塞上部空气进行充分置换，致使气柜活塞上部残余煤气未彻底放散；经多次检查明知在气柜活塞上部有较高浓度的煤气，且在人孔太小，佩戴空气呼吸器不便进去的情况下，违规、冒险进入气柜，是事故发生的直接原因。

2. 间接原因

乙、丙、丁作为进入气柜检查作业的作业者和作业监护人，未能提醒和督促甲在进入气柜作业前采取有效防煤气中毒措施。进入气柜内部受限空间作业这一特定环境下所采取的监护和应急救援措施不力，是事故发生的主要间接原因。

提示

本考点常以案例题的形式进行考查，考生须重点理解掌握。

考点三 生产安全事故调查

1. 生产安全事故的调查组织者

特别重大事故由国务院或者国务院授权有关部门组织事故调查组进行调查。

重大事故、较大事故、一般事故分别由事故发生地省级人民政府、设区的市级人民政府、县级人民政府负责调查。省级人民政府、设区的市级人民政府、县级人民政府可以直接组织事故调查组进行调查,也可以授权或者委托有关部门组织事故调查组进行调查。

未造成人员伤亡的一般事故,县级人民政府也可以委托事故发生单位组织事故调查组进行调查。

提示

本考点常以选择题的形式考查,考生需重视。

2. 生产安全事故调查组的组成

生产安全事故调查组的组成应当遵循精简、效能的原则。根据事故的具体情况,事故调查组由有关人民政府、应急管理部门、负有安全生产监督管理职责的有关部门、监察机关、公安机关以及工会派人组成,并应当邀请人民检察院派人参加。事故调查组可以聘请有关专家参与调查。

3. 生产安全事故调查组的职责

(1)查明事故发生的经过、原因、人员伤亡情况及直接经济损失。

(2)认定事故的性质和事故责任。

(3)提出对事故责任者的处理建议。

(4)总结事故教训,提出防范和整改措施。

(5)提交事故调查报告。

4. 生产安全事故调查报告的内容

(1)事故发生单位概况。

(2)事故发生经过和事故救援情况。

(3)事故造成的人员伤亡和直接经济损失。

(4)事故发生的原因和事故性质。

(5)事故责任的认定以及对事故责任者的处理建议。

(6)事故防范和整改措施。

提示

事故调查报告应当附具有关证据材料。事故调查组成员应当在事故调查报告上签名。

考点四 防止煤气中毒和窒息、火灾、爆炸等措施

煤气中毒和窒息、火灾、爆炸等防范措施:

(1)在煤气使用单位较多的企业中,应设煤气调度室,煤气使用单位较少的企业,煤气分配工作由动力或生产调度室负责;各使用单位应服从煤气调度室的统一调度。

(2)每个生产、供应、使用煤气的企业,应设煤气防护站或防护组,并配备必要的人员,建立紧急救护体系。

(3)组织防护人员进行技术教育和业务学习,定期进行各种事故的抢救演习。

(4)煤气防护站应设煤气急救专用电话,氧气(空气)充装室应符合有关规定。

(5)煤气防护站应配备呼吸器、自动苏生器、氧气袋、担架、充填装置及其他设施。

(6)煤气企业应建立应急救援体系,制定应急救援预案,并定期进行演练评估。

(7)发生煤气中毒、着火、爆炸和大量煤气泄漏等事故,应立即报告调度室和煤气防护站。如发生着火事故应立即报火警,如发生煤气中毒事故,应立即通知附近卫生所。

(8)事故现场应划出危险区域,布置岗哨,抢救事故的人员应服从统一领导和指挥,未查明事故原因和采取必要的安全措施前,不应向煤气设施恢复送气。

同步自测

一、单项选择题(每题的备选项中,只有1个最符合题意)

1. 下列不属于煤气成分的是(　　)。

A. 一氧化碳　　B. 二氧化碳

C. 氢气　　D. 二氧化氮

2. 地下煤气管道应将土回填至管顶(　　)cm以上,为使管道中的气体温度和周围土壤温度一致,需停留一段时间后才能开始气密性试验。

A. 25　　B. 30

C. 35　　D. 50

3. 煤气隔断装置是重要的生产装置,也是重要的安全装置。下列隔断装置属于"能单独使用作为可靠隔断装置"的是(　　)。

A. 眼镜阀　　B. 密封蝶阀

C. 扇形阀　　D. 插板

4. 煤气柜分为干式煤气柜和湿式煤气柜,关于湿式煤气柜试验的说法,正确的是(　　)。

A. 湿式煤气柜进行升降试验的次数不得少于3次

B. 采用直接试验法进行湿式煤气柜严密性试验时,合格的标准为无气泡出现

C. 采用间接试验法进行湿式煤气柜严密性试验时,充气量应为全部贮气容积的100%

D. 湿式煤气柜在静置7 d的试验期内,应每3天测定一次

5. 煤气加压站房、煤气柜等应设置一氧化碳检测器,下列位置不需要布置检测点的是(　　)。

A. 气体压缩机和液压泵的动密封　　B. 液体采样口和气体采样口

C. 液体(气体)排液(水)口和放空口　　D. 管道上的固定法兰和阀门

二、案例分析题

2018年12月6日,C钢铁公司焦化厂2#干熄焦的旋转密封阀出现故障,3名协助处理故障的焦炉当班工人中毒死亡;1人未佩戴呼吸器进行施救,中毒死亡;最终共导致4人死亡、1人受伤。

事故发生后进行了事故原因分析:3名焦炉当班工人在巡检工还未关闭平板阀门的情况下打开了2#干熄焦旋转密封阀人孔进行故障处理,导致有毒有害气体(气体主要成分为一氧化碳、二氧化碳、氮气等)从打开的人孔处冒出,违反该厂有关的规定,造成煤气中毒事故。

巡检人员在发现2#干熄焦旋转密封阀人孔打开后未及时确认平板阀门是否关闭就离开现场找工具,也没有采取有效措施使3名焦炉当班工人离开危险场所;另一巡检人员在发生事故到达现场后也未及时关闭平板阀门。2名巡检人员作为处理故障的主要人员,未切实履行工作职责,在未佩戴空气呼吸器的情况下冒然进入危险区域,导致事故扩大。

根据以上场景,回答下列问题:

1. 有煤气设施的单位应建立什么制度?

2. 简述进入煤气设施内工作的时间要求及安全分析取样的时间要求。

3. 若出现煤气中毒者应如何进行处理?

4. 带煤气作业时,操作人员应佩戴呼吸器或通风式防毒面具,还应遵守哪些规定?

答案详解

一、单项选择题

1. D。【解析】煤气的主要成分包括一氧化碳、氢气、甲烷、二氧化碳、氮气、碳氢化合物。

2. D。【解析】地下煤气管道应将土回填至管顶 50 cm 以上,为使管道中的气体温度和周围土壤温度一致,需停留一段时间后才能开始气密性试验。长距离煤气管道做气密性试验时,应在各段气密性试验合格后,再做一次整体气密性试验。

3. D。【解析】密封蝶阀不能作为可靠的隔断装置,只有和水封、插板、眼镜阀等并用时才是可靠的隔断装置。眼镜阀和扇形阀不宜单独使用,应设在密封蝶阀或闸阀后面。插板是可靠的隔断装置。

4. B。【解析】湿式柜安装完毕,应进行升降试验。升降试验应反复进行,并不得少于 2 次。湿式柜安装完毕后应进行严密性试验。严密性试验方法分为涂肥皂水的直接试验法和测定泄漏量的间接试验法两种。直接试验法是在各塔节及钟罩顶的安装焊缝全长上涂肥皂水,然后在反面用真空泵吸气,以无气泡出现为合格。间接试验法是将气柜内充入空气,充气量约为全部贮气容积的 90%。气柜在静置 7 d 的试验期内,每天都应测定一次,并选择日出前、微风时,大气温度变化不大的情况下进行测定。

5. D。【解析】下列可燃气体和(或)有毒气体释放源周围应布置检测点:(1)气体压缩机和液体泵的动密封。(2)液体采样口和气体采样口。(3)液体(气体)排液(水)口和放空口。(4)经常拆卸的法兰和经常操作的阀门组。

二、案例分析题

【答案】

1. 有煤气设施的单位应建立以下制度:

(1)煤气设施技术档案管理制度,将设备图纸、技术文件、设备检验报告、竣工说明书、竣工图等完整资料归档保存。

(2)煤气设施大修、中修及重大故障情况的记录档案管理制度。

(3)煤气设施运行情况的记录档案管理制度。

(4)建立煤气设施的日、季和年度检查制度,对于设备腐蚀情况、管道壁厚、支架标高等每年重点检查一次,并将检查情况记录备查。

2. 进入煤气设施内工作时,应检测一氧化碳及氧气含量。经检测合格后,允许进入煤气设施内工作时,应携带一氧化碳及氧气监测装置,并采取防护措施,设专职监护人。一氧化碳含量不超过 30 mg/m^3(24 ppm)时,可较长时间工作;一氧化碳含量不超过 50 mg/m^3 时,入内连续工作时间不应超过 1 h;不超过 100 mg/m^3 时,入内连续工作时间不应超过 0.5 h;不超过 200 mg/m^3 时,入内连续工作时间不应超过 15 ~20 min。工作人员每次进入设施内部工作的时间间隔至少大于 2 h。进入煤气设备内部工作时,安全分析取样时间不应早于动火或进塔(器)前 0.5 h,检修动火工作中每 2 h 应重新分析。工作中断后恢复工作前 0.5 h,也应重新分析,取样应有代表性,防止死角。当煤气密度大于空气时,取中、下部各一气样;煤气密度小于空气时,取中、上部各一气样。

3. 煤气中毒者的处理：

(1)将中毒者迅速及时地救出煤气危险区域，抬到空气新鲜的地方，解除一切阻碍呼吸的衣物，并注意保暖。抢救场所应保持清静、通风，并指派专人维持秩序。

(2)中毒轻微者，如出现头痛、恶心、呕吐等症状，可直接送往附近卫生所急救。中毒较重者，如出现失去知觉、口吐白沫等症状，应通知煤气防护站和附近卫生所赶到现场急救。中毒者已停止呼吸，应在现场立即做人工呼吸并使用苏生器，同时通知煤气防护站和附近卫生所赶到现场抢救。中毒者未恢复知觉前，不得用急救车送往较远医院急救；就近送往医院抢救时，途中应采取有效的急救措施，并应有医务人员护送。有条件的企业应设高压氧舱，对煤气中毒者进行抢救和治疗。

4. 带煤气作业时，操作人员应佩戴呼吸器或通风式防毒面具，并应遵守下列规定：

(1)工作场所应备有必要的联系信号、煤气压力表及风向标志等。

(2)距工作场所 40 m 内，不应有火源并应采取防止着火的措施，与工作无关人员应离开作业点 40 m 以外。

(3)应使用不发火星的工具，如铜制工具或涂有很厚一层润滑油脂的铁制工具。

(4)距作业点 10 m 以外才可安设投光器。

(5)不应在具有高温源的炉窑等建(构)筑物内进行带煤气作业。

【解析】

1. 本案例第 1 问主要考查煤气设施的安全生产管理制度的规定。对于固定设施，一般涉及的安全管理制度主要包括“三同时”制度、定期巡检制度、定期维护检修制度、定期检测、检验制度、安全操作规程等。本题可根据《工业企业安全规程》相关的规定作答，详见答案。
2. 本案例第 2 问主要考查煤气设施的检修。煤气设施检修时，应可靠地切断煤气来源并将内部煤气吹净。长期检修或停用的煤气设施，应打开上下人孔，保持设施内部的自然通风。煤气设施内部的主要危险源为一氧化碳，所以应在进入设施前先检测一氧化碳的浓度及氧气浓度，保证工作人员在工作时的安全。具体操作要求详见答案。
3. 本案例第 3 问主要考查煤气事故的应急救援。应急救援措施详见答案。煤气安全管理过程中可能发生的事故有中毒和窒息、火灾、爆炸等，一般可采用以下防范措施：(1)在煤气使用单位较多的企业中，应设煤气调度室，煤气使用单位较少的企业，煤气分配工作由动力或生产调度室负责；各使用单位应服从煤气调度室的统一调度。(2)每个生产、供应、使用煤气的企业，应设煤气防护站或防护组，并配备必要的人员，建立紧急救护体系。(3)组织防护人员进行技术教育和业务学习，定期进行各种事故的抢救演习。(4)煤气防护站应设煤气急救专用电话，氧气(空气)充装室应符合有关规定。(5)煤气防护站应配备呼吸器、自动苏生器、氧气袋、担架、充填装置及其他设施。(6)煤气企业应建立应急救援体系，制定应急救援预案，并定期进行演练评估。(7)发生煤气中毒、着火、爆炸和大量煤气泄漏等事故，应立即报告调度室和煤气防护站。如发生着火事故应立即报火警，如发生煤气中毒事故，应立即通知附近卫生所。(8)事故现场应划出危险区域，布置岗哨，抢救事故的人员应服从统一领导和指挥，未查明事故原因和采取必要的安全措施前，不应向煤气设施恢复送气。
4. 本案例第 4 问主要考查煤气设施操作过程中的安全防护措施。具体内容详见答案。

第九章　冶金企业常用气体安全

知识架构

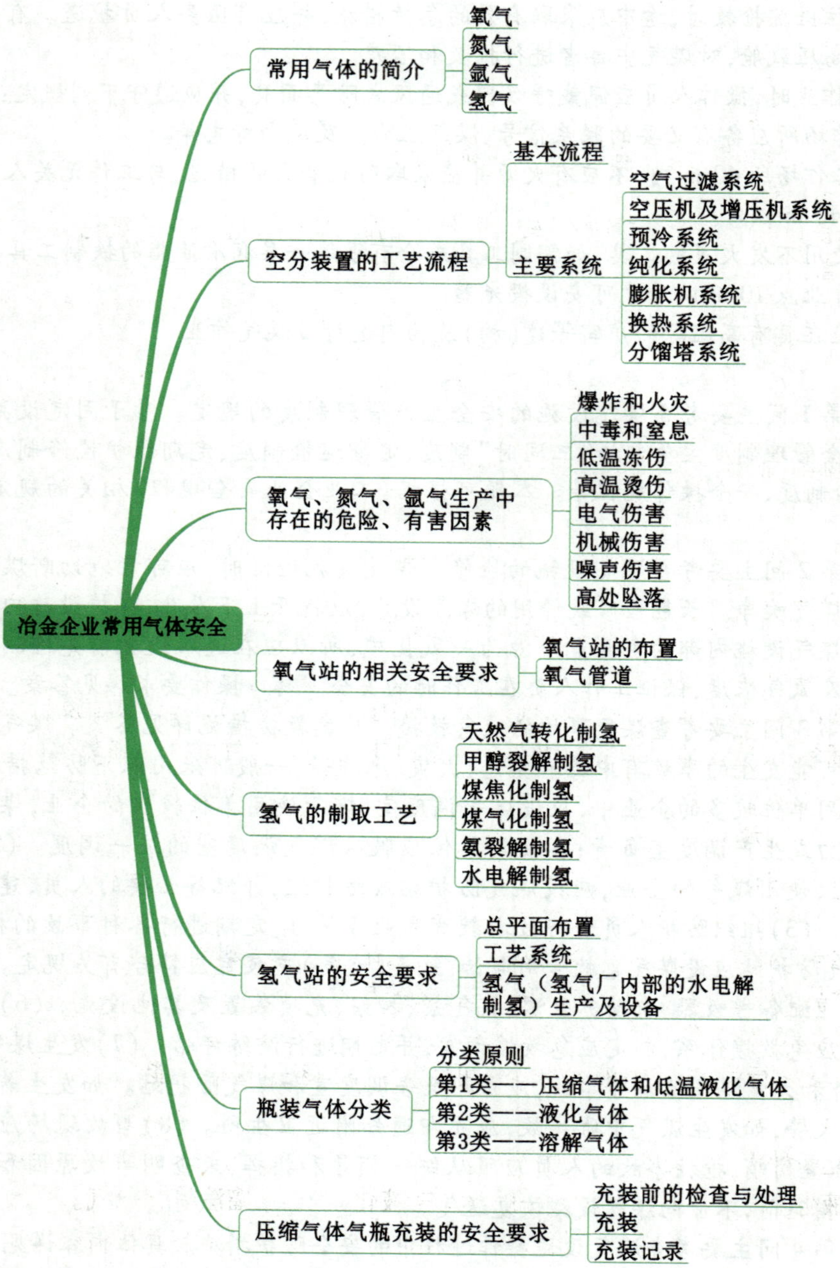

考点解读

考点一　常用气体的简介

冶金企业常用的气体主要有氧气、氮气、氩气、氢气以及煤气等。

1. 氧气

氧气是氧元素形成的一种单质，化学式为 O_2，其化学性质比较活泼，大部分元素都能与氧气发生反应。氧气在常温下比较稳定，但在高温下比较活泼，能与多种元素直接发生化合反应。

氧气是无色无味气体，是氧元素最常见的单质形态。空气中氧气约占 20.93%，液化温度为 -183 ℃。液氧为天蓝色，固氧为蓝色晶体。

氧气的用途：

(1) 钢铁行业中，将高纯氧吹入转炉使铁中的碳、硫、磷、硅等杂质氧化，可以缩短冶炼的时间，提高钢的质量。

(2) 有色金属行业中，用富氧代替空气进行熔炼，可以降低能耗，减少有害烟气量，提高设备生产能力。

(3) 化学工业中，合成氨生产化肥过程中使用氧气，可以强化工艺过程，提高化肥产量。

(4) 能源工业中，利用氧气实现煤气化及煤气化联合发电。

(5) 机械工业中，利用氧气进行金属切割及焊接。

(6) 国防工业中，液氧可以做火箭和超音速飞机的助燃剂，液氧浸泡的可燃物可以做炸药。

(7) 医疗行业中，氧气可用于病人的急救及辅助治疗。

2. 氮气

氮气的化学式为 N_2，为无色无味气体。空气中氮气约占 78.12%，液化温度为 -195.8 ℃。其化学性质很不活泼，在高温高压及催化剂条件下才能和氢气反应生成氨气；在放电情况下才能和氧气化合生成一氧化氮。即使 Ca、Mg、Sr 和 Ba 等活泼金属，也只有在加热的条件下才能与氮气发生反应。

氮气的用途：

(1) 冶金与电子石油工业中，氮气可以作为保护气。

(2) 化学工业中，利用氮气合成氨生产化肥、硝酸、炸药、塑料等。

(3) 食品工业中，氮气用于食品的速冻、保鲜与防腐。

(4) 医疗部门中，氮气可以作为冷冻剂。

(5) 高科技行业中，利用液氮的低温可使某些材料获得超导性能。

3. 氩气

氩气是一种无色、无味的单原子气体，相对原子质量为 39.948。空气中氩气约占 0.934%，液化温度为 -185.9 ℃。一般由空气液化后，用分馏法制取氩气。氩气的密度是空气的 1.4 倍，是氦气的 10 倍。氩气是一种惰性气体，在常温下与其他物质均不发生化学反应，在高温下也不溶于液态金属，在焊接有色金属时更能显示其优越性。氩气是工业上应用很广的稀有气体。它的性质十分不活泼，既不能燃烧，也不能助燃。

氩气的用途：

(1)金属冶炼中，氩气可用于置换气体防止工艺流程的氧化，可用于搅拌钢水来保持恒定的温度和成分的统一，还可在不锈钢精炼中除去一氧化碳、减少铬的损失。

(2)机械工业中，氩气可作为铝、镁、铜及合金和不锈钢的焊接保护气。

(3)电子工业中，氩气可作为保护气和热传导。

(4)照明中，氩气可用于白炽灯和荧光灯泡的充气，在氖灯中制造蓝光。

4. 氢气

氢气的化学式为 H_2，空气中氢气约占5%，液化温度为 -185.9 ℃。它的密度非常小，只有空气的1/14，即在标准大气压0 ℃下，氢气的密度为0.089 9 g/L。氢气具有可燃性和还原性，在空气中能与氧气发生反应生成水；与氧化铜可发生还原反应产生金属铜。氢气是一种无色、无嗅、无毒、易燃易爆的气体，和氟、氯、氧、一氧化碳以及空气混合均有爆炸的危险。

氢气的用途：

(1)在玻璃制造的高温加工过程及电子微芯片的制造中，在氮气保护气中加入氢以去除残余的氧。

(2)在石化工业中，需加氢通过去硫和氢化裂解来提炼原油。

(3)可利用氢对人造黄油、食用油、洗发精、润滑剂、家庭清洁剂及其他产品中的脂肪氢化。

(4)由于氢的高燃料性，航天工业使用液氢作为燃料。

(5)在一般情况下，氢极易与氧结合。这种特性使其成为天然的还原剂使用于防止出现氧化的生产中。

(6)用作合成氨、合成甲醇、合成盐酸的原料，石油炼制中加氢脱硫剂等。

(7)在医疗行业中，氢气对以脑血管疾病为代表和以老年性痴呆为代表的中枢神经系统疾功能紊乱都具有明显的保护作用。

链接

空气的主要成分包括氮气、氧气、氩气、氖气、氦气、氪气、氙气、氢气等，还包括水分、二氧化碳和碳氢化合物。

考点二　空分装置的工艺流程

空分装置的工艺流程主要分外压缩、内压缩。外压缩是指利用氧气压缩机将空分装置出来的低压产品氧气压缩至用户所需要的压力等级。内压缩是指采用液氧泵对产品液氧进行压缩，然后换热汽化的一种流程形式。

内压缩流程大致分为单泵、双(多)泵内压缩流程；空气增压循环和氮气增压循环；膨胀气体进上塔和膨胀空气进下塔三种形式。

1. 基本流程

本文介绍的空分装置分为分子筛选净化空气、空气增压、膨胀空气进下塔、氧气内压缩流程，带中压空气增压透平膨胀机，采用规整填料上塔、增效氩塔工艺。

原料空气自吸入口吸入，经自洁式空气过滤器除去灰尘及其他机械杂质。过滤后的空气进入离心式空压机，经原料空气压缩机压缩后进入空气冷却塔冷却。冷却水为经水冷塔冷却后的水。空气自下而上穿过空气冷却塔，在冷却的同时，又得到清洗。

经空冷塔冷却后的空气进入切换使用的分子筛纯化器，空气中的二氧化碳、碳氢化合物和水分被吸附。分子筛纯化器有两个进行切换使用，其中一个工作时，另一个再生。

净化后的空气分为两股：一股进入低压板式换热器，与返流的气体换热后出换热器底部后进入下塔；另一股去空气增压机。

进入空气增压机的空气经增压机第一段增压后分为两股：一股直接出增压机，经后过冷器冷却后进入膨胀机的增压风机中增压，然后被冷却器冷却至常温后进入高压板式换热器，再从高压板式换热器中部抽出进入膨胀机去膨胀。膨胀后的空气送入下塔。

另一股空气在增压机的第二段继续增压并经后冷却器冷却至常温后进入高压板式换热器，与高压液氧及返流污氮气体换热。这部分高压空气从换热器底部抽出经节流进入下塔。

空气经下塔初步精馏后，获得液空和污液氮，并经过冷器过冷后节流进入上塔。经上塔进一步精馏后，在上塔底部获得液氧，并经液氧泵压缩后进入高压板式换热器，复热后出冷箱，进入氧气管网。另抽取液氧送入液氧贮存系统。

在下塔顶部获得纯液氮，送入液氮贮存系统。

在下塔顶部抽取压力氮气，经低压板式换热器复热后出冷箱，进入氮气管网。

从上塔中部抽取一定量的氩馏分送入增效粗氩塔，氩馏分经增效粗氩塔精馏后得到粗氩气。粗氩气经过低压板式换热器复热后出冷箱，可以与污氮气汇合去水冷塔也可以单独作为粗氩气产品。

从上塔顶部抽取低压纯氮气经过冷器、低压板式换热器复热后送入水冷塔或送入用户管网。

从上塔上部引出污氮气经过冷器、低压板式换热器和高压板式换热器复热出冷箱后分成两部分：一部分进入分子筛系统的蒸汽加热器，作为分子筛再生气体，其余污氮气去水冷塔。

2. 主要系统

(1)空气过滤系统。在工业区的空气含尘量较大，空压机若直接吸入，容易造成损坏。因此，在进入空压机前应设置空气过滤器，清除空气中的固体杂质。空气过滤器分为干式过滤器和湿式过滤器。干式过滤器属于表面式过滤器，靠织物网眼阻挡尘粒；湿式过滤器主要靠油膜粘住灰尘。空气过滤系统除尘的方式有过滤除尘、惯性除尘、离心力除尘、洗涤除尘以及静电除尘。

(2)空压机及增压机系统。该系统主要包括原料空气压缩机和增压空气压缩机。原料空气压缩机的主要作用是为装置提供带压原料空气，增压空气压缩机的主要作用是为装置提供膨胀及液氧气化的气源。

(3)预冷系统。空气冷却塔(简称空冷塔)，主要作用是把空压机出来的高温气体冷却。空冷塔可采用的方式有筛板塔、填料塔、空心喷淋塔。空冷塔利用氮气或污氮含水分的不饱和度以及出塔温度与循环水温存在温差，使水温降低；再通过水作介质降低加工空气进入后系统的温度，同时降低空气中的饱和含水量。

氮水预冷器主要由水冷却塔和空气冷却塔两个塔组成。由分馏塔出来的氮气或污氮温度较低，含湿量亦较小，相对湿度约30%，在水冷塔内与温度较高的冷却水相遇，进行热交换。同时由于干燥氮气或污氮的吸湿作用(含水不饱和性)，带走水分，由于水分蒸发吸热，使冷却水本身的温度降低，这是使冷却水降温的主要因素。常温水经过水泵输送到空冷塔的中部喷淋；经过降温的水，自水冷塔出来，再由泵输送到空气冷却塔上部喷淋，与压缩空气相遇，进行热交换，使压缩空气温度降低，饱和含水量减少。此外对空气进行一次水洗，对清除其中的杂质和酸性气体是有利的。

链接

氮水预冷系统常见的故障有空冷塔出口带水、水冷塔顶部喷水、喷头堵塞、填料环结块与破碎。为了预防喷水及填料环破碎，操作时导气速度应缓慢进行，并提高水质，减少污垢。

(4)纯化系统。分子筛纯化系统的主要作用是吸附空气中含有的水分、乙炔、二氧化碳和一些碳氢化合物。空气是多组分组成，除了氧气、氮气等气体组分外，还有水蒸气、二氧化碳、乙炔及少量的灰尘等固体杂质。这些杂质会随空气进入空压机与空气分离装置中，从而带来较大的危害。固体杂质会磨损空压机运转部件，堵塞冷却器，降低冷却效果；水蒸气和二氧化碳在空气冷却过程中会冻结析出，将堵塞设备及气体管道，导致空分装置无法生产；乙炔进入空分装置会导致爆炸。因此，为了保证制氧机的安全运行，应设置纯化系统以清除这些杂质。

链接

分子筛纯化系统中，为预防分子筛中毒(即被油类和烃类等污染后不能解吸)，应保证压缩机密封气压力及流量，避免油分随空气进入系统。在泄压、冲压时为了防止分子筛受气流冲击而破碎粉化，因此，阀门不能开关太快，且导气时应避免系统压力降低波动过大。

(5)膨胀机系统。膨胀机是为空分装置提供冷量的设备，根据能量转换和守恒定律，气体在透平膨胀机内进行绝热膨胀对外做功时，气体的能量减少，使气体冷却，从而达到制冷的目的。

(6)换热系统。换热系统是化工过程中必不可少的子系统。换热设备是指使热量由热流体传给冷流体的设备。空分设备中的换热设备主要包括切换式换热器、主热交换器、氮水预冷器、过冷器、冷凝蒸发器、液化器、加热器、空气压缩机的冷却器等。

(7)分馏塔系统。分馏塔系统是空分系统的核心系统，其作用是利用低温精馏来分离原料空气中的氧、氮。空气的精馏过程：利用氧、氮的沸点不同，混合液体吸收上升蒸汽的热量时部分蒸发，沸点较低的氮蒸发的较多；而上升蒸气在放出热量时部分冷凝，沸点较高的氧冷凝的较多。这样蒸气中的氮浓度越来越高，液体中的氧浓度也越来越高。通过多次的部分蒸发与部分冷凝完成整个精馏过程，从而将空气中的氧和氮分离开来。

链接

精馏塔常见的故障：由于塔板上的液体沿溢流斗难以流下，从而产生液悬现象；因阀门动作过猛或运转周期过长，故易发生液泛现象；管道由于振动碰撞磨漏、管内积水冻裂、主冷局部爆炸等原因，从而导致主冷泄漏。

典型例题

【单选题】分子筛吸附器是保证空分装置长期安全可靠运转的关键基础设备，其作用是吸附、清除原料空气中的水分、乙炔、二氧化碳及一些能吸附的碳氢化合物。下列预防分子筛中毒的措施中，正确的是(　　)。

A. 保证压缩机密封气温度及流量，防止由于温度、流量低而使润滑油进入气缸

B. 保证压缩机密封气温度及流量，防止由于温度、流量低而使水汽进入气缸

C. 保证压缩机密封气压力及流量，防止由于压力、流量低而使水汽进入气缸

D. 保证压缩机密封气压力及流量，防止由于压力、流量低而使润滑油进入气缸

D。【解析】分子筛中毒的原因主要是由于空气压缩机密封性不好，在压缩空气的过程中，润滑油就会随着空气进入系统。其预防措施是：保证压缩机密封气压力和流量，防止因为压力、流量低，而使润滑油进入气缸内。

考点三　氧气、氮气、氩气生产中存在的危险有害因素

1. 爆炸和火灾

空分装置中空分塔冷凝蒸发器、氧气压缩机、罐体或管道易发生爆炸。低温下储存的液氧、液氮、液氩遇热发生汽化膨胀，易引起设备、管道发生物理爆炸。设备发生故障或误操作使设备超压运行，易发生爆炸。碳氢化合物在装置中积聚，带油、断水温度升高，易发生爆炸。

2. 中毒和窒息

贮槽周围、输送管道周围、气体充装间、气瓶间，可能会存在气体泄漏的危险，局部浓度过高可能会发生中毒、窒息的危险。

氧中毒会出现肺水肿、头晕、面色苍白、心跳加快等症状，且氧中毒不易被察觉，容易耽误治疗的最佳时机。

氮气、氩气浓度较高会引起窒息甚至死亡，且氩气密度大易积聚在不通风房间的下方，比氮气更容易使人窒息。

珠光砂的流动性很好，密度很小，容易飞扬，人落入珠光砂层易被淹没，从而发生窒息事故。

3. 低温冻伤

气体生产均有汽化吸热的过程，此过程会造成设备表面低温，人体接触可导致低温冻伤，轻则皮肤产生水泡、红肿且疼痛，重则内部组织和骨关节被冻坏。

4. 高温烫伤

大型转动设备长期运转时，会造成设备内部和表面的温度升高，人体接触可导致烫伤。

5. 电气伤害

生产车间内有电气线路、电气设备及配电装置等，当电气作业不当、设备漏电、防雷接地不完善时，都会发生触电现象。

6. 机械伤害

若空分装置中的空气压缩机、空气增压机、氮气压缩机、氧气压缩机等设备的机械运

动部件外露，而防护措施和安全防护装置又不完善，可能就会导致操作人员的衣服、头发等缠绕其上，而发生人身伤害。

7. 噪声伤害

空分装置中高速运转的压缩机以及气体排出口处会产生噪声，对人体可能会造成不良影响。

8. 高处坠落

空分装置设备（如透平膨胀机组、氧气压缩机组、水冷塔、空冷塔等）的检巡处，其高度均在 2 m 及以上，工作人员操作时可能发生高处坠落事故。

考点四　氧气站的相关安全要求

1. 氧气站的布置

氧气生产场所建设地点选择应符合当地城市与工业区总体规划，经技术经济比较与安全评估，择优选取经济效益、社会效益、环境效益好且安全可靠的厂址。

①氧气生产场所应选择在环境清洁地区，并布置在有害气体及固体尘埃散发源的全年最小频率风向的下风侧，应考虑周围企业扩建时可能对本厂安全带来的影响。

②氧气生产场所宜靠近主要用户，并应有方便、经济的交通运输条件。

③氧气生产和储存场所距国家铁路不应小于 200 m。

④氧气生产场所距居民区的距离要考虑噪声影响，应符合《工业企业厂界环境噪声排放标准》、《声环境质量标准》的有关规定。

⑤氧气生产场所应具有良好的地质条件。氧气生产场所不宜选择在发展断层及地震动峰值加速度大于或等于 0.4 g（地震基本烈度大于或等于 9 度）的地震区。

空分装置的吸风口与散发碳氢化合物（尤其是乙炔）等有害气体发生源应有一定的安全距离。吸风口空气中有害杂质允许极限含量应通过实际检测，并符合要求。空分装置吸风口处空气中的含尘量，应不大于 30 mg/m^3。

氧气贮罐之间的防火间距不应小于相邻较大罐的半径。氧气贮罐与可燃气体贮罐之间的防火间距不应小于相邻较大罐的直径。

液氧贮罐和输送设备的液体接口下方周围 5 m 范围内不应有可燃物，不应铺设沥青路面，在机动输送液氧设备下方的不燃材料地面不应小于车辆的全长。

液氧贮罐和汽化器的周围宜设围墙或栅栏，并应设明显的禁火标志。

2. 氧气管道

（1）氧气管道应敷设在不燃烧体的支架上。

（2）架空氧气管道应在管道分岔处、与电力架空电缆的交叉处、无分岔管道每隔 80～100 m 处以及进出装置或设施等处，设置防雷、防静电接地措施。

（3）出氧气厂（站、车间）边界阀门后、氧气干管送往一个系统支管阀门后、进车间阀门后、调节阀组前和调节阀前、后的氧气管道宜设阻火铜管段。当氧气调节阀组设置独立阀门室或防护墙时，手动阀门的阀杆宜伸出防护墙外操作。若不单独设置阀门室或防护墙时，氧气调节阀前后 8 倍调节阀公称直径的范围内，应采用铜合金（含铝铜合金除外）或镍基合金材质管道。

（4）氧气管道严禁穿过生活间、办公室，不宜穿过不使用氧气的房间，若必须穿过时，则该房间内应采取防止氧气泄漏等措施。

(5)氧气管道不宜穿过高温及火焰区域，必须通过时，应在该管段增设隔热设施，管壁温度不应超过 70 ℃。严禁明火及油污靠近氧气管道及阀门。

(6)氧气管道的弯头、三通不应与阀门出口直接连接。调节阀组、干管阀门、供一个系统的支管阀门、车间入口阀门，其出口侧的管道宜有长度不小于 5 倍管道公称直径且不小于 1.5 m 的直管段。氧气管道上的弯头、变径管及三通的选用，应符合下列要求：

①氧气管道的弯头严禁采用褶皱弯头，当采用冷弯或热弯弯制碳钢弯头时，弯曲半径不应小于公称直径的 5 倍；当采用压制对焊弯头时，宜选用长半径弯头。对工作压力不大于 0.1 MPa 的钢板卷焊管，可以采用斜接弯头，90°弯头应采用中间为大于或等于二段管制作的管件，弯头内壁应平滑，无锐边、毛刺及焊瘤。

②氧气管道的变径管宜采用压制对焊管件，当焊接制作时，变径部分长度不宜小于两端管外径差值的 3 倍；其内壁应平滑，无锐边、毛刺及焊瘤。

③氧气管道的三通宜采用压制对焊，当不能取得时，应在工厂或现场预制，加工到无锐角、无突出部位及焊瘤。

(7)供切焊用氧气支管与切焊工具或设备用软管连接时，供氧阀门及切断阀应设在用不燃烧体材料制作的保护箱内。

(8)氧气管道宜架空敷设。氧气管道可沿生产氧气或使用氧气的建筑物构件上敷设。厂房内架空氧气管道的法兰、螺纹、阀门等易泄漏处下方，不应有建筑物。氧气管道上的法兰应按国家、行业有关的现行标准选用，管道法兰的垫片宜按《深度冷冻法生产氧气及相关气体安全技术规程》的规定选用。氧气管道的连接应采用焊接，但与设备、阀门连接处可采用法兰或螺纹，螺纹连接处，应采用聚四氟乙烯薄膜作为填料，严禁用涂铅红的麻、棉丝或其他含油脂的材料。

(9)氧气管道与乙炔、氢气管道共架敷设时，应在乙炔、氢气管道的下方或支架两侧；与油质、有可能泄漏腐蚀性介质的管道共架时，应设在该类管道的上方或支架两侧。

(10)氧气管道在不通行地沟敷设时，应符合下列要求：

①沟上应设防止可燃物料、火花侵入的盖板，地沟及盖板应是不燃烧体材料制作；地沟应能排除积水；严禁油脂及易燃物漏入地沟内。

②地沟内氧气管道不应设阀门、法兰、螺纹等易泄漏接口。

③地沟内氧气管道与非燃气、水管道同沟敷设时，氧气管道应在上面。

④严禁氧气管道与可燃气体管道(不含乙炔气)、油质管道、腐蚀性介质管道、电缆线同沟敷设；并严禁氧气管通地沟与该类管线地沟相通。

(11)厂房内氧气管道不宜埋地敷设。

(12)氧气管道架空困难，必须埋地敷设时应符合下列要求：

①埋地深度，应根据地面上荷载决定，埋地氧气管道应敷设在冻土层以下，穿过铁路和道路时，其交叉角不宜小于 45°，并应设套管，套管顶距铁轨底面不应小于 1.2 m，距道路路面不应小于 0.7 m。

②直接埋地管道，应根据埋设地带土壤的腐蚀等级采取相应等级防腐蚀措施。

③埋地管道上不宜装设阀门或法兰连接点，必须设置时应设阀门井。

(13)氧气调节阀前应设置可定期清洗的过滤器，氧气过滤器壳体应用不锈钢或铜及铜合金，过滤器内件应用铜及铜合金。滤网除满足过滤功能外，并应有足够的强度，以防滤网碎裂。滤网宜优先选用镍铜合金材质，其次为铜合金(含铝铜合金除外)材质，网孔尺寸宜为 0.16～0.25 mm(60～80 目)。

典型例题

【单选题】氧气管道不宜穿过高温及火焰区域,必须通过时,应在该管段增设隔热设施,管壁温度不应超过(　　)℃。

A. 60　　B. 70

C. 80　　D. 90

B。【解析】氧气管道不宜穿过高温及火焰区域,必须通过时,应在该管段增设隔热设施,管壁温度不应超过 70 ℃。严禁明火及油污靠近氧气管道及阀门。

考点五　氢气的制取工艺

目前,氢气的来源主要是采用天然气、煤、石油等蒸汽转化制气或者采用甲醇裂解、氨裂解、水电解等方法得到含氢气源,再分离提纯这种含氢气源。此外,还可以直接从含氢气源(如焦炉气、半水煤气、甲醇尾气等)中提纯氢气。

1. 天然气转化制氢

天然气制氢是以天然气为原料,用水蒸气作为氧化剂,来制取富氢混合气。

制氢包含两个过程:天然气脱硫过程和甲烷蒸汽转化过程。脱硫过程:根据原料气中硫组分和含量,在一定温度、压力下,原料气通过氧化锰及氧化锌脱硫剂,将原料气中的有机硫、H_2S 脱至 0.2×10^{-6}以下,以满足蒸汽转化催化剂对硫的要求。甲烷蒸汽转化过程:甲烷蒸汽转化是以水蒸气为氧化剂,在镍催化剂的作用下将甲烷转化,得到制取氢气的原料气。

天然气制氢系统的主要设备有预热器、脱硫器、二段炉、换热反应器、余热锅炉、变换炉、锅炉水预热器、预热器、冷却器、分离器、变压吸附纯化装置等。

2. 甲醇裂解制氢

甲醇制氢是将甲醇和除盐水按一定的配比混合,加热至 270 ℃左右,在催化剂的作用下,发生催化裂解和转化反应。

转化催化剂具有裂解和转化两个功能,两步反应可耦合在一起同时在转化器内完成。甲醇裂解属于吸热反应,一氧化碳转化反应属于放热反应,这种耦合既利用了反应热,节省了能量又简化了流程。从整个反应过程来看,制氢反应过程是一个吸热过程,原料汽化和反应所需要的热量由导热油锅炉提供。反应生成的转化气经冷却、冷凝及净化后送至变压吸附工段除去杂质,合格后送至用户。甲醇制氢工艺流程图如图 9-1 所示。

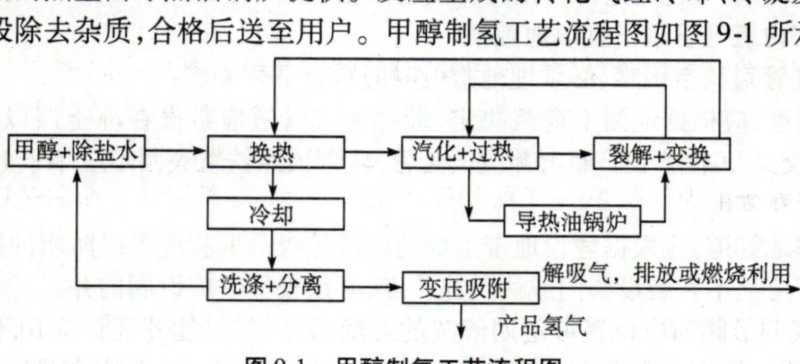

图 9-1　甲醇制氢工艺流程图

3. 煤焦化制氢

煤焦化过程是在隔绝空气的条件下,在 900 ~ 1 000 ℃制取焦炭,副产品焦炉煤气中含氢气55% ~60%、甲烷23% ~27%、一氧化碳6% ~8%以及少量其他气体,可作为城市煤气,亦是制取氢气的原料。

焦炉煤气先经电捕焦器除去大部分焦油,而后由螺杆压缩机将焦炉煤气由常压加压至0.58 MPa(表压),冷却至40 ~45 ℃送往冷冻分离预处理工序,除去水、焦油、萘、苯等杂质后再依次经除油器、预处理器进一步脱除焦油、萘等微量重组分及水分,然后进入变压吸附脱硫脱碳工序脱除煤气中的二氧化碳、无机硫、有机硫及大部分的CH_4、CO、N_2等,得到含氢体积分数为95% ~98%的半成品气。半成品气再经往复式压缩机加压至1.25 MPa送往变压吸附提氢工序,得到体积分数为99.9%以上的产品氢气。煤焦化制氢工艺流程图如图9-2所示。

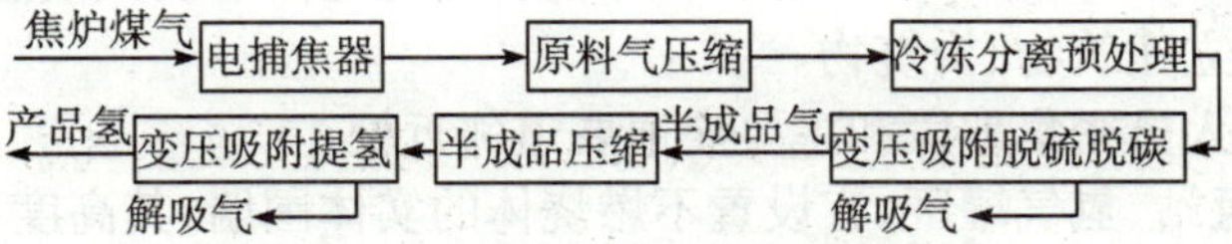

图9-2　煤焦化制氢工艺流程图

4.煤气化制氢

煤在高温、常压或加压下,与气化剂(水蒸气或氧气、空气)发生反应,转化成为气体产物,气体产物中含有氢气等组分,其含量随不同气化方法而异。煤气化制氢是先将煤炭气化得到以氢气和一氧化碳为主要成分的气态产品,然后经过净化、变换和分离、提纯等处理而获得一定纯度的产品氢气。煤气化制氢技术的工艺过程一般包括煤的气化、煤气净化、变换以及提纯等主要生产环节。煤气化制氢工艺流程图如图9-3所示。

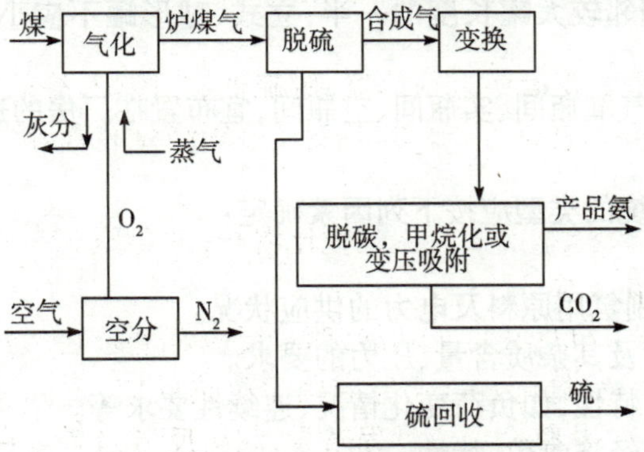

图9-3　煤气化制氢工艺流程图

5.氨裂解制氢

氨裂解法是合成氨的逆反应。其主要艺路线为:原料液氨由小储罐进入蒸发器,被加热气化,气氨经过滤除雾并调压后,在换热器内与分解炉出来的高温粗产品气换热,再进入氨分解炉,炉内充装Ni或Fe催化剂,控制电加热器或其他加热器使分解炉的温度在800 ~870 ℃,氨分解为75%的氢气和25%的氮气,高温粗产品气冷却后被送入PSA装置分离提纯氢气。

6.水电解制氢

水电解主要是将两个相互接近的电极浸没在碱液中,在电极间加一个直流电压,使水发生电解反应生成氢气和氧气。氢气从阴极逸出,纯度约为99.9%;氧气从阳极逸出,纯度约为99.5%。水电解制氢系统的主要设备有电解槽、分离器、冷却器、捕滴器、电解液过滤器、碱水供应系统及直流电供应系统。

链接

制氢装置的主要设备有制氢转化炉、PSA 吸附塔、废热锅炉、电解槽、氢气收集室和气体分离室、氢气储罐、活塞式天然气压缩机、加氢脱硫反应器以及氢气压缩机。

考点六　氢气站的安全要求

1. 总平面布置

(1)氢气站、供氢站、氢气罐的布置,应按下列要求经综合比较确定:

①宜布置在工厂常年最小频率风向的下风侧,并应远离有明火或散发火花的地点。

②宜布置为独立建筑物、构筑物。

③不得布置在人员密集地段和主要交通要道邻近处。

④氢气站、供氢站、氢气罐区,宜设置不燃烧体的实体围墙,其高度不应小于 2.5 m。

⑤宜留有扩建的余地。

(2)氢气罐或罐区之间的防火间距,应符合下列规定:

①湿式氢气罐之间的防火间距,不应小于相邻较大罐(罐径较大者,下同)的半径。

②卧式氢气罐之间的防火间距,不应小于相邻较大罐直径的 2/3;立式罐之间、球形罐之间的防火间距,不应小于相邻较大罐的直径。

③卧式、立式、球形氢气罐与湿式氢气罐之间的防火间距,应按其中较大者确定。

④一组卧式或立式或球形氢气罐的总容积,不应超过 30 000 m^2。组与组的防火间距,卧式氢气罐不应小于相邻较大罐长度的一半;立式、球形罐不应小于相邻较大罐的直径,并不应小于 10 m。

(3)氢气站内的氢气灌瓶间、实瓶间、空瓶间,宜布置在厂房的边缘部分。

2. 工艺系统

(1)氢气站制氢系统的类型应按下列因素确定:

①氢气站的规模。

②当地氢源状况,制氢用原料及电力的供应状况。

③用户对氢气纯度及其杂质含量、压力的要求。

④用户使用氢气的特性,如负荷变化情况、连续性要求等。

⑤制氢系统的技术经济参数、特性。

(2)氢气压缩机安全保护装置的设置,应符合下列规定:

①压缩机出口与第 1 个切断阀之间应设安全阀。

②压缩机进、出口应设高低压报警和超限停机装置。

③润滑油系统应设油压过低或油温过高的报警装置。

④压缩机的冷却水系统应设温度或压力报警和停机装置。

⑤压缩机进、出口管路应设有置换吹扫口。

(3)氢气站、供氢站一般采用气态储存氢气,主要有高、中、低压氢气罐,金属氢化物储氢装置等。氢气站、供氢站的氢气罐安全设施设置,应符合下列规定:

①应设有安全泄压装置,如安全阀等。

②氢气罐顶部最高点,应设氢气放空管。

③应设压力测量仪表。

④应设氮气吹扫置换接口。

(4)各类制氢系统中,设备及其管道内的冷凝水,均应经各自的专用疏水装置或排水水封排至室外。水封上的气体放空管,应分别接至室外安全处。

(5)氢气站应按外销氢气量选择氢气灌装方式。氢气灌装系统的设置应符合下列规定:

①应设有超压泄放用安全阀。

②应设有氢气回流阀,氢气回流至氢气压缩机前管路或氢气缓冲罐。

③应设有分组切断阀、压力显示仪表。

④应设有吹扫放空阀,放空管应接至室外安全处。

⑤应设有气瓶内余气及含氧量测试仪表。

(6)各类制氢系统、供氢系统,均应设有含氧量小于0.5%的氮气置换吹扫设施。

3. 氢气(氢气厂内部的水电解制氢)生产及设备

(1)氢气站内严禁烟火,制氢间内不得放置易燃易爆或油类物品,周围应设置明显的"严禁烟火"警示标志。不得穿带钉鞋和化纤或其他产生静电的衣、帽等进入生产、使用氢气的现场。氢气站内严禁使用非防爆通信设备。

(2)氢气站内所有电气设备,应符合《爆炸危险环境电力装置设计规范》的有关规定,并应有良好的绝缘保护。站内不应挂设临时电气线路。

(3)电解槽内极片间的绝缘电阻应大于1 kΩ;每天至少测量一次电解槽的极间电压,并符合有关规定。

(4)制氢设备、管道、容器上的安全水封及阻火器等安全装置,应完好、灵敏、可靠,并应定期检查。氢气洗涤器出口,湿式氢气储罐进出口等均应设置水封。

(5)应采用灵敏、可靠的自动控制系统,保持氢、氧分离器及洗涤器的压力平衡,最大压差不应超过规定值。

(6)制氢系统开车前,应用氮气置换系统内的空气,并经化验合格,认真检查电极的接线是否正确,对地电阻应大于1 MΩ。

(7)电解槽运行时,严禁用导体材料制作的工具直接接触电解槽或其他电气设备。电解槽周围地面应铺设绝缘胶板。

(8)对重要运行参数的监控,宜设置报警、停车联锁保护装置,操作人员应执行巡回检查制度,发现异常情况及时处理。

(9)宜设置氧中氢含量和氢中氧含量在线检测装置。当未设置在线检测装置时,应每小时分析一次氢气、氧气纯度,保证氢气纯度和氧气纯度均不低于99.5%,当氢气纯度小于98%时应采取有效措施。处理不好时,应立即停止运行,排除故障后方可重新投入运行。

(10)氢气管道宜架空敷设,在管道低点处应设排水装置。在管道高点处应设放散管,并在管口处设阻火器。

(11)严禁氢气管道穿过不使用氢气的房间。

(12)氢气管道安装后,应进行压力试验、气密性试验和泄漏量试验,试验介质和试验压力应符合《氢气站设计规范》的有关规定。

(13)新安装和停产检修后再投入生产的氧气管道应吹扫处理后,方可投入使用。送氢气前应先用纯氮气吹扫管道、容器内的空气,再用复气置换氮气后,方可投入正常生产运行。

(14)湿式氢气储罐钟罩位置应有标尺显示高低,每小时应检查一次,并设置超高、过低报警装置。

(15)氢气管道及储罐的接地应良好,法兰连接处应设金属导线跨接,其跨接电阻不大于0.03 Ω。

(16)氢气使用时,严禁与空气、氧气等气体混合而形成爆炸气体。

(17)氢气所用的仪表及阀门等零部件的密封应良好,并定期检查,发现漏点应及时处理。

(18)室内氢气易泄漏和积案处,应设置浓度报警装置.

(19)氢气系统应设氮气置换吹扫接头,使用时用软管与氮气管道连接,用毕拆除。

(20)氢气站严禁使用明火和电热散热器取暖。

(21)接触氢气的阀门不应采用铜和铜合金材料。

链接

氢气站、供氢站的防雷分类不应低于第二类防雷建筑。其防雷设施应防直击雷、防雷电感应和防雷电波侵入。防直击雷的防需接闪器,应使被保护的氢气站建筑物、构筑物、通风风帽、氢气放空管等突出屋面的物体均处于保护范围内。氢气站、供氢站内的设备、管道、构架、电缆金属外皮、钢屋架和突出屋面的放空管、风管等应接到防雷电感应接地装置上。管道法兰、阀门等连接处,应采用金属线跨接。

典型例题

【单选题】氢气站、供氢站的防雷设施应防直击雷、防雷电感应和防雷电冲击波侵入。根据《建筑物防雷设计规范》,氢气站、供氢站的防雷分类不应低于(　　)防雷建筑。

A. 第一类　　B. 第二类

C. 第三类　　D. 第四类

B。【解析】氢气站、供氢站的防雷分类不应低于第二类防雷建筑。其防雷设施应防直击雷、防雷电感应和防雷电波侵入。

考点七　瓶装气体分类

1. 分类原则

(1)临界温度低于等于 -50 ℃的气体为压缩气体。

(2)临界温度高于 -50 ℃的气体为液化气体,也是高压液化气体和低压液化气体的统称。

(3)临界温度高于 -50 ℃且低于等于 65 ℃的气体为高压液化气体。

(4)临界温度高于 65 ℃的气体为低压液化气体。

2. 第 1 类——压缩气体和低温液化气体

(1)a 组,不燃无毒和不燃有毒气体。

(2)b 组,可燃无毒和可燃有毒气体。

(3)c 组,低温液化气体(深冷型)。

a 组和 b 组气体在正常环境温度(-40 ~60 ℃,下同)下充装、贮运和使用过程中均为气态。

c 组气体在充装时及在绝热焊接气瓶中运输为深冷液体形式,在使用过程中是以液态或液体汽化及常温气态使用。

3. 第 2 类——液化气体

(1)高压液化气体。

①a 组,不燃无毒和不燃有毒气体。

②b 组,可燃无毒和可燃有毒气体。

③c 组,易分解或聚合的可燃气体。

此类气体,在正常环境温度下充装、贮运和使用过程中随着气体温度、压力的变化,其状态也在气、液两态间变化,当此类气体在温度超过气体的临界温度时为气态。

(2)低压液化气体。

①a 组,不燃无毒和不燃有毒气体。

②b 组,可燃无毒和可然有毒气体。

③c 组,易分解或聚合的可燃气体。

在充装、贮运和使用的过程中,正常环境温度均低于此类气体的临界温度。

4. 第 3 类——溶解气体

a 组,易分解或聚合的可燃气体。

5. FTSC 数字编码

气体的 FTSC 数字编码是由气体的燃烧性、毒性、状态和腐蚀性的英文词组中第一个字母组成的缩写词。FTSC 编码用四个数字按顺序组成,直接标示了每种气体的基本特性。

编码依据下列四个基本特性:

(1)燃烧性。根据燃烧的潜在危险性,分为不燃、助燃(氧化性)、可燃(甲类、乙类)、自燃、强氧化性、分解或聚合 6 个类型。

(2)毒性。根据接触毒性的途径和毒性大小,按急性毒性吸入 1 h,半数致死量浓度 LC_{50}分为无毒、毒、剧毒 3 个等级。

(3)状态。根据瓶内充装气体的状态和在 20 ℃环境温度时及瓶内压力的大小分为六个类型。

(4)腐蚀性。根据气体不同的腐蚀性,分为无腐蚀、酸性腐蚀(氢卤酸腐蚀和非氢卤酸腐蚀)、碱性腐蚀四个类型。

FTSC 数字编码的含义,如表 9-1 所示。

表 9-1　FTSC 数字编码的含义

F 燃烧性(第一位数)				
0				不燃(惰性)
1				助燃(氧化性)
2				可燃性气体: (1)可燃气体甲类:在空气中爆炸下限小于 10% 的可燃气体。 (2)可燃气体乙类:在空气中爆炸下限大于等于 10% 的可燃气体
3				自然气体:在空气中自然温度小于 100 ℃的可燃气体
4				强氧化性
5				易分解或聚合的可燃性气体

（续表）

T 毒性（第二位数）吸入半数致死量浓度 $LC_{50}/1\ h$				
	1			无毒，$LC_{50}>5\ 000\times10^{-6}$
	2			毒，$200\times10^{-6}<LC_{50}\leqslant5\ 000\times10^{-6}$
	3			剧毒，$LC_{50}\leqslant200\times10^{-6}$
S 状态（第三位数）标示气瓶内气体的状态				
		1		低压液化气体
		2		高压液化气体
		3		溶解气体
		4		压缩气体（1）
		5		压缩气体（2），适用于氟、二氟化氧
		6		低温液化气体（深冷型）
C 腐蚀性（第四位数）				
			0	无腐蚀性
			1	酸性腐蚀，不形成氢卤酸的
			2	碱性腐蚀
			3	酸性腐蚀，形成氢卤酸的

典型例题

【单选题】气瓶充装就是将不同气体或气、液混合状态的介质通过设备加压充入气瓶的过程。瓶装气体分类原则中，临界温度高于（　　）℃的气体为液化气体。

A. －40　　B. －45

C. －50　　D. －65

C。【解析】瓶装气体分类原则中，临界温度高于 －50 ℃的气体为液化气体，也是高压液化气体和低压液化气体的统称。

考点八　压缩气体气瓶充装的安全要求

1. 充装前的检查与处理

（1）充装前气瓶应由专人负责逐只进行检查，检查内容及要求至少应包括：

①气瓶应由具有“特种设备制造许可证”的单位生产。

②进口气瓶应经特种设备安全监督管理部门认可。

③充装的气体应与气瓶制造钢印标志中充装气体名称或化学分子式相一致。

④警示标签上印有的瓶装气体的名称及化学分子式应与气瓶钢印标志一致。

⑤气瓶应是本充装站自有产权气瓶或其他充装站托管的气瓶。

⑥气瓶外表面的颜色标志应符合《气瓶颜色标志》的规定，且清晰易认。

⑦气瓶瓶阀的出气口螺纹型式应符合《气瓶阀出气口连接型式和尺寸》的规定，即可燃气体用的瓶阀，出口螺纹应是左旋，其他气体用的瓶阀，出口螺纹应是右旋的。

⑧气瓶外表面应无裂纹、严重腐蚀、明显变形及其他严重外部损伤缺陷。

⑨气瓶应在规定的检验有效期内。

⑩气瓶的安全附件应齐全并符合安全要求。

⑪充装氧气或其他强氧化性气体的气瓶，其瓶体、瓶阀不得沾染油脂或其他可燃物。

(2)不符合第(1)条要求的气瓶，禁止充装。

(3)颜色或其他标志以及瓶阀出口螺纹与所装气体的规定不相符的气瓶，除不予充气外，还应查明原因，报告当地特种设备安全监督管理部门进行处理。

(4)新投入使用或经内部检验后首次充气的气瓶，充装前应按规定进行抽真空或置换处置，经确认合格后方能充装。

(5)充装可燃性气体、氧化性气体的气瓶，如没装设余压保持阀，重复充装前应进行抽真空处理。可燃性气体气瓶抽真空至 -80 kPa 以下，氧化性气体气瓶抽真空至 -50 kPa 以下。

(6)在检验有效期内的气瓶，如外观检查发现有重大缺陷或对内部状况有怀疑的气瓶、瓶阀及其附件，应先送检验机构，按规定进行技术检验与评定，检验合格后方可重新使用。库存和停用时间超过一个检验周期的气瓶，启用前应进行检验。

(7)国外进口的气瓶及境外使用的气瓶，要求在我国境内充气时，应先由特种设备安全监督管理部门认可和检验机构检验合格。

(8)经检查不合格(包括待处理)的气瓶应与合格气瓶隔离存放，并作出明显标记，以防止相互混淆。

2. 充装

(1)气瓶充装输气管与瓶阀的连接型式应为螺纹连接，禁止采用夹具连接充装。

(2)气瓶充装系统用的指针式压力表，精度应不低于1.6级，表盘直径应不小于100 mm。校验周期不应超过6个月。

(3)待充气体中的杂质含量应符合相应气体标准的要求，否则禁止充装。

(4)气瓶充装气体时，应严格遵守下列各项规定：

①充装前应检查确认气瓶是经过检查合格的(应有记录)。

②用防错装接头进行充装时，应认真仔细检查瓶阀出气口的螺纹与所装气体所规定的螺纹型式是否相符，防错装接头各零件是否灵活好用。

③开启瓶阀时应缓慢操作，并应注意监听瓶内有无异常音响。

④禁止用扳手等金属器具敲击瓶阀和管道。

⑤在瓶内气体压力达到7 MPa以前应逐只检查气瓶的瓶体温度是否一致，在瓶内气体压力达到10 MPa以前应逐只检查气瓶的瓶阀及各连接部位的密封是否良好，发现异常时应及时妥善处理。

⑥气瓶的充装流量不得大于8 m^3/h(标准状态下)；

⑦用充气汇流排充装气瓶时，禁止在充装过程中插入空瓶进行充装。

(5)气瓶的充装量应严格控制，确保气瓶在基准温度(国内使用的，定为20 ℃)下，瓶内气体的压力不超过气瓶水压试验压力的2/3。

(6)用国产气瓶充装的各种常用压缩气体(如氧气、空气、氮气、氢气、甲烷、一氧化碳、氩气、氦气等)，充装压力(表压)不得超过《压缩气体气瓶充装规定》的相关规定。其他压缩气体的充装压力不得超过由下式计算的压力值。

$$P \leqslant \frac{P_0TZ}{T_0Z_0}$$

式中：P——气瓶的最高充装压力（绝对），单位为兆帕（MPa）；

T——充装温度，单位为开尔文（K）；

Z——在压力为 P、温度为 T 时气体的压缩系数；

P_0——气瓶的公称工作压力，单位为兆帕（MPa）；

T_0——气瓶的基准温度（国内使用的，定为 20 ℃，即 293 K），单位为开尔文（K）；

Z_0——在压力为 P_0、温度为 T_0 时气体的压缩系数。

（7）充装后的气瓶，应有专人负责，逐只进行检查。不符合要求时，禁止出厂，并进行妥善处理。检查内容至少包括：

①瓶内压力（充装量）及质量是否符合安全技术规范及相关标准的要求。

②瓶阀出气口螺纹及其密封面是否良好。

③气瓶充装后是否出现鼓包变形或泄漏等严重缺陷。

④瓶体的温度是否有异常升高的迹象。

⑤气瓶的瓶帽、充装标签和警示标签是否完整。

3. 充装记录

（1）充装单位应有专人负责填写气瓶充装记录，记录的内容至少应包括充装日期、瓶号、室温、充装介质、充装压力、充装起止时间、充装人、有无发现异常情况等。

（2）充装单位应负责妥善保管气瓶充装记录，保存时间不应少于 1 年。

链接

气瓶充装的危险有害因素有火灾、容器爆炸、其他爆炸、中毒和窒息。

案例分析

案例场景

某厂空分装置由德国某公司设计制造，采用深冷法全低压工艺流程。精馏塔采用双段精馏塔，将液态空气依次在上、下塔内进行 O_2、N_2 分离，生产高纯度氧气（O_2 浓度≥98%）和高纯度氮气（N_2 浓度≥99.999%）。该装置的生产能力为 28 000 Nm^3/h。

2020 年 12 月 12 日 0∶18 分，空分装置 N_2 压缩机因高压缸止推轴温度高联锁动作，导致该机联锁跳车。0∶26 分，2 号高压锅汽包低水位联锁跳车，1 号高压锅炉所产生的蒸汽不能满足生产系统需求导致 10 MPa 蒸汽压力急剧下降。0∶38 分，空气压缩机透平入口蒸汽压力由 10 MPa 降到 5.8 MPa，操作人员按操作规程对该机手动停车。0∶40 分，空分装置冷箱内精馏塔下塔内和 N_2 液化器以及其连接管线发生爆炸。事故导致 N_2 液化器外壳炸碎，部分管道炸裂、拉断，精馏塔塔盘脱落，个别设备、阀门、仪表损坏，冷箱外壳东北角炸开，冷箱严重变形，设备及管道部分碎片和内填珠光砂喷出。接到事故报告后该单位立即启动了事故应急预案，使事故损失尽量控制到最低。

经调查，此事故主要是由于易燃气体窜入精馏塔内与助燃气体形成爆炸性混合物所致，其易燃气体是氢气。除氢气外，若空气源中易燃气体浓度过高，分子筛吸附去除易燃杂质不利，也有可能造成类似事故。

知识点讲解

考点一　空气分离的方法

1. 低温法

低温法也称为深度冷冻法，原理是根据空气中各组分的沸点不同，经加压、预冷、纯化，并利用大部分由透平膨胀机提供的冷量使之液化，再进行精馏，从获得所需要的氧气、氮气及其他稀有气体的过程。

2. 分子筛吸附法

分子筛吸附法的原理是利用分子筛对不同的分子具有选择性吸附的特点，有的分子筛对氮具有较强的吸附性能，让氧分子通过，可得到较高纯度的氧气；有的分子筛对氧具有较强的吸附性能，让氮分子通过，可得到较高纯度的氮气，从而实现空气的分离。但分子筛吸附法目前的氧气纯度只有93%左右。

3. 膜分离法

膜分离法的原理是利用一些有机聚合膜的渗透选择性，当空气通过薄膜或中空纤维膜时，氧气穿透过薄膜的速度约为氮的5倍，从而实现氧、氮的分离。膜分离法的富氧浓度不高。

考点二　事故应急预案体系的构成

1. 综合应急预案

综合应急预案是生产经营单位为应对各种生产安全事故而制定的综合性工作方案，是本单位应对生产安全事故的总体工作程序、措施和应急预案体系的总纲。

2. 专项应急预案

专项应急预案是生产经营单位为应对某一种或者多种类型生产安全事故，或者针对重要生产设施、重大危险源、重大活动防止生产安全事故而制定的专项工作方案。专项应急预案与综合应急预案中的应急组织机构、应急响应程序相近时，可不编写专项应急预案，相应的应急处置措施并入综合应急预案。

3. 现场处置方案

现场处置方案是生产经营单位根据不同生产安全事故类型，针对具体场所、装置或者设施所制定的应急处置措施。现场处置方案重点规范事故风险描述、应急工作职责、应急处置措施和注意事项，应体现自救互救、信息报告和先期处置的特点。事故风险单一、危险性小的生产经营单位，可只编制现场处置方案。

考点三　事故发生的原因分析

1. 直接原因

事故发生的直接原因可根据以下几个方面进行分析：

(1)机械、物质或环境的不安全状态。包括：防护、保险、信号等装置缺乏或有缺陷；设备、设施、工具、附件有缺陷；个人防护用品用具(如防护服、手套、护目镜及面罩、呼吸器管护具、听力护具、安全带、安全帽、安全鞋等)缺少或有缺陷；生产(施工)场地环境不良(如照明光线、通风不良，作业场所狭窄、杂乱等)。

（2）人的不安全行为。包括：操作错误、忽视安全、忽视警告；造成安全装置失效；使用不安全设备；手代替工具操作；物体（指成品、半成品、材料、工具、切屑和生产用品等）存放不当；冒险进入危险场所；攀、坐不安全位置（如平台护栏、汽车挡板、吊车吊钩）；在起吊物下作业、停留；机器运转时加油、修理、检查、调整、焊接、清扫等工作；有分散注意力行为；在必须使用个人防护用品用具的作业或场合中，忽视其使用；不安全装束（如在有旋转零部件的设备旁作业穿过肥大服装、操作带有旋转零部件的设备时戴手套等）；对易燃、易爆等危险物品处理错误。

2. 间接原因

事故发生的间接原因可根据以下几个方面进行分析：

（1）技术设计上有缺陷。工业构件、建筑物、机械设备、仪器仪表、工艺过程、操作方法、维修检验等的设计、施工和材料使用存在问题等。

（2）管理上的缺陷。教育培训不够，未经培训、缺乏或不懂安全操作技术知识；劳动组织不合理；对现场工作缺乏检查或指导错误；没有安全操作规程或不健全；没有或不认真实施事故防范措施，对事故隐患整改不力等。

3. 其他原因

除了直接原因和间接原因以外，引起生产安全事故发生的其他原因。

提示

在分析事故时，应从直接原因入手，逐步深入到间接原因，从而掌握事故的全部原因。此外，应分清主次，进行责任分析。

考点四　压缩气体充装前的检查与处理

压缩气体充装前的检查与处理在本章节考点八中有详细叙述，考生需重点掌握。

同步自测

一、单项选择题（每题的备选项中，只有1个最符合题意）

1. 空气分离的基本方法不包括（　　）。

A. 深度冷冻法　　B. 吸附法

C. 燃烧法　　D. 膜分离法

2. 关于氧气管道安全要求的说法，正确的是（　　）。

A. 当氧气调节阀组设置独立阀门室或防护墙时，手动阀门的阀杆不宜伸出防护墙外操作

B. 氧气管道的弯头、三通应与阀门出口直接连接

C. 地沟内氧气管道应设阀门、法兰、螺纹等

D. 氧气管道应敷设在不燃烧体的支架上

3. 关于氢气罐或罐区之间防火间距的说法，正确的是（　　）。

A. 湿式氢气罐之间的防火间距，不应小于相邻较大罐直径的1/3

B. 卧式氢气罐之间的防火间距，不应小于相邻较大罐直径的2/3

C. 立式罐之间的防火间距，不应小于相邻较大罐直径的2/3

D. 组与组的防火间距，卧式氢气罐不应小于相邻较大罐长度的1/3

4. 当未设置在线检测装置时,应每小时分析一次氢气、氧气纯度,保证氢气纯度和氧气纯度均不低于(　　)。

A. 96.5%　　B. 97.5%

C. 98.5%　　D. 99.5%

5. 压缩气体气瓶充装前,气瓶应由专人负责逐只进行检查,下列情形中,可以进行充装的是(　　)。

A. 气瓶外表面的颜色标志无法辨认

B. 气瓶外表面有明显变形、裂纹

C. 气瓶超过检验有效期

D. 充装氮气的气瓶,其瓶体沾染油脂

二、案例分析题

某热力发电厂主要生产工艺单元有:储煤场、煤粉制备和输煤系统、燃烧系统、冷凝水系统、循环水系统、除渣及除尘系统、脱硫系统、汽水系统、配电与送电系统。

锅炉主要设备有:锅炉、汽轮机、发电机、磨煤机械装置、水处理装置、疏水装置,发电厂用燃煤由主煤场滚轴筛将煤送入燃煤锅炉。

脱硫系统包括制氢装置和氢气储罐,制氢装置为两套电离制氢设备和6个氢气储罐,两套电离制氢设备存有氢气数量分别为50 kg和30 kg;6个卧式氢气储罐体积为20 m^3、额定压力为3.2 MPa、额定温度为20 ℃。作为生产过程整体装置,这些装置与储罐管道连接(氢气密度:0 ℃、0.1 MPa状态下密度为0.09 kg/m^3)。

锅炉点火主燃油使用柴油,厂区有2个500 m^3的固定柴油储罐,距离制氢系统500 m。在同一院内有2个20 m^3的汽油储罐,距离制氢系统550 m(汽油的密度为750 kg/m^3,汽油、柴油储罐充装系数为0.85)。

根据以上场景,回答下列问题:

1. 根据《企业职工伤亡事故分类》分析该热力发电厂存在的事故类型。

2. 该热力发电厂存在的化学性危险、有害因素。

3. 指出氢气储罐需要设置哪些安全设施。

4. 该热力发电厂会发生爆炸的主要设备、装置有哪些?

答案详解

一、单项选择题

1. C。【解析】空气分离的方法有深度冷冻法(低温法)、吸附法、膜分离法。

2. D。【解析】当氧气调节阀组设置独立阀门室或防护墙时,手动阀门的阀杆宜伸出防护墙外操作。若不单独设置阀门室或防护墙时,氧气调节阀前后8倍调节阀公称直径的范围内,应采用铜合金(含铝铜合金除外)或镍基合金材质管道。氧气管道的弯头、三通不应与阀门出口直接连接。调节阀组、干管阀门、供一个系统的支管阀门、车间入口阀门,其出口侧的管道宜有长度不小于5倍管道公称直径且不小于1.5 m的直管段。地沟内氧气管道不应设阀门、法兰、螺纹等易泄漏接口。氧气管道应敷设在不燃烧体的支架上。

3. B。【解析】氢气罐或罐区之间的防火间距,应符合下列规定:(1)湿式氢气罐之间的防火间距,不应小于相邻较大罐(罐径较大者,下同)的半径。(2)卧式氢气罐之间的防火间距,不应小于相邻较大罐直径的2/3;立式罐之间、球形罐之间的防火间距,不应小于相邻较大罐的直径。(3)卧式、立式、球形氢气罐与湿式氢气罐之间的防火间距,应按其中较大者确定。(4)一组卧式或立式或球形氢气罐的总容积,不应超过30 000 m^2。组与组的防火间距,卧式氢气罐不应小于相邻较大罐长度的一半;立式、球形罐不应小于相邻较大罐的直径,并不应小于10 m。

4. D。【解析】当未设置在线检测装置时,应每小时分析一次氢气、氧气纯度,保证氢气纯度和氧气纯度均不低于99.5%,当氢气纯度小于98%时应采取有效措施。处理不好时,应立即停止运行,排除故障后方可重新投入运行。

5. D。【解析】气瓶检查中,气瓶外表面的颜色标志应符合规定,且清晰易认;气瓶外表面应无裂纹、严重腐蚀、明显变形及其他严重外部损伤缺陷;气瓶应在规定的检验有效期内;充装氧气或其他强氧化性气体的气瓶,其瓶体、瓶阀不得沾染油脂或其他可燃物。若不符合上述要求,禁止充装。

二、案例分析题

【答案】

1. 该热力发电厂存在的事故类型有:

(1)煤粉制备和输煤系统存在的主要事故类型为机械伤害等。

(2)燃烧系统存在的主要事故类型为高温、煤尘爆炸等。

(3)锅炉存在的主要事故类型为锅炉爆炸、灼烫等;在锅炉检修时,存在的主要事故类型为机械伤害、触电等。

(4)制氢系统存在的主要事故类型为火灾、爆炸。

(5)柴油、汽油储罐存在的主要事故类型为火灾、爆炸、高处坠落。

(6)配电与送电系统存在的主要事故类型为火灾、爆炸、触电等。

(7)煤场专用运输车辆可能存在的事故类型为车辆伤害。

(8)厂区内可能存在跌伤、扭伤等其他伤害。

2. 该热力发电厂存在的化学性危险、有害因素有:

(1)易燃、易爆物质,如储煤场、煤粉制备和输煤系统存在的煤炭和煤粉,制氢装置和氢气储罐里的氢气,储罐区里的柴油、汽油,锅炉和汽轮机里的高压蒸汽等。

(2)有毒物质,脱硫系统存在的二氧化硫等气体。

(3)腐蚀性物质,二氧化硫可以氧化生成三氧化硫,它们遇水可生成亚硫酸、硫酸等腐蚀性物质。

3. 氢气储罐需要设置的安全设施有:

(1)应设有安全泄压装置,如安全阀等。

(2)氢气罐顶部最高点,应设氢气放空管。

(3)应设压力测量仪表。

(4)应设氮气吹扫置换接口。

4. 该热力发电厂会发生爆炸的主要设备、装置有锅炉、制氢设备、氢气罐、柴油储罐、汽油储罐。

【解析】

1. 本案例第1问主要考查事故类型。根据《职工伤亡事故分类》,事故类别包括物体打击、车辆伤害、机械伤害、起重伤害、触电、淹溺、灼烫、火灾、高处坠落、坍塌、冒顶片帮、透水、放炮、火药爆炸、瓦斯爆炸、锅炉爆炸、容器爆炸、其他爆炸、中毒和窒息、其他伤害。

2. 本案例第2问主要考查化学性危险、有害因素。根据《生产过程危险和有害因素分类与代码》,化学性危险和有害因素,如爆炸品;压缩气体和液化气体;易燃液体;易燃固体、自燃物品和遇湿易燃物品;氧化剂和有机过氧化物;有毒品;放射性物品;腐蚀品;粉尘与气溶胶等。

3. 本案例第3问主要考查氢气储罐的安全设施。氢气罐是指用于储存氢气的定压变容积(湿式储气柜)及变压定容积的容器的统称。氢气站、供氢站的氢气罐安全设施设置,应符合下列规定:(1)应设有安全泄压装置,如安全阀等。(2)氢气罐顶部最高点,应设氢气放空管。(3)应设压力测量仪表。(4)应设氮气吹扫置换接口。

4. 本案例第4问主要考查会发生爆炸的主要设备和装置。本案例中,锅炉缺水、水垢过多、压力过大等情况都会造成锅炉爆炸;制氢设备和氢气罐中的氢气属于易燃易爆气体,储罐也可能发生物理爆炸;柴油储罐和汽油储罐中的柴油、汽油也属于易燃易爆气体。

第十章 铝冶炼安全

知识架构

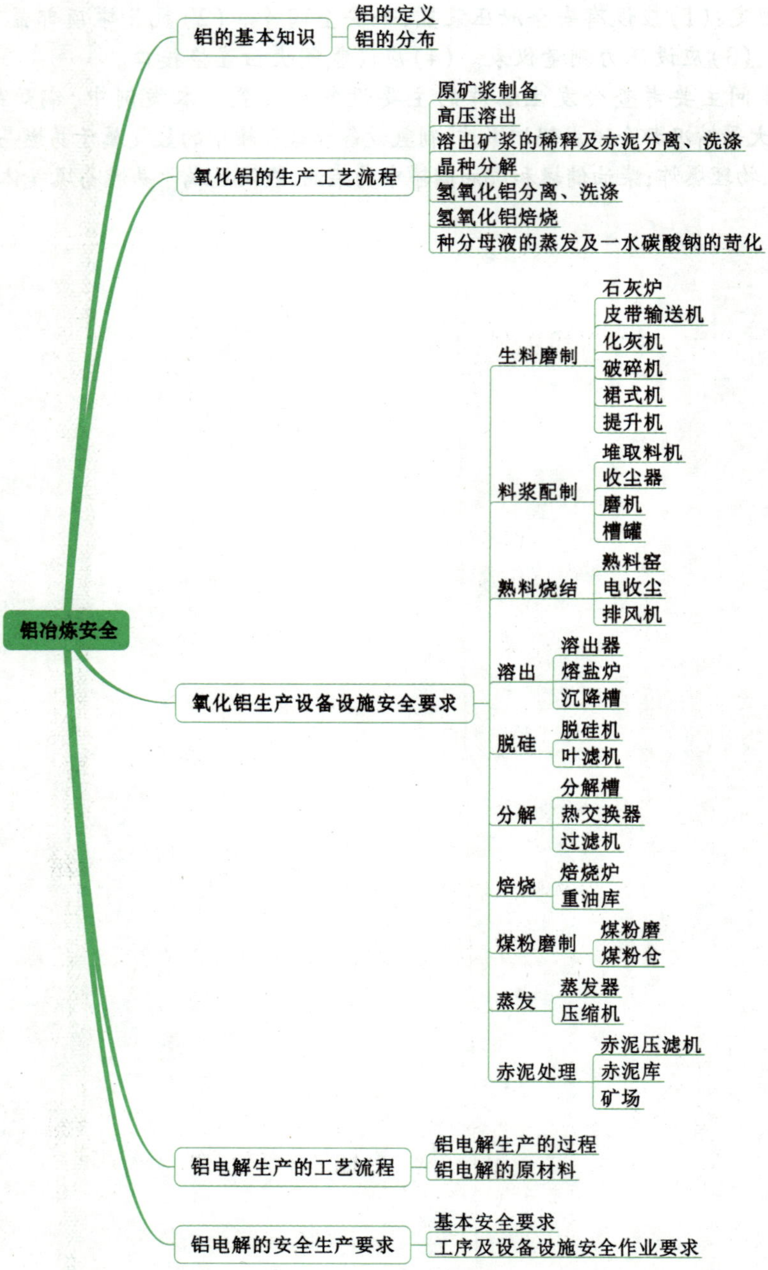

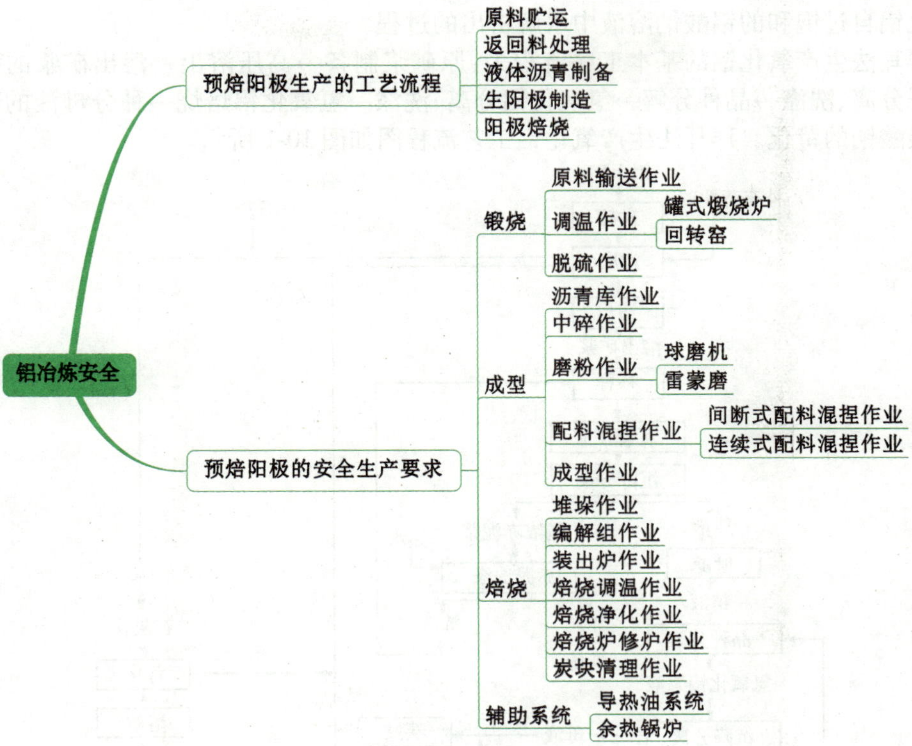

考点解读

考点一　铝的基本知识

1. 铝的定义

铝是一种金属元素，元素符号为 Al，是一种银白色轻金属，具有延展性。在潮湿空气中能形成一层防止金属腐蚀的氧化膜。易溶于稀硫酸、硝酸、盐酸、氢氧化钠和氢氧化钾溶液，难溶于水。

2. 铝的分布

铝是地壳中含量最丰富的金属元素之一，含量约为 8.3%，仅次于氧和硅，居第三位。其主要以铝硅酸盐矿石存在，还有铝土矿和冰晶石。氧化铝为一种白色无定形粉末，具有多种变体。其硬度仅次于金刚石，熔点高、耐酸碱，常用于制造一些轴承以及磨料和耐火材料。

铝是一种轻金属。在金属品种中，仅次于钢铁，为第二大类金属。

考点二　氧化铝的生产工艺流程

氧化铝的生产方法有碱法（最常用）、酸法、酸碱联合法以及热法四大类。其中，碱法生产氧化铝有拜耳法、烧结法以及拜耳－烧结联合法等多种流程。

拜耳法生产氧化铝包括两个主要过程：在一定条件下氧化铝自铝土矿中的溶出过程；

氢氧化铝自过饱和的铝酸钠溶液中水解析出的过程。

拜耳法生产氧化铝的基本工序流程为:原矿浆制备→高压溶出→溶出矿浆的稀释以及赤泥分离、洗涤→晶种分解→氢氧化铝分离、洗涤→氢氧化铝焙烧→种分母液的蒸发及一水碳酸钠的苛化。拜耳法生产氧化铝工艺流程图如图 10-1 所示。

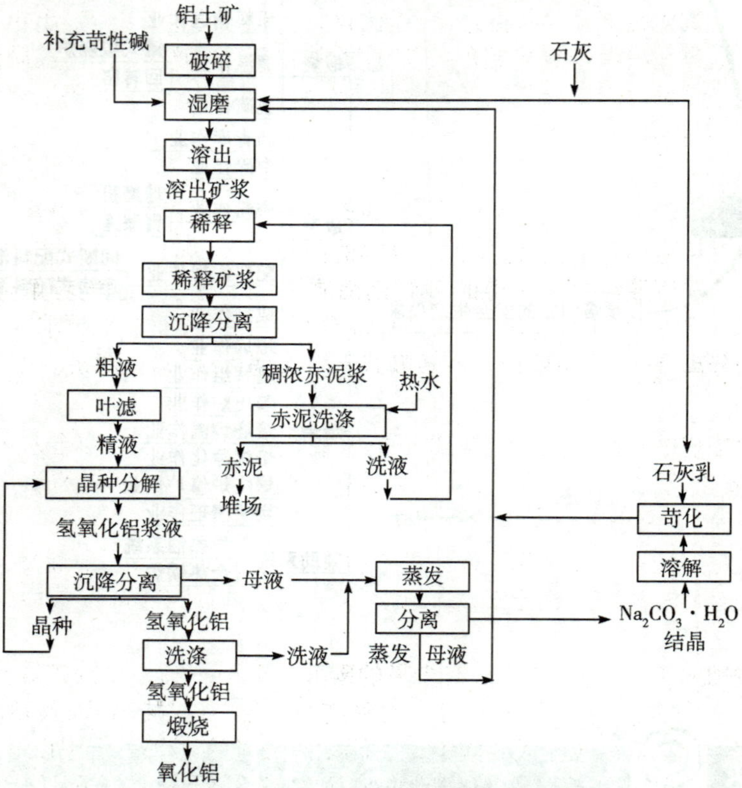

图 10-1　拜耳法生产氧化铝工艺流程图

1. 原矿浆制备

原矿浆是将铝矿石配入一定量的石灰和苛性碱液(循环母液 + 补充氢氧化钠)通过湿磨制成的,是为进行高压溶出铝酸钠溶液而制备的料浆。原矿浆的制备要经过铝矿石破碎、配矿、磨矿、料浆制备、石灰煅烧和石灰乳制备等工序才能完成。

原矿浆制备的主要设备有带式输送机、球磨机、矿浆磨、螺旋分级机。

2. 高压溶出

高压溶出的目的就是用苛性碱溶液将铝土矿中的氧化铝溶出,生成铝酸钠溶液,有效地提取铝土矿的氧化铝,并使溶液充分脱硅,避免过量的 SiO_2 影响产品质量,且把苛性碱的消耗减至最少。

工业生产中一般采用循环母液来溶出铝土矿。为了加快氧化铝水合物(特别是一水硬铝石)的溶出速度,可添加石灰,并且把铝土矿、石灰、循环母液磨制成矿浆后在溶出设备中完成溶出过程。

3. 溶出矿浆的稀释及赤泥分离、洗涤

溶出矿浆稀释的目的包括:降低铝酸钠溶出的浓度,便于晶种分解;降低铝酸钠溶液的黏度,加速赤泥沉降的分离;促进铝酸钠溶液的进一步脱硅;利于稳定沉降槽的操作。

赤泥分离的目的是将稀释矿浆中的铝酸钠溶液和赤泥分离开来,以获得工业生产上

认为纯净的铝酸钠溶液。赤泥洗涤的目的是回收赤泥中带有的氧化钠和氧化铝，以减少损失。

4. 晶种分解

晶种分解（简称种分）就是在降温、加晶种、搅拌的条件下，使铝酸钠溶液分解，获得具有一定性能的氢氧化铝产品，同时得到分子比较高的种分母液，作为溶出铝土矿的循环母液。种分过程是拜耳法生产氧化铝的关键工序之一。它对产品的产量、质量以及全厂的技术经济指标有着重大的影响。晶种分解是将铝酸钠溶液中的氧化铝以氢氧化铝结晶析出的过程，该过程是可逆反应。

5. 氢氧化铝分离、洗涤

经晶种分解得到的氢氧化铝浆液，用过滤设备将氢氧化铝和母液分离，分离得到的氢氧化铝一部分直接返回生产流程，作种子分解的晶种，其余部分经进一步洗涤生产氢氧化铝成品。氢氧化铝浆液经分离所得的氢氧化铝滤饼仍含有一定量的分解母液，必须加以洗涤，以回收 Na_2O，并保证氢氧化铝产品中 Na_2O 含量符合质量标准要求。

氢氧化铝分离、洗涤的主要设备有转鼓式真空过滤机、平盘过滤机。

6. 氢氧化铝焙烧

氢氧化铝焙烧的目的是在一定温度下把氢氧化铝的附着水和结合水脱除，并发生分解反应，形成氧化铝，再进行晶型转变，得到具有一定物理和化学性能的氧化铝产品。

7. 种分母液的蒸发及一水碳酸钠的苛化

种分母液蒸发的目的是排除流程中多余的水分，保持循环系统中液量的平衡，使母液蒸发浓缩到符合拜耳法溶出铝土矿配制原矿浆的要求。同时排除溶液中的杂质盐类，进行苛化回收。

一水碳酸钠的苛化：铝土矿中含有少量的碳酸盐（如石灰石、棱铁矿等）和铝土矿溶出时加入的石灰中含有的少量石灰石与苛性碱作用生成的碳酸钠，以及铝酸钠溶液中的 NaOH 吸收空气中的 CO_2 也生成碳酸钠。它们在种分母液蒸发过程中以一水碳酸钠结晶析出。为减少苛性碱的消耗，需将这些碳酸钠用石灰乳进行苛化处理以回收苛性碱。

链接

烧结法生产氧化铝的工序包括生料浆制备、熟料烧结、熟料溶出、赤泥分离及洗涤、粗液脱硅、硅渣分离、精液碳酸化分解和晶种分解、氢氧化铝分离及洗涤、母液蒸发、氢氧化铝焙烧。拜耳－烧结联合法包含并联、串联（为主）、混联三种流程。

考点三 氧化铝生产设备设施安全要求

1. 生料磨制

（1）石灰炉。

①应定期检查石灰炉炉体及卷扬、下料漏斗、布料器等，设备出现裂纹，破损、炉体焊缝开裂、明显变形、机械失灵、衬砖损坏等应报修或报废。

②不停风清理炉或处理结瘤，必须两人共同进行。作业前应对作业现场进行 CO 气体、氧含量监测，CO 气体含量在 30 mg/m^3 以下，氧含量执行《缺氧危险作业安全规程》，符合安全标准方可作业。

③登炉顶作业应与司炉人员联系填写安全卡，并在司炉岗位挂牌，经许可后登炉。在炉顶工作应站在上风处，两人以上共同进行，相互监护。6 级以上大风不应登炉，登炉时携带物品不应超过 20 kg。

④清理洗涤塔、CO_2管道等应有可靠措施，由专人负责，隔绝炉气，CO_2管道设明显断开点。停风后，开压缩机抽气 30 min，并对作业现场进行 CO 气体、氧含量监测，CO 气体含量在 30 mg/m^3以下，氧含量执行《缺氧危险作业安全规程》，符合安全标准方可工作。进入洗涤塔、CO_2平管，应两人以上在现场，有人监护，进入一次的时间不超过 10 min。

⑤设备运转时，注意电流波动、电磁开关运作情况。卷扬设行程限位，防止料斗失控。

⑥人员不应乘坐料斗上下炉顶。炉顶处理卡料，炉内应减风到负压，两人以上共同进行，相互监护，不应站在积料上处理。

提示

石灰炉存在的危险有害因常见的有物体打击、高处坠落、炉气中毒、机械伤害、灼烫、坠落、扭伤等。

(2)皮带输送机。

①皮带输送机应设置紧急停车装置、程序联锁装置，手动或自动操作都应遵守程序联锁。

②皮带输送主、被动轮应设置安全防护罩，皮带应设置隔栅。皮带输送机应间隔距离设安全过桥，不应横跨皮带或躺、坐在皮带输送机上。皮带输送机打滑或主、被动轮挤进物料时，应停车处理。

③更换收尘器配件应切断电源，挂好停电牌，振打拔气筒细灰后方可进行；清理皮带输送机下料口时，皮带磁铁应停电。

提示

皮带输送机存在的危险有害因素常见的有挤伤、高处坠落、其他伤害等。

(3)化灰机。化灰机应保持密闭完好；不应站在化灰机上方振打化灰机；应佩戴好护目镜，预防被石灰乳灼伤，一旦溅入眼内，应立即用清水冲洗。

提示

化灰机存在的危险有害因素常见的有灼烫、淹溺、其他伤害等。

(4)破碎机。

①破碎机运转中不应调整、清洗或检修；破碎机运转时不应从破碎腔上部朝机器内窥视。在料口后破碎腔内，应用专用工具挪运、移动物料。

②破碎机进料口、出料口被异物卡住，应关停破碎机处理，同时停止裙式机运转。

③检查弹簧拉杆时应站在侧面。疏通出料口应处于安全位置、用力均匀，防止坠入出料口。

提示

破碎机存在的危险有害因素常见的有物体打击、机械伤害、其他伤害等。

(5)裙式机。处理裙式机料口大块时，应停车处理，与操作人员联系确认，由专人指挥方可工作；更换保险销和改变电机转向时，应防止电机风翅伤人。

提示

裙式机存在的危险有害因素常见的有灼烫、滑倒摔伤、热辐射、粉尘、其他伤害等。

(6)提升机。处理提升机故障,应严格执行设备检修停电挂牌制度,主动轮应采取机械固定,现场设专人监护方可进行作业;清理提升机出口时,应停车处理;清理皮带输送机下料口时,皮带磁铁应停电。

提示

提升机存在的危险有害因素常见的有机械伤害、物体打击、坠落、其他伤害等。

2. 料浆配制

(1)堆取料机。

①堆取料机应保持整机的强度、刚度和稳定性。堆取料机在规定的俯仰范围内所处的各种位置上,整机应处于稳定状态;悬臂在规定俯仰范围内不应有影响整机稳定性的震动。

②在堆取料机输送线路上,特别是在取料、卸料和转运点应保证物流顺畅,在取、卸料达到峰值能力时不应有物料溢出或堵塞。

③正常工作条件下,输送机的倾角和承载件结构应防止输送物料打滑或意外掉落。在平台和通道上,能触及到的旋转和移动部位应设置防护栅或防护罩;对于因露天而影响使用性能的机、电器件应设防雨罩,必要时应设有检视孔。

④根据堆、取物料的不同特点,应在取料及物料转载等扬尘处采取防尘措施。操作室内噪声应小于 70 dB。停止作业时,堆取料机大臂应回位,大车放下夹轨器。风力在 6 级以上时,堆料作业应使用夹轨器。

⑤堆料机悬臂旋转时,平台上不应站人,并且注意观察取料机位置,防止发生碰撞。大车移动方向与皮带顺行时,应注意大车惯性。链条、钢丝绳、卷扬机加油时,应两人配合,联系呼应确认,才能作业。不应在链条咬合处加油。清理料斗时,应停电采取机械固定,防止斗轮重力偏心伤人。

提示

堆取料机存在的危险有害因素常见的有机械伤害、翻车、摔伤、碰伤、挤伤、坠落、触电、其他伤害等。

(2)收尘器。

①不应擅自打开和拆卸脉冲阀及电子阀等电气设备,以免爆炸伤人。

②进入收尘器内检修或清理更换布袋前,先停风机和反吹风机,后卸风管。对收尘器内 CO 气体、氧含量进行监测,CO 气体含量在 30 mg/m^3 以下,氧含量执行《缺氧危险作业安全规程》,符合安全标准后方可清理或更换收尘布袋。

③清理检修结束,开启收尘器前对设备进行详细检查,排空气动元件内的凝结水,确认反吹风压 0.15 ~ 0.25 MPa 之间。

提示

收尘器存在的危险有害因素常见的有机械伤害、高处坠落、窒息、爆炸等。

(3)磨机。

①应定期检查磨机及附属设施,设备零部件应齐全,紧固可靠,无缺陷。各润滑部位油量充足,油泵管路畅通,管接法兰无泄漏,设备周围无障碍物。

②分级机溢流篦子无杂物。磨机装球(棒)时,应确认磨内无人,人员距料斗落点 2 m 以外。

③应使用专用紧固扳手紧固磨门或磨体螺栓，磨机上端作业时应采取防坠落措施。清理筛板应戴护目镜；清理磨门使用手锤，锤头牢固；清除锤击点黏附浆液，以防物料飞溅伤人。

提示

磨机存在的危险有害因素常见的有机械伤害、物体打击、灼烫、窒息、高处坠落、中暑、碰伤等。

（4）槽罐。

①应定期检查槽罐类设备及附属设施，槽体出现焊缝开裂、腐蚀、破损、明显变形、机械失灵应报修或报废。应按规定检测承压槽罐、管道，检测不合格不应使用。

②保持槽体液位，防止槽内物料溢出；应在槽罐顶部观察孔安装防坠落篦子；检修泵或更换密封填料应严格执行停电挂牌制度，应切断料源，管道加盲板；开、关阀门，清理管道应佩戴护目镜，不应面对管道法兰；伞齿轮加油，应避开咬合方向。

3. 熟料烧结

（1）熟料窑。

①应定期检查熟料窑，窑体出现裂纹破损、焊缝开裂、明显弯曲变形、衬砖损坏等应检修处置。窑附属设施应定期检查、维护，发现问题及时联系检修处置。

②点火时现场人员应站在窑头两侧，篦冷机、电收尘及喷枪平台不应有人。喷煤时窑头不应站人或通过，防止回火伤人。

③窑内温度高或有明火，试送煤系统设备应提前开启排风机转窑，以防止放炮。带料停窑后，进窑内检查或处理问题时，沿物料的另一侧行走，以防止烫伤。排风机故障停止运转，应立即停止向窑内喷煤。

④停窑清理耐火砖及附着物应执行停电挂牌制度，单人不应入窑作业。新换砖点火烘窑时，应打开窑尾立烟道门，防止煤粉在电收尘系统积存燃烧、爆炸，防止大量水分进入电收尘影响送电。疏通下料口积料，应佩戴防护面罩，设专人监护，多人工作时设专人指挥。

⑤停窑疏通窑尾积料，应专人负责安全工作。转窑时，人员应离开窑尾现场，防止喷料伤人。检修转窑前，应检查窑顶、窑内、冷却机进料口等部位，确认无人后方可进行；窑内煤粉燃烧不充分，应停窑观察，通知电收尘岗位，查明原因。

提示

熟料窑存在的危险有害因素常见的有高处坠落、机械伤害、物体打击、灼烫、火灾、爆炸、热辐射、尘肺、触电、其他伤害等。

典型例题

【单选题】回转窑（生产中称熟料窑）是烧结法生产氧化铝的关键设备。点火时，现场人员严禁站在（　　）。

A. 窑口正面　　B. 窑尾侧面

C. 窑头侧面　　D. 窑身平台

A。【解析】熟料窑点火时，现场人员严禁站在窑口正面，应站在窑头两侧，篦冷机、电收尘及喷枪平台不应有人。

(2)电收尘。

①电收尘不应超载、超温运行。运行中不应转动升压开关或空载运行,防止过电压伤人、损坏设备。

②高压运行中,不应打开保护网门和整流室门;整流室内工作,不应使用1 m以上的工具。

③检查或检修收尘室时,窑前应保持正常操作;高压静电收尘接触高压部分应先行放电。

提示

电收尘存在的危险有害因素常见的有高处坠落、碰头、触电、机械伤害、窒息、热辐射、物体打击、其他伤害等。

(3)排风机。排风机启动时风门转速应设在最低,在"0"位启动;废气温度应小于300 ℃,超过300 ℃或引起震动时立即关小风门或停车,同时通知主控室。手动开停车时应戴绝缘手套。

提示

排风机存在的危险有害因素常见的有高处坠落、触电等。

4. 溶出

(1)溶出器。

①溶出器的设备安装及运行过程中的各类参数应符合设计要求,监控系统齐全可靠。

②应定期检查、检验、检测溶出器及其附属设施,设备零部件应齐全,紧固可靠,无缺陷。各仪表、执行器、阀门灵活,电动执行器的调节显示开关度与现场阀门实际开关度一致。

③预热溶出器,应详细检查流程,确保料、汽、水走向正确。送汽前应放水,缓慢打开阀门,预热管道后方可提压。内、外管道应同时预热,防止膨胀系数不一致造成管道密封泄漏伤人。

④溶出器不应超压运行,防止密封泄漏。不应使用外力击打带压管道;溶出器堵塞,不应高压冲击,应泄压后清理。

⑤溶出器停用,清扫管内余料应缓慢,应降低稀释液位,防止物料溢出伤人。

⑥酸洗作业应按酸加入水的原则进行;酸储罐应设防泄漏围堰,周围应有明显的警示标示,半径15 m内应设紧急冲洗、喷淋装置。

⑦溶出器、酸槽等动火作业前,应用水冲洗干净,卸开管道通风放气。

提示

溶出器存在的危险有害因素常见的有灼烫、其他伤害等。

(2)熔盐炉。

①应定期检查熔盐炉及相关设施,设备零部件应齐全,紧固可靠,无缺陷。

②熔盐应分开放置,不应接触酸、碱等有机物。避免受热、受潮、阳光曝晒,应置于阴凉、干燥、通风处,发生火灾应先用砂土灭火。

③装卸熔盐,不应撞击摩擦。混盐应在洁净场所进行,避免混入异物。所用工具应采用硬质实木,如有掉屑应及时更换。

④盐罐开车前和开车后，每班应抽样检查一次氮气纯度，其纯度应大于99.5%；熔盐炉点火时，液化气点火时间不应超过3 s，以防爆炸；电伴热开车前和运行过程中，应及时检查其绝缘良好。

⑤不应超压操作受压容器。操作清洗机的人员应经过专业培训，非专业人员不应进入现场。

(3)沉降槽。耙机齿箱有弹簧装置的，弹簧压缩时，不应从弹簧前通行。

提示

沉降槽存在的危险有害因素常见的有高处坠落、灼烫、物体打击、其他伤害等。

5. 脱硅

(1)脱硅机。

①应定期检查、检测脱硅机及附属设施，机体出现焊缝开裂、腐蚀、机械损伤、凸凹变形、超过规定使用年限等，应报修或报废。

②直接加热式脱硅机进气压力低于机内压力时，应立即关闭蒸气阀门，以防倒压。

③脱硅机密封泄漏或管道破裂，应立即切断料源、气源等，待机内压力降至零，确定无泄露后方可进行处理；脱硅机进料前，机内压力小于管道压力方可进料。

④检修脱硅机应按照《缺氧危险作业安全规程》的规定测定氧含量，停电挂牌、断料加盲板。脱硅机内温度40 ℃以下时方可进入，采用照明应使用安全灯，电压不得大于12 V；压力过高时，应用空罐泄压，防止超压。

(2)叶滤机。

①应定期检查叶滤机及附属设施，机体出现焊缝开裂、腐蚀、破损、明显变形、机械失灵超过规定使用年限，应报修或报废。

②打开叶滤机前，应确认机内已经卸压，物料已排空，自动和手动阀门关闭并锁定；启动叶滤机前应确认进料阀、回流阀、溢流阀、卸压阀和排泥阀正常并处于关闭状态。

提示

脱硅存在的危险有害因素常见的有机械伤害、灼烫、触电、物体打击、其他伤害等。

6. 分解

(1)分解槽。碳分槽分解时，CO_2供气阀门应先开后关，通气时测量孔、流槽封闭，水封不应漏气；碳分槽、种分槽开启人孔、检查出料阀、拆卸三通时，应确认槽内无料，方可作业。

(2)热交换器。开停板式热交换器时，进液和出液应同时开关，严防因偏压密封泄漏喷料伤人。

(3)过滤机。

①应定期检查、维护过滤机。设备零部件齐全，紧固可靠，无设备缺陷，传动部位设有安全防护罩，设备周围无障碍物，平盘、滤鼓电气设施声音、温度正常，真空系统无漏气、异声，各料管阀门无泄漏，控制按钮灵敏可靠，指示灯清晰明亮。

②活动阀门、分料箱放料，避免物料飞溅伤人；皮带主、被动轮、托辊因黏料进行清理时应停机。

提示

分解作业存在的危险有害因素常见的有灼烫、机械伤害、物体打击、高处坠落、其他伤害等。

7. 焙烧

(1)焙烧炉。

①应定期检查焙烧炉及相关设施,炉体焊缝开裂、明显变形,机械设施、监控装置衬砖损坏,超过规定使用周期,应报修或报废。

②焙烧炉系统启动前,应先启动预热燃烧器,预热过程中,不应开启电收尘。

③除主控人员及维护人员外,任何人不应靠近燃烧器及控制柜;进入风机室工作应两人以上,戴耳塞,保证照明充足。

(2)重油库。

①重油库区应选用防爆型的电气设施,电气线路应采用阻燃电缆或钢管配线,不应有架空线。

②油罐区和卸油区应有避雷装置和接地装置,应有可靠的防静电安全接地装置,油罐接地线和电气设备接地线应分别装设,并定期检测、维修。

③输油管道换泵时不应正对着密封点;不应正对着出油口卸车;不应正对着放水阀门放水。

提示

焙烧炉存在的危险有害因素常见的有火灾、灼烫等。

8. 煤粉磨制

(1)煤粉磨。

①煤粉的制备、输送、储存系统设计应充分考消除流入管道、容器的死角,消除制粉系统及设备可能积煤的部位。制粉系统、输煤管道停用时应吹扫除粉。

②应定期检查磨机及附属设施,设备零部件应齐全,紧固可靠,无缺陷。各润滑部位油量充足,油泵管路畅通,管接法兰无泄漏,设备周围无障碍物。

③不应携带汽油、煤油、酒精、橡胶水等易燃品进入岗位和操作室;磨机运转中,不应在防爆阀处停留;除冷风门外,各控制门和检查门不应打开。

④煤粉容器、管道上应设置卸压孔,以降低爆炸时产生的破坏力;棉纱和带油污的杂物应放入指定的带盖容器内,防止混入生产流程;磨机检修应停电挂牌,关闭热风门,打开冷风门,磨内应保持 15 ~ 20 mm 水柱负压,确认无误,方可进入磨内工作,应两人同时进行。清理筛板缝应佩戴护目镜,不应同时进行装球作业。

⑤清理粗粉分离器杂物时,应保持分离器内有 15 ~ 20 mm 水柱负压;磨机进料管、粗粉分离器、磨出口管道不应积存原煤和煤粉。

(2)煤粉仓。

①在煤粉储仓等容器内设置二氧化碳灭火和充氮系统,并保证该系统处于随时可用状态。设置在线监控装置、报警系统,并确保安全运行有效。

②煤粉仓检修应将煤粉全部排空,自然通风 2 h 以上,监测仓内 CO 气体、氧含量安全范围内,CO 气体含量在 30 mg/m^3 以下,氧含量执行《缺氧危险作业安全规程》。扎好安全绳,方可进入,应两人以上同时入仓工作,并设专人仓外监护。

③细粉分离器、扩散收尘器及所属管道、煤粉仓着火时,应立即关停排风机和煤粉输送机,并不应打开任何检查门。根据着火部位,处理着火。首先隔绝空气,使用阻燃气体灭火,火势较大时应及时通知消防部门灭火。灭火时防止煤气中毒。

提示

煤粉磨制存在的危险有害因素常见的有火灾、爆炸、中毒、窒息、机械伤害、高处坠落、物体打击、触电、意外伤害、其他伤害等。

9. 蒸发

（1）蒸发器。

①应定期检查、检测蒸发器及附属设施，机体出现焊缝开裂、腐蚀、机械损伤、凸凹变形、超过规定使用年限等，应报修或报废。

②设备管网、仪表及其他设施等安装应符合设计规范要求，蒸气阀门、管道无泄漏。容器内应无杂物，人孔、目镜、封头的垫子、密封应完好。

③蒸发器酸洗后未经置换、通风，不应动火作业；蒸气压力异常升高，应立即处理。

④检修蒸发器应按照《缺氧危险作业安全规程》的规定测定氧含量，应停电挂牌、断料加盲板。蒸发器内温度 40 ℃以下时方可进入，采用照明应使用安全灯，电压不得大于 12 V；蒸发器运转中，不应用冷水冲洗目镜，不应正对目镜紧螺栓。

（2）压缩机。

①应定期检查、检测压缩机及附属设施，机体出现焊缝开裂、腐蚀、机械损伤、凸凹变形、超过规定使用年限等，应报修或报废。

②储气罐支撑平稳，支撑与罐体的焊接处无裂纹；应定期维护、保养储气罐，对储气罐进行内部清理、外部除锈刷漆，必要时用测厚仪测量罐壁厚度，并进行强度校核；安全阀、压力表齐全、灵敏可靠，定期校验。

③操作室的噪音应小于 70 dB；清理压缩机拆除排气阀前，应放掉缸内余气，使用专用工具。

提示

蒸发器存在的危险有害因素常见的有灼烫、中暑、高处坠落等。

典型例题

【单选题】氧化铝生产过程中，应定期检查、检测蒸发器及附属设施。检修蒸发器时，蒸发器内温度（　　）℃以下方可进入，采用安全灯照明时电压不得大于（　　）V。

A. 40；12　　　　B. 40；24

C. 30；12　　　　D. 30；24

A。【解析】检修蒸发器应按规定测定氧含量，应停电挂牌、断料加盲板。蒸发器内温度 40 ℃以下时方可进入，采用照明应使用安全灯，电压不得大于 12 V。

10. 赤泥处理

（1）赤泥压滤机。

①应定期检查、维护压滤机。设备零部件齐全，紧固可靠，无设备缺陷，传动部位设有安全防护罩，设备周围无障碍物，各料管、阀门无泄漏，控制按钮灵敏可靠，指示灯清晰明亮。

②滤液集液管在反吹风时受压，应确保集液软管承压能力，按使用周期定期更换；不应在设备运转中清理粘在板框密封处的赤泥，防止板框挤压伤害。

(2)赤泥库。赤泥库应采取防渗漏处理;湿法堆存的赤泥库应保持一定的干摊长度和安全超高,最小干摊长度和安全超高数值应由具备资质的工程勘察单位进行稳定性评价后确定,可比照《尾矿库安全技术规程》,按降低一个尾矿库等级来确定;干法堆存的赤泥库,翻晒、摊平、碾压的机械车辆,应与赤泥库的临边保留一定安全距离。

(3)矿场。

①应根据矿场地形及矿石粒径堆存矿石,可错层储存,每层高度不应高于5 m,安息角应小于36°,矿堆边缘设有高于1 m的安全护坡,矿堆顶面为平面。

②矿堆进出车道为单向循环车道,路面宽度大于5 m,道路两边应设有高于1 m的安全护坡。

③矿堆装卸料分为错层作业,装上层料,将料卸在下层料堆,装下层料,将料卸在上层料堆,上层装料工作面积大于30 m^2。

④在矿场指挥倒车时,指挥人员应站在汽车驾驶员一侧1.5 m以外,汽车后轮距坡顶线应大于1 m;矿场坡底不应有人员活动,矿石堆顶边沿2 m内不应站人。

提示

赤泥处理存在的危险有害因素常见的有灼烫、起重伤害、高处坠落、触电、淹溺等。

考点四　铝电解生产的工艺流程

铝电解生产的过程是:直流电通过铝电解槽,依靠电流的焦耳热使电解质融化并维持930~950 ℃的电解温度。直流电通过电解质使 $A1_2O_3$分解,在阴极上析出铝,在阳极上析出氧并与阳极碳氧化而成 CO_2和CO。铝液真空抽出,经澄清净化浇铸成铝锭。阳极气体中常含有少量的有害氟化物气体和粉尘,经过净化,废气排放到大气,回收的氟化物返回到电解槽。

铝电解生产的工艺流程图如图10-2所示。

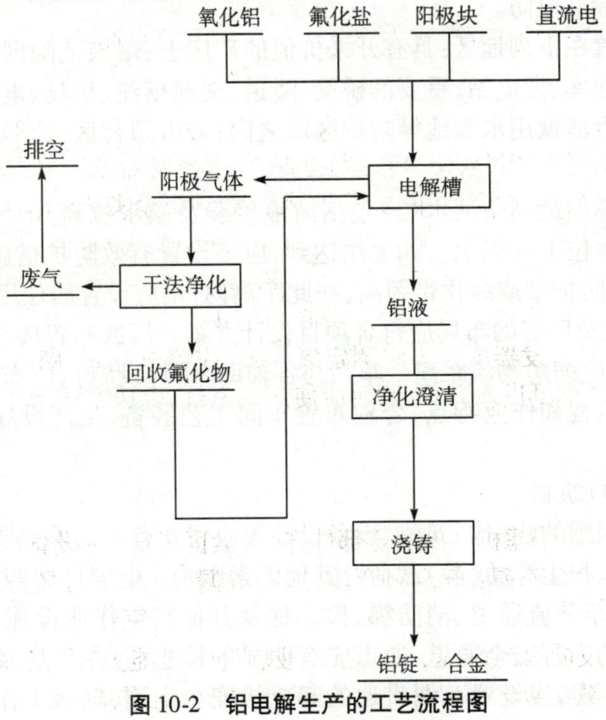

图10-2　铝电解生产的工艺流程图

铝电解的原材料有:

(1)直流电。直流电是电解槽生产的原动力。电解生产所需要的直流电主要来自于电力系统的三相交流电,通过降压、整流、稳流输出低电压大电流的直流电,满足电解生产的需要。

(2)氧化铝。氧化铝俗称铝氧粉,分子式是 Al_2O_3(三氧化二铝),是由矿石中提炼出来的一种极细微的白色粉末,流动性很好,不溶于水,能溶解在熔盐的冰晶石中,是电解铝的主要原材料。

(3)氟化盐。铝电解过程中,氟化盐主要包括冰晶石和氟化铝。冰晶石熔体是铝电解常采用的电解质。氧化铝能部分溶解于熔点相对较低的冰晶石中,而溶解在冰晶石中的氧化铝能电解出铝。在铝电解生产中,可向电解质中添加添加剂,以达到提高电流效率,降低能耗的目的。

(4)阳极炭块。在铝电解生产中,采用高温并具有很大腐蚀性的冰晶石 - 氧化铝熔盐电解,作为阴阳两极的导电材料,目前能够抵御这种侵蚀性并且价格低又能良好导电的,唯有炭素制品,因此铝工业均采用炭素电极(即炭阴极和炭阳极)。在电解过程中,炭阴极原则上不消耗,炭阳极由于直接参加电化学反应而消耗。

考点五 铝电解的安全生产要求

1. 基本安全要求

(1)厂址。

①厂址应全面考虑周围环境,整体规划和选定生产区、生活区、水源地及“三废”排(堆)放点;厂址应具备良好的工程地质和水文地质条件,应避开断层、滑坡、泥石流、淤泥层、地下河道、塌陷、岩溶、膨胀土地区等不良地质地段及地下水位高且有侵蚀性的地区,并按地震烈度等级标准设防。

②厂址不应布置在下列地区:具有开采价值的矿床上;爆破危险区和采矿陷落及最终错动区;大型水库、油库、发电站、重要的桥梁、隧道、交通枢纽、机场、电台、电视台、军事基地、战略目标,以及生活饮用水源地等防护区域之内;城市园林区、疗养区、风景区、重要文化古迹和考古区。

③厂址标高应高出最高防洪水位(包括波浪侵袭及壅水位高)0.5 m 以上,地处海岸边的应高于最高潮水位 1 m 以上。如无法达到,应该设置有效防护措施;厂区边缘与居住区之间,应设置卫生防护带或绿化带距离,在此距离内,不应设置居住用房屋。

(2)厂区。厂区及厂房的布局应符合项目设计方案。厂区布置应考虑物料流向,保证物料顺畅运行,同时应缩短物流距离。车间与各辅助车间(设施),应布置在生产流程的顺行线上。根据生产流程和作业特点,合理布置车间工艺装备、生产设施和操作区域,确保生产安全。

(3)厂房、建(构)筑物

①厂房热源点周围的建(构)筑物、设备设施等应建立有效的隔热防护措施;厂房结构应考虑风、雨、雪、雷、积尘等动(静)载荷及其他因素影响。电解厂房四周应设置防坠护栏杆,厂房合理布置人车分流通道、消防梯、检修梯及其他高空作业设施。厂房地坪应设置宽度不小于 1.5 m 的人行安全通道,通道应有明显的标志线;主厂房及其他中、重级工作类型桥式起重机的厂房,应设置双侧贯通的起重机安全走道,轻级工作起重机厂房,应设

单侧贯通的安全通道,通道宽度应不小于0.8 m。厂房四周道路与厂内主干道相连,在主要道路及交叉路口,应设消防栓。厂房设置的安全出口不应少于2个,门应向外开放,工作期间不应上锁。疏散通道应有明显逃生标志,疏散通道的楼梯最小宽度不少于1.1 m,确实达不到1.1 m的,应有第二条逃生通道。厂房(车间)紧急出入口、通道、走廊、楼梯等,应设应急照明。桥式起重机司机室与电源滑线,原则上应相对布置。若两者位于同一侧,则应有安全防护措施。在生产作业区域或有关建筑物危险部位设置标准的安全标志。

②厂房、烟囱等高大建筑物及易燃、易爆等危险设施,应按国家标准安装避雷装置。建(构)筑物的建设,符合土建规范。设备与建(构)筑物之间,留有满足生产、检修需要的安全距离。移动车辆与建(构)筑物之间,应有0.8 m以上的安全距离。受高温辐射的建(构)筑物,应有防护措施。所有高温作业场所,均应设置通风降温设施。厂房内梯子应采用不大于45°的斜梯(特殊情况允许采用60°斜梯或直爬梯)。操作位置高度超过1.5 m的作业区,应设固定式或移动式平台,平台负荷应满足工艺设计要求。高于1.5 m的平台,宽于0.25 m的平台缝隙,深于1 m的敞口沟、坑、池,其周边应设置符合《固定式钢梯及平台安全要求 第3部分:工业防护栏杆及钢平台》规定的安全栏杆,不能设置栏杆的,其上口应高出地坪0. 3m以上。平台、走廊、梯子应防滑。

③主控室、电气间、电缆隧道、可燃介质的液压站等易发生火灾的建(构)筑物,应设火灾报警装置,应设置消防水系统与消防通道,并设置警示标志。控制室、电气室的门均应向外开启。主控室应按隔音要求设计,应设置紧急出口。易积水的坑、槽、沟应有排水措施。密闭的深坑、池、沟应设置换气设施,保证维护人员的安全。仓库内除了固定的照明外,不准设置移动式照明灯具。甲、乙类物品库房和丙类液体库房的电气装置,应符合国家现行的有关爆炸危险场所的电气安全规定。储存丙类固体物品的库房,不准使用碘钨灯和超过60 W以上的白炽灯等高温照明灯具。当使用日光灯等低温照明灯具和其他防燃型照明灯具时,应当对镇流器采取隔热、散热等防火保护措施,确保安全。

(4)设备。

①设备选型应符合项目设计方案,不使用国家规定淘汰的工艺装备。机械设备的防护、保险、信号等装置无缺陷;裸露的齿轮、轴及高度在2 m以下链传动、传动带应有防护罩。机器设备的金属外壳、底座、传动装置、金属电线管、配电盘以及配电装置的金属构件,遮栏和电缆线的金属外包皮等,均应采用保护接地或接零。

②易燃易爆和粉尘散发量较大的场所,设备应选用防尘防爆型。在多导电粉尘、潮湿或高温区的场所,设备选型以及电缆敷设应考虑其特殊的环境条件,配电设备防护等级不低于IP54,高温区采用耐高温阻燃型电缆,架空电缆不能跨越高温区域,电气设备、开关、插座不应安装在可燃材料上。每层厂房应设立电源开关箱,使用自动空气开关。

③特种设备需由专业厂家生产、安装、维修。经专业资质机构检验合格,取得安全使用证或安全标志后,方可投入使用,在使用过程中应定期检验。建立压力容器的安全管理制度及管理台账。

④铝电解、阳极、铸造吊运熔融金属应使用冶金起重机,经专业资质机构检验合格,取得安全使用证或安全标志后,方可投入使用,在使用过程中应定期检验。

(5)生产。

①在电解槽上进行操作时,应站在风格板或槽罩上。在槽罩上作业时应先将槽罩放稳,确认槽罩拉筋固定牢靠、无松动。收边作业时,应使用脚踏板。不应坐在槽罩、槽沿板及立柱母线短路口上休息;不应将金属工具靠立于电解立柱母线、槽控机、气控柜旁。

②电解测量作业时发生效应或对地电压异常时,应停止作业,待效应熄灭或异常对地电压排除后,方可继续作业。

③定期对电解槽控机进行吸灰并检查其绝缘情况,防止控制失效;换极作业时不应站在阳极、壳面上;新阳极换极前应进行预热;发生阳极效应时,不允许进行测量、换极、出铝、抬母线作业。

(6)维修、保养。

①按照安全作业规范操作。现场应进行安全确认,设置安全监护人员,布置安全警戒线、安全警示等明显警示标志。维修区域应具有良好的照明与通风条件。

②交叉作业区域应建立有效的安全保护措施,并由专人统一指挥;坑、沟、池等区域应设置盖板或防护栏等防坠落设施;临时开挖的坑、沟或在通道上设置的警戒线等障碍物,应采取安全防护措施及设立明显的安全警示标志和警示灯;使用行灯电压不应大于 36 V,进入潮湿密闭容器内作业不应大于 12 V。

③高空作业应有安全防护,如设置围栏,安全网等。作业前,需检查登高工具和悬挂锚点,确保牢固可靠。作业中不应抛送工具或零件。高空作业用具(包括安全网)和锚点应定期检查、评估,确认有效。如风力超过 6 级,暴风雨等恶劣气候条件下,应停止户外高空作业。患有严重心脏病、高血压、贫血症、癫痫症等人员不应从事高空作业。

④受压管道、压力容器等设施不应重力敲打;拆卸料仓、压力管道及人孔时,应将气、料、风放尽,拆卸时不应垂直面对法兰,卸螺帽由下而上,防止物料喷出伤人;进入储料仓进行检查作业时,停止进料、出料作业,同时仓外应有人监护;检查人员应系安全带,佩戴安全照明工具和对外联络设备;使用专用设备及工器具时,应严格遵守相关安全规程;作业中,不应用手试摸滑动面、转动部位或用手指试探螺孔。

⑤维护检修设备作业前,应关闭设备能源开关,确保在零能源状态下工作,现场设备中应悬挂安全警示牌。作业中,应至少一人监护。送电时,应告知相关人员。应避免带电作业,如确需带电作业,则应采取有效的安全措施。

⑥定期检查各设备电气线路,确保无裸露和破损,预防触电事故;在邻近带电部分进行电器维修作业时应保持可靠安全距离和设置安全措施;设备试车前,应检查电源接法,确保正确,各部分的手柄、行程开关、撞块等确保灵敏可靠,传动系统的安全防护装置应齐全,确认具备条件后,方可开车运转。

⑦严格执行电气作业安全规定:不应用湿手检查电气设备和按设备启动按钮;不应用水冲洗电机、开关盒;不应将盛水容器放在电器开关箱上;不应在操作室内堆放杂物、工具;不应在进行电气检修工作时停电后及施工前未验电、放电而直接作业。

⑧作业工具的绝缘性能应保持良好,使用电动工具,应有良好的接地保护装置,使用手提电动工具应戴好绝缘手套;电焊机电源应使用漏电保护装置,外壳应接零保护,不应在雨天露天进行电焊作业;不应用厂房金属框架或生产管网代替二次回路线;电焊作业应戴电焊手套、穿绝缘鞋、戴防护镜;在容器内进行电焊作业应设专人监护。

⑨气焊作业,乙炔瓶、氧气瓶存放间距应大于 5 m。不应用钢丝绳直接捆绑、吊运氧气、乙炔气瓶。气瓶不应在夏季炎热阳光下暴晒。乙炔瓶不应卧放使用。

⑩电气焊作业现场与易燃易爆及化学品距离应大于 10 m。氧气瓶、乙炔瓶与易燃易爆品不应混放。不应在氧气瓶、乙炔瓶存放地 10 m 内吸烟。

⑪定期检查各地段照明设施有无缺、损,如有应及时更换或联系维修;进入烟道进行检查作业时,检查人员应穿戴特殊防护用品,应系安全带,佩带安全照明工具和对外联络

设备,同时,烟道外应有人监控;外来施工单位应取得安全作业许可和安全用电手续并经主管部门审批,方可进入单位现场施工。

(7)个人劳动防护。

①上岗后,作业人员劳动防护用品应穿戴齐全规范,确保有效。

②进入电解厂房不应穿潮湿、带铁钉鞋,应佩戴防护眼镜;金属焊接与切制、电工作业应穿绝缘鞋,高空作业时,不应穿硬底鞋;人员进入含尘、有害气体作业现场,应佩戴好防护眼镜及呼吸器或防护口罩;人员进入高噪音作业区域,应戴好防护耳塞;铸造、换极、出铝、熄效应等接触高温熔体的作业人员,应穿阻燃工作服、佩戴隔热面罩,不允许穿化纤工作服。工作中劳保品着火时,应立即就地扑灭或脱下扑灭,不应用水浇身。

③距基准面 1.5 m 以上高处作业时,规范使用安全带或安全绳;劳动防护用品(尤其是绝缘护品)应保证干燥。

2. 工序及设备设施安全作业要求

(1)铝电解。

①一般要求。

a. 在电解厂房内使用铁制工具时,应注意磁场影响。工具使用前应充分预热,用完后应放回指定位置。应建立高温熔体防爆炸的安全管理。原料应经过预热干燥后方可使用,潮湿物品不应投掷到电解槽内。

b. 天车吊运物品时,应检查确认吊具完好,捆束牢靠后方可进行。指挥和配合作业的人员站位应安全、可靠。定期检查电解槽、母线、地面、厂房、其他建筑物之间绝缘状况,确保无导电物体连接,避免发生安全事故。

c. 不应坐在槽罩、槽沿板及立柱母线短路口上;不应将金属工具靠立于立柱母线、槽控机、气控柜旁。

②测量作业。

a. 测量作业应严格遵守相关作业规程;测量时,注意防止工器具同时接触两槽;测量或从槽内取试料时,应注意防止烫伤;作业时发生效应时应停止作业,待效应熄灭后方可继续作业。

b. 入槽作业工器具使用前应充分预热,用完后应放回指定位置;阴极钢棒温度、侧壁温度、炉底钢板温度的测量、测试中应做好安全防护措施,防止电解槽漏槽烫人等其他安全事故;作业中应注意周围环境的异常声响,防止高空坠物伤人。

③槽控机操作。

a. 操作人员应严格按规程操作,做到正确使用,认真维护;操作时,应先确认操作项目,再进行相应的操作;操作槽控机按钮时,应轻按轻放,不应野蛮操作;操作完毕后,应将槽控机按钮恢复到使用前的工作状态;开、关槽控机时,应按照正常的开、关机步骤执行。

b. 如发生阳极升/降失控现象,应迅速切断动力电源,并启动相关应急预案;操作槽控机完毕后,应及时关好箱门,以防灰尘进入;定期对槽控机进行吸灰并检查其绝缘情况,防止控制失效。

c. 除专业维护人员外,任何人不应拆动槽控机内外元器件及线路;电解槽启动、更换阳极、边部加工时,应对槽控机进行合适的隔热遮挡防护,以免电解槽的高温辐射造成显示面板的损坏和其他元器件的老化失效。

④换极作业。

a. 在残极提出、新极未装好之前,操作人员不应站在槽沿板上,防止发生操作人员意外掉入槽中的恶性事故;在残极脱离电解质液面后或新极坐入电解质之前,作业人员应防止阳极脱落带出液体电解质。

b. 换极过程中使用工具时,应注意防止用力过猛,导致摔伤或碰伤等;操作卡尺划线时一定应事先检查阳极卡具是否会掉落,不应迎面站在卡具的下方,不应将脚伸入阳极底掌下面,防止烫伤、砸伤、压伤等事故的发生。

c. 进行卡具松紧作业时应先盖好槽罩,不应站在阳极上进行松紧卡具作业;新极装入后进行收边作业时,不应站在阳极、壳面上作业。处理热块应佩戴防护眼镜或防护面罩。不应用潮湿的物料进行收边作业。

d. 新阳极应进行预热,不允许未经预热的阳极直接进入电解液中。

⑤抬母线作业。

a. 在吊运、放置母线提升机时,应有专人指挥天车作业。确保母线提升框架水平放置在需要抬母线的电解槽上。

b. 抬母线前,应确认电解槽状态,电解槽处于效应等待期间不应进行抬母线作业;抬母线作业前,应确保母线提升机各机构正常有效。

c. 进行抬母线作业时,操作工应确认槽罩完好,防止坠落;抬母线作业时,先打开抱紧装置、后打开夹紧装置,方可松开小盒卡具;工作中若发生阳极效应,则应立即停止作业,待效应熄灭并确认后,方可继续进行抬母线作业。

d. 抬母线作业结束后,提升机应摆放于指定位置。天车通行区域应保证无人进行其他作业;夹具张开时,不应用手触摸夹具;吊运母线提升机时,应与电解槽保持安全距离,吊运、升降母线框架时,应保证吊钩在上限位。

e. 在抬母线前,用副钩单动按钮调整水平,直到提升母线作业前,严禁再动该按钮;抬完母线吊放框架时,应有专人指挥,在不明确其指示和信号时,严禁任意操作。

⑥熄灭阳极效应作业。

a. 电解槽发生效应时,应先将电解槽出铝端炉门打开,操作打击头,打开结壳;人工扩开出铝口,便于插入效应棒;手持效应棒插入(必要时与烟道端同时进行)至阳极底掌下。注意观察槽控机的显示电压及指针电压表电压。

b. 在向电解槽插入或拔出效应棒时,不应将身体正对电解槽,以防电解质或铝液溅出烫伤;阳极效应熄灭后,应及时调整槽电压;长效应后,应立即巡视、测量侧壁、阴极钢棒,炉底钢板情况,对异常部位及时处理;并测量全槽电流分布,检查阳极情况,对异常极及时调整,监控好电压。

⑦通电、启动、停槽作业。

a. 通电、启动、停槽应指定专人负责与供电部门联系,并指挥现场的通电,停槽工作;接到通电或停槽指令后,立即对通电或停槽的电解槽进行检查,有异常情况的应及时报告现场负责人。

b. 通电作业应认真测量短路口的绝缘情况,绝缘等级不能低于 2 MΩ;通电操作不应事先松开短路口螺栓,防止断路爆炸事故发生;启动前紧固卡具,槽控箱专人负责,检查强制按钮,观察阴极窗口防止漏铝。

c. 往电解槽内灌注铝液或电解质时,操作应慢、准、稳,防止溅出伤人;阳极升降确保畅通,升阳极速度应与灌注电解质速度相一致,防止飞溅伤人;停槽时,在吸出电解质降阳极时应有专人负责,防止阳极与电解质脱离;停槽时,如果用大勺舀铝,舀铝液时应站稳,倾倒铝液时,应慢而平稳,防止铝液飞溅伤人;停槽作业完成后,应确认短路口螺杆紧固,压降在工艺要求安全电压范围内，防止送电时发生恶性事故。

⑧出铝作业。

a. 出铝作业前应确认槽状态，电解槽处于效应等待期间不允许进行出铝作业；作业前应检查确认出铝抬包各部件完好，各装置运转正常，铝包内无杂物；出铝前，应先按下出铝键，与计算机联系，进行出铝程序控制，以免发生电解质脱离阳极造成断路事故。

b. 新使用或间断使用的铝包应预热后方可使用，不应使用受潮冷包；修补过的铝包应作标识，以提醒使用人员观察，注意安全。预热后的铝包不能用潮湿工具、物件进行除灰。

c. 出铝时，控制阀打开应缓慢，以防铝水溅出烫伤。出铝过程中，注意铝包不应与阳极及槽上部接触；出铝时，作业人员应在距观察口侧面 15 cm 以外进行观察，防止烫伤事故；铝液盛装不能过满，应低于铝包口 20 cm 左右，以免运输时溅出。

d. 出铝抬包在装车时，应确保吸出管处于车辆尾部中心线位置；出铝工在出铝作业时若发现包体外侧异常发热，应立即停止使用。

e. 出铝过程中，若吸铝管被堵，用铁钎处理时，应防止铝液、电解质倒流烫伤；出铝时，若发生阳极效应，应立即停止出铝，并将吸铝管抽出，待效应熄灭、电压稳定后方可继续出铝。

f. 出完铝后，取下观察口上的盖板再拔出风管吊出铝包，待吸铝管内铝液流完，方可吊运；移动铝包时，吸出管口需距地面 30 cm 以上，出铝工应与天车工配合，注意行人和车辆；出铝工扶包时，手应扶在手柄上，脚不应伸到出铝包的正下方；出铝完毕摆放抬包时，操作者应站在减速器侧边，不能站在对面，按规定放在包架上，不应将吸铝管朝通道一侧。

⑨清包作业。

a. 抬包应冷却后方可进行清理；清包作业前应将抬包放平稳，扎紧风管，紧固风镐连接头，安装防脱装置。

b. 清包时，应把抬包吊耳放置在吸铝管一端，防止包架倾倒伤人。作业时应有专人监护。操作过程中，用力应适当，动作应准、稳，并随时注意风镐连接部位，避免脱落伤人；清理吸铝管时，应先检查吸铝管是否有裂纹，防止断裂伤人。清理时应扶稳包盘，与天车工相互配合，避免抬包在空中摇摆；应防止风镐、铁钎滑落伤人。

c. 完成清包后，抬包应摆放平稳，抬包吊耳用卡子卡稳；并对吸铝管连接螺栓进行紧固；吸铝管有裂纹时应立即更换，避免吸出管断裂伤人。

⑩地沟作业。

a. 进入地沟作业前应通知当班作业长，作业时应有人监护，不应一人进入地沟；夜间进入地沟时应携带好照明设施。

b. 在地沟测量时应通知地上作业人员，并在相应区域（地上、地下）设立警示标志。穿越槽底母线时当心碰头；不应在地沟使用过长金属工具，防止短接。

c. 在地沟通行时应避开炉门口位置，防止电解质伤人，通过炉门口时动作应迅速。外来人员不应进入地沟。

d. 地沟作业身体不能背靠母线墩休息，身体不能同时接触母线墩和母线。工作服潮湿应风干后方可进行地沟清理作业。

⑪多功能天车作业。

a. 开车前，确认各机构在上限位方可动车；运行中应紧握操作手柄，随时按铃鸣警和认真观察各指示灯是否正常，注意防止驾驶室、吊具和吊物相互碰撞或碰伤人。

b. 不挂阳极纵向或横向运行条件下，打壳机头应旋转到与天车移动方向一致的位置。

吊阳极纵向或横向运动条件下，应把吊装的阳极旋转到与天车移动方向一致的位置，保持打壳机头斜向45°角。

c. 驾驶室在槽间横向运行时，应使天车的中心与厂房横梁中心标记重合；天车起动运行时，应由低速到高速，不允许一起动就拉到高速档，需要停车时，应事先拉低速档，由快变慢停在停车位，不应直接从高速档拉到停止位置和利用倒车方法停车；非作业需要，驾驶室不应移动至过道上方运行。

d. 更换阳极时，应用低速档，应事先把挂吊阳极的卡具装置下降到导杆上方暂时停止，观察确认卡销与导杆销孔对正后，方可下降卡具装置，以免撞坏卡头和导杆。

e. 不应用高速强力往来调整卡销和销孔间隙，以免损坏天车和电解槽；上紧卡具后应把吊具或阳极提升机升到上限位后方可开动天车；完成阳极更换后，应把卡具装置升到上限位置；从槽中更换出来的残极炭块应按指定位置放稳。

f. 吊运出铝包在通道运行时，应确认吸管与天车移动方向一致，方可运行；不应在行驶中的出铝车上起吊、下放出铝抬包；在两台天车吊运槽壳框架时，应听从地面人员统一指挥，两台天车应协调作业。

(2)净化。

①一般要求。

a. 天井处上下应悬挂醒目的警示牌，通过天井处需绕行。在天井口处使用电动葫芦吊物时，应在天井口处地面设警戒，以免物件掉落伤人。

b. 启、停罗茨鼓风机时，应确认放空阀为打开状态。罗茨鼓风机启、停时，应确认气力提升机的储料箱是空的。

c. 在进入布袋室前，应关闭出口阀门，打开人孔，放入新鲜空气，作业人员进入布袋室前，应将工作服口袋内物品清理干净，布袋室内严禁烟火，检查布袋时不应用利器敲打；恶劣天气不应上仓顶。

②贮运送料作业。

a. 操作前应检查各部件正常、各控制系统确保完好后方可运行，系统在运行过程中不应进行检修；单体设备试车全部结束，将整个系统所属设备全部投入自动运行状态，并巡视设备及物料输送管运行正常。

b. 检查除尘器布袋或更换布袋时，应有人监护，应系好安全带，谨防从高空坠落；每班应清理筛网上的脏物，装袋堆放。保证浓相储运系统正常运行；定期检查和清理压力罐各电磁阀、气缸、物料切断阀、手动阀处的脏物，保证各阀门灵活可靠；定期给气动三联件润滑，并检查密封圈有无破损；检查或更换除尘器布袋时，应有人监控；除尘器压盖应平放，不应斜靠在防护栏杆上，以防被风刮倒伤人；定期检查斗式提升机的进出料口，保证畅通无阻且不漏料，阀门灵活可靠。

c. 应清理筛网脏物，装袋堆放；紧固清渣口，保证正常运行。系统运行时，检查各管联接处螺栓紧固，管道各弯头处、变径处、法兰处的联接情况密封良好，保证无漏料，无破损；应保证传动系统工作良好，润滑良好，并无较严重磨损；供料人员在检查电解槽供料情况时，应严格遵守电解车间相关规程；打料巡视过程中不应赤手触摸空气配管、阀架、手动蝶阀、溜槽测压口、槽罩等；检查下料流管、料箱时，应戴好绝缘手套；检查槽上部料箱时应有两人以上进行作业，检查完毕应及时装好紧固螺杆，保证料箱的密封性，以免造成漏料。

d. 风机启动前应先检查各部件正常，螺杆底座紧固，进出口阀开度合适，控制按钮灵活；向电解槽供料前，应检查溜槽手动蝶阀在规定刻度，风机出口压力在规定范围内，安全阀完好;确认料箱料量时,不应使用金属工具,应使用干燥木棒。

e.巡视溜槽,不应攀爬防护栏杆;上、下溜槽钢架平台直爬梯时,应随手将盖子盖上;雨天不应攀爬直爬梯。雨季打雷时,不应上溜槽钢架平台进行巡视,可在中间仓进行观察;巡视时,应注意格子板,防止踩空,溜槽上使用的工具应妥善放置。

③换布袋作业。换圆布袋作业、换菱形大布袋作业、进入菱形大布袋内部风道应符合相关规范的要求。

(3)铸造。

①入铝作业。

a.开口包使用前应认真检查吊具、包梁、卡具、减速机、抬包吊耳、抬包底座及其零部件是否安全可靠。

b.新砌的开口包使用前应经过 8 h 以上烘烤,烘烤温度不能低于 300 ℃,彻底除去水分和潮气;在吊运过程中,抬包应平稳地放在开口包底座上,包梁的卡具应卡到位,防止翻包。

c.捞渣作业时,使用的工器具应预热干燥,防止爆炸;操作者不可站在抬包底座、开口包沿、抬包减速机上进行作业。捞渣时,人应站在捞渣平台上进行作业。

d.手摇倒包时应把抬包扶正、扶稳,防止洒铝烫伤。自动倒包时,将抬包扶稳挂好后人应远离作业区 3 m 以外;不应向抬包内加入带有水分、潮气、油垢的固体铝及其他物品,防止爆炸伤人。

e.非作业人员不应在作业区域内行走或停留;清理前炉时应确保站稳才能进行清理,以防从前炉上摔下;抽铝前应对虹吸管及前炉炉膛进行充分预热;由专人指挥铝水车进入指定位置后,操作人员应使用专用工具打开包盖,并把虹吸管点动插入台包内;通过电动葫芦操作铝包时应点动进行。

f.虹吸管工作时周围不应站人或通过,如需在前炉取样时,取样人员只能等虹吸管升起后方可取样;铝水抽完后虹吸管应上升到最高位置,以便铝水车能安全撤离;虹吸管不能正常工作,不应从虹吸管底端进行观察,以防烫伤;使用过程中应经常观察虹吸各装置是否正常;工作完毕清理现场时应等虹吸管下降到地面放稳后才能进行。

②混合炉操作。

a.新砌筑或大修后的混合炉应经验收合格后方可使用。

b.电炉操作要求如下:倒包、搅拌、打渣、倒灰时,应佩戴好口罩和服罩方可作业;混合炉使用前应先检查电器系统是否正常,若有故障应及时排除故障后方可使用;炉前及四周工作场地应保持整齐、清洁、干燥,各种材料、工具应效到指定地点;使用前应检查入铝口是否畅通;使用前应检查炉眼是否堵好,是否有松动现象,防止铝液被渗漏;炉眼应指定专人负责操作,发现异常现象应及时处理;进行混合炉炉膛作业(维修、清理等),应切断电源;入铝液时应时刻观察铝液面上升情况,防止铝液溢出炉膛,铸锭时应保持入铝口畅通,并控制好流量;打开炉眼时,应戴好大面罩;混合炉工作时,其他人员不应在炉周围休息或做与工作无关的事;确需向入料后的炉内加固体物料时,应用专用工具将物料缓慢推入,防止铝液飞溅;不应两人同时向炉内投料,投料时不准用手握住铝锭前端。

c.天然气炉操作要求如下:检查混合炉炉门升降装置、虹吸电葫芦升降装置、混合炉点火装置是否正常,如果有异常应及时维修处理;点火前检查燃气是否有泄漏,如果泄漏立即关闭主管道阀门,并立即通知专业维修人员处理;通过触摸屏或其他方式调整炉温、料温、进气量,使之达到生产要求,不应空炉高温运行;通过控制柜按钮开关打开或关闭炉门，炉前不应站人；混合炉报警时，应对照报警列表排除（紧急情况下可按下急停按钮，待异常消除后复位），如果操作人员无法排除故障，应立即联系维修人员处理；熔炉扒渣、废品回炉时，应确保炉门提升到一定高度，保证叉车、扒渣车不碰坏炉门；经常检查熔炉炉眼和溜槽接口，确保不跑炉眼，溜槽接口不漏铝；每班次铸造结束后，清理出铝口，确保出铝口畅通；炉内入铝时应留出余量，入料位距上炉沿不小于 10 cm；对管道设施定期巡查，及时维修保养；定期检查天然气总管压力是否符合规定值，若低于规定值压力，应及时与相关人员联系并关闭阀门，停气熄火；随时检查阀门、密封垫有无天然气泄漏现象，如有泄漏，需及时停气、停炉处理；检查天然气与助燃风调节器螺母紧固；检修、维修天然气管路、各种阀门、接口时，应使用专用工器具，并有人监护。

③铝锭铸造作业。

a. 浇铸前应检查铸造机、堆垛机、混合炉和供水系统正常；浇铸前应将溜槽、分配器、渣铲等进行预热。

b. 铸模使用间歇超过 8 h 或新换铸模以及阴雨天气，使用前铸模应先预热；浇铸时，应在每个铸模都工作一次后，方可给水冷却。

c. 打渣时，渣铲应轻磕，防止飞溅出的铝渣伤人；更换打号字头时，应在打印机锤停止工作后方能进行；搬运铝锭堆垛时，应轻放，小心铝锭滑落砸伤。

d. 混合炉堵眼时，严禁将炉眼和塞子头浇湿，以防爆炸。

e. 铝锭堆放高度不应超过 2 盘，堆放应垂直、平稳、整齐、安全可靠。

④打捆作业。

a. 工作前应检查风动打捆机、手动打捆机、风管、风压正常；在搬运铝锭和使用打捆机打捆时，放置应慢、稳、准，作业过程中小心身体被砸伤、挤伤、刮伤。

b. 对于还没有冷却的铝锭，不应裸手进行搬动和打捆；应注意作业现场区域运行的各种车辆所发出的信号；严禁在悬空的吊物下作业，控制好所使用的工器具，防止飞溅、弹出、滑落伤人。

典型例题

【单选题】为防范铝电解熔铸生产过程中入铝作业发生爆炸导致人员伤亡，应采取针对性安全措施。关于入铝作业安全要求的说法，错误的是（　　）。

A. 捞渣作业使用的工器具应预热干燥

B. 不应向抬包内加入带水分、潮气的物品

C. 新砌的开口抬包使用前烘烤温度范围为 150～260 ℃

D. 吊运装有铝水的抬包应与邻近设备保持大于 1.5 m 的净空距离

C。【解析】新砌的开口包使用前应经过 8 h 以上烘烤，烘烤温度不能低于300 ℃，彻底除去水分和潮气。故选项 C 错误。

考点六　预焙阳极生产的工艺流程

预焙阳极是以石油焦、沥青焦为骨料，煤沥青为黏结剂制造而成，用作预焙铝电解槽作阳极材料。原料经破碎、筛分、配料，生产出生阳极，再经过焙烧得到预焙阳极产品。预焙阳极生产的工艺流程图如图 10-3 所示。

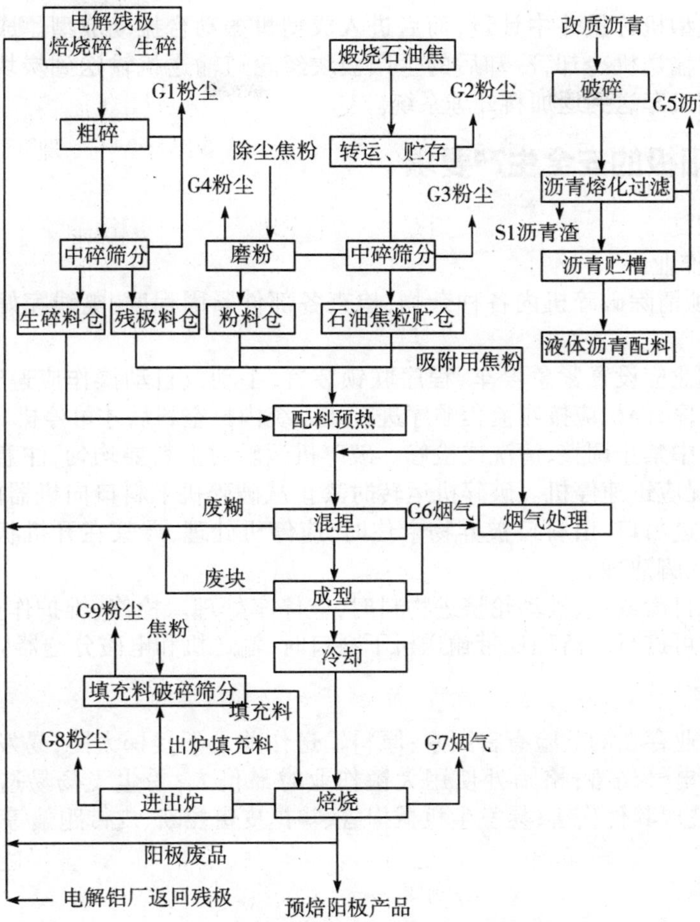

图 10-3　预焙阳极生产的工艺流程图

预焙阳极生产的工艺流程可分为原料贮运、返回料处理、液体沥青制备、生阳极制造以及阳极焙烧等工序。其中，生阳极制造包括中碎筛分、磨粉、配料、混捏和成型冷却等生产工序。

（1）中碎筛分。由石油焦中碎、筛分系统、残极返回料中碎组成。

（2）磨粉。为保证阳极产品的致密性，生阳极制造时需要加入一定比例的粉料填充粒料之间的间隙。粉料主要来源为收尘系统收集的焦粒粉尘、石油焦中碎筛分出的部分细碎粒。来料由磨粉机粉碎成粉料。由电磁振动给料机定量喂入摆式磨粉机内，从磨粉机出来的含尘气体经风选器分选后，粗粒子料被分离后返回磨粉机再磨，合格细粉经旋风收料器收集后送入粉料配料仓，循环风经通风机进入磨粉机用于循环生产。磨粉过程中产生的多余风经净化处理后排入大气。粉料除用于配料之外，部分粉料用作混捏、成型过程沥青烟气的吸附剂，用于沥青烟气的吸附处理，吸附沥青烟气后直接进入混捏工段。

（3）配料、混捏、均温、成型冷却。焦炭粒子料、粉料、残极粒子料分别由各自配料仓底部的给料机及漏斗秤按配方要求称量，再汇入复核秤。由螺旋输送机将配好的原料运往预热混捏机上层加热锅内加热。经 30 ~ 40 min 将混合料加热到 170 ~ 180 ℃后，热混合料和生碎料、液体粘结剂沥青一起加入预热混捏机下层的混捏锅中混捏，液体沥青用电子漏斗秤计量，采用减量法。配料全过程采用微机自动控制。通过混捏机混捏好的糊料卸入活底糊料箱，经电动平板小车、桥式起重机送入糊料均温箱均温处理。用料时，将均温箱内糊料直接送入成型机称量斗中计量,而后进入成型机振动台振动成型。成型炭块经检测合格后进入冷却输送机冷却,冷却后的生阳极块经轮道输送机输送到炭块库贮存。不合格的生阳极块用叉车送到返加料处理系统。

考点七 预焙阳极的安全生产要求

1. 煅烧

(1)原料输送作业。

①开机前,必须清除破碎机内各种杂物,检查各部件紧固程度,电线完好状态及润滑情况。

②原料输送作业应设置紧急停车、程序联锁装置,手动或自动操作应遵守程序联锁。启动应按逆流程顺序,停机应按顺流程顺序进行。系统内排空料后才可停机。

③破碎机运转中禁止调整、清洗或检修。破碎机运转时上料要均匀,注意观察运转情况,如发现异常情况应迅速停机。破碎机运转时禁止从破碎机下料口向机器内观察,以防崩物伤人。破碎机进料口、出料口被异物卡住时,应停机处理,严禁在开机状态下使用任何物体捣打或用手、脚清理。

④皮带输送机打滑或主、被动轮挤进物料时,应停车处理。检修、维护作业,应切断电源挂好停电牌后方可进行。清理皮带输送机下料口时,输送机和电磁分选器应停电。

链接

原料输送作业存在的危险有害因素:原料输送作业上下楼梯太陡,易发生高空坠落;易发生机械、电气伤害;格筛处使用大锤作业时易伤人;粉尘飞扬易造成粉尘伤害;视线不清易造成其他伤害;易发生机械损害、斗提皮带拉断、皮带跑偏等事故。

(2)调温作业。

①罐式煅烧炉。

a. 接班时上、下班组调温工做到当面交接,交清、接清每台煅烧设备运行、故障及故障处理情况。操作人员在工作前应详细检查煅烧仪表和温度情况。

b. 定期清理煅烧炉每个溢出口,保持挥发分溢出顺畅。保持炉子下火口、横道和火道畅通,横道定期彻底清理一次,下火口、火道随挂随清。

c. 保持挥发分系统畅通,每班应检查清理首层挥发分下口及溢出口,挥发分、空气拉板应经常活动并清理,避免结焦粘住无法移动。拉不动时要细心处理,避免用力过猛造成拉板破损。

d. 罐式煅烧炉各区域温度应在操作规程规定控制范围内,防止局部高温烧坏罐体。

e. 严格按照技术规程的加热升温制度调节温度和负压,以免炉温、烟道温度过高烧坏炉体和设备,或温度达不到要求而导致产品质量不合格。

f. 负压烟气闸板调整应结合煅烧炉工艺温度的要求,小幅度适量调整,否则会造成煅烧炉温度波动较大,工艺温度不稳定,影响煅后焦质量且温度高时影响炉子寿命。烟气闸板一般调整空间和位置多在高空处上下调整,应采用规范的楼梯及扶手,作业时应认真操作确保安全。

g. 定期检查、校验测温、测压等仪表设备,确保仪表在正常的状态下工作。

h. 料罐不下料时,及时与排料工取得联系,检查排料系统故障,排除故障后,应立即检查是否是棚料、结焦等情况,避免放炮。棚料或结焦时应立即捅料,必须两人以上操作,站稳,穿戴好防热劳保用品避免火焰烫伤。捅料时握紧钎子,防止掉进罐里,捅料时严禁加料,加料时严禁捅料。

i. 因停电、维修等原因造成停炉时,短时间内停炉采职保温措施:降低负压、减少空气进入量;时间较长时,采用人工加料以保证炉温不低于 900 ℃。

j. 根据煅烧炉运行及罐壁结焦情况,定期对料罐内进行清炉。清炉前应制定好相应的清炉计划,合理安排作业人员,并准备好相应的工具。

链接

罐式煅烧炉调温作业存在的危险有害因素常见的有炉体放炮、爆炸、火道口喷火、烧伤、烫伤、机械、电气伤害、高空坠落等。

②回转窑。

a. 回转窑烘炉前,检查大窑内浇注料确保坚固、平滑、无裂纹和孔洞。点火前必须将内部清扫干净。检查天然气各部阀门确保密封,必须整体打压合格后才能涂上黄甘油。确保蒸汽、压缩空气、水阀门灵活好用,天然气管道应有打压检验记录、确认后方准点火。送天然气前应使用一次风吹扫燃气管路及喷嘴。

b. 开启排烟机,将窑头负压调到 0 ~ 10 Pa,并保持平稳。燃气站送燃气前,打开放散管关闭其他燃气阀门。

c. 接到燃气站电话通知送气后约 15 min,操作人员用检测仪进行分析燃气浓度,合格后(燃气浓度大于 95%)方可点火,并记录时间、分析人、分析结果和燃气压力。或打开窑头燃气放散 5 ~ 10 min 后,在放散管点火燃烧后,方可进行正点火。

d. 点火前,启动窑尾引风机,风门适当开启,使窑内保持一定负压。燃气压力不小于 15 kPa,保持燃气压力、负压稳定。

e. 由专人指挥回转窑烘炉点火,其他无关人员禁止进入操作现场。回转窑各区域温度应在操作规程规定控制范围内。经常检查煅烧带温度,特别是高出控制温度时应逐渐降低,切不可急剧降低。防止局部高温烧坏窑体。经常巡视检查煅后仓贮料情况,检查旋风除尘器、螺旋机下料确保工作正常。

f. 窑头温度调节采用燃气量、窑尾负压合理配合进行。负压烟气闸板调整应结合回转窑工艺温度要求小幅度适量调整,避免造成温度波动较大,工艺温度不稳定,影响煅后焦质量,温度高时影响窑体寿命。烟气闸板一般调整空间和位置多在高空处上下调整,应采用规范的楼梯及扶手,作业时应认真操作保证安全。

g. 根据火焰长短、下料量调节助燃风的大小。根据煅烧带的位置、长短和温度,调节排烟机开度大小。排烟机应设温度报警装置。如果泵房无双电源自投装置,窑头及窑尾应分设事故贮水箱。窑体应采取防止热辐射的措施。

h. 停窑操作过程中,禁止打开窑门和观察孔,避免空气进入影响大窑内衬寿命。清理回转窑沉灰室料时,先通知调温工,再慢慢逐步打开风门翻板及入口检修门。清理过程中应防止烫伤,积料过多、温度过高时,禁止进入沉灰室作业。

i. 根据料量及时调整冷却水用量,间接冷却水在设备运行中不得中断。旋风除尘器应每班根据情况间断排料,冬季应做好保温工作。

j. 处理回转窑加料口堵塞时,必须站在侧面,禁止正对火口。回转窑下料口堵塞时必须停燃料,保持窑头有一定负压并及时排除堵塞。

k. 进入回转窑内工作应遵守下列规定:必须切断电源;配电盘上挂检修牌;窑外设专人监护;窑内温度降到 60 ℃以下。

链接

回转窑调温作业存在的危险有害因素常见的有烧伤、烫伤、机械、电气伤害、高处坠落等。

典型例题

【单选题】预焙阳极生产的调温作业中，关于回转窑安全生产要求的说法，错误的是(　　)。

A. 送天然气前应使用一次风吹扫燃气管路及喷嘴

B. 开启排烟机，将窑头负压调到 0～10 Pa，并保持平稳

C. 点火前，启动窑尾引风机，风门适当开启，使窑内保持一定负压

D. 进入回转窑内工作，窑内温度降到 65 ℃以下

D。【解析】进入回转窑内工作应遵守下列规定：必须切断电源；配电盘上挂检修牌；窑外设专人监护；窑内温度降到 60 ℃以下。故选项 D 错误。

(3)脱硫作业。

①脱硫除尘器启动运行时，应首先打开循环水泵和喷淋系统，待脱硫除尘器出水口有水流出后方可通入烟气；风机停止或烟气系统停运后即可关闭相关脱硫除尘器供水系统，停止脱硫剂给药。

②脱硫系统机器转动部分应安装防护罩或其他防护设备(如栅栏)，轴端露出应加设护盖避免衣服绞卷。机器转动时禁止从靠背轮和齿轮上取下防护罩或其他防护设备。

③加碱和石灰操作时，作业人员应佩戴防尘口罩和长皮手套，并随时清理搅拌浆池的杂物，以免堵塞浆泵。

④设备运行中禁止清扫、擦拭和润滑机器的旋转和移动部位，严禁将手伸入栅栏内。禁止将抹布缠在手或手指上清拭运转中的机器。在转动部分对作业人员无危险时，方可允许使用长嘴油壶或油枪向油盅和轴承里加油。

⑤定期检查调节、适时补充池内储水，确保脱硫除尘器的正常运行。压滤机取板、排渣操作应两人协调进行，避免取板速度过快和排渣不彻底。

⑥巡检过程中应注意脚下孔洞、盖板防止坠落。禁止随意操作设备或将其退出运行。

链接

脱硫作业存在的危险有害因素常见的有碱液烧伤、高空坠落、烟气烫伤、机械伤人等。

2. 成型

(1)沥青库作业。

①沥青槽或罐消防防护措施应采用自动泡沫喷淋装置。接班前对设备进行全面检查。检查设备时禁止将手伸进转动部位。

②沥青装卸、搬运、熔化和使用时，作业人员应按照《炭素生产安全规程》的规定做好防护工作。向沥青熔化槽内加入沥青时禁止过量，避免沥青膨胀溢出造成事故。

③工作时定期检查储罐、储槽、沥青高位槽液位情况。清理沥青熔化池时应佩戴专用劳保用品，沥青温度应冷却到软化点以下。

④沥青池(沥青储槽)周边应安装护栏(围堰)，上部盖板处于常闭状态，溶化沥青时如须打开盖板应采用相应的保护措施。

⑤沥青池部位严禁用火。沥青管线处导热油伴热管禁止重力敲打、用作地线或天线。

检修或清理时如需动火应制定详细方案并报安全管理部门批准,将动火区内沥青清理干净,并采用安全可靠的保护措施后方可进行作业。

⑥沥青池应设置明显的警示标识,非工作人员严禁靠近。电捕焦油器启动严格按照技术操作规程操作,输出电压应保持在规定范围之内,禁止超高或超低。电压调整应缓慢进行防止打火。定期排出电捕器中的煤焦油,避免从人孔溢出。

链接

沥青库作业存在的危险有害因素:沥青烟气对人体呼吸系统造成的危害;沥青粉尘对人体皮肤的伤害;液体沥青及导热油烫伤等。

(2)中碎作业。

①启动前应对设备进行全面检查,确保润滑部位、紧固螺栓、走料管道、设备运行情况正常后方可启动。应按照技术操作规程规定的开车与停车顺序进行操作。

②振动筛开机时,应检查设备各部件,确保完好,防护罩完好放置到位。运行中靠近筛子两侧禁止站人。人工清理筛下料时应停机。

③提升机开机时应确保无负荷开机,待运转正常后再给料。

④定期检查提升机以防止掉斗及皮带(链条)断裂。处理提升机故障时应严格执行设备检修停电挂牌制度,主动轮应采取机械固定,现场设专人监护后方可进行作业。

⑤反击式(环锤式)破碎机调速应先慢后快。带料运行时应密切监视各料仓料位平衡情况,定时检查各种颗粒粒度防止串料。

⑥生产中要定时巡视检查振动筛筛网,确保无破裂,确保斗提和皮带下料口未堵料。清理提升机出口时应停车处理。清理皮带输送机下料口时皮带输送机和磁选器应停电。

⑦正常生产过程中如出现设备故障等异常情况,应先切断电源并悬挂警示牌"禁止合闸,有人工作"后方可进行检查,并设专人监护。

提示

中碎作业存在的危险有害因素常见的有堵料、筛网漏料及机械伤人等。

(3)磨粉作业。

①球磨机。

a. 开动磨机前,应检查确认各零部件牢固可靠情况,清除妨碍设备运行的机具、杂物。油包顶起后才能启动,高压值达到规定值。应检查所有检修门确认关闭严密。每次启动前电工应检查电动机情况,确认电动机正常后方可启动。

b. 磨机运转过程中,操作人员应站在安全防护栏外,禁止维护保养和修理,转动部分加油。

c. 发现磨机任何部分发生有不正常噪音,负荷突然增大或磨机油压达不到工艺要求时,应立即停料停车进行检查并排除故障,严禁运转中处理,以免发生事故。

d. 在球磨机内检修必须切断电源,悬挂检修标识牌,专人负责监护。

e. 磨机加油应先切断电源及事故开关后方可进行,禁止将头、手伸进转动部位,以免发生伤害。

f. 球磨机装球(棒)时应确认磨机内无人。球磨机向外倾倒钢球时,操作人员应距离料斗落点 2 m 以外。

g. 球磨机大齿轮防尘罩应严密以防灰尘泥沙侵入。发现大齿轮与主轴承侵入泥沙时应立即停车处理清除。

②雷蒙磨。

a. 磨机启动前应检查系统各电机、减速机确保紧固螺栓牢固可靠;减速机及循环泵箱油位、油质,保证油位适当;循环油泵开启,确认畅通无泄漏;磨辊与磨环无磨损。检修门关闭严密。

b. 避免急停操作。如遇突发情况,现场有急停开关,可紧急停车,处理故障后再启动。再继续开机时应将排空磨机内余料,否则易造成磨机开机时电流过大,影响启动。

c. 设备运转中禁止对其进行清扫、紧固工作。严禁带料启动设备或绝缘达不到要求时强行启动设备。严禁设备无循环油时长时间运转。禁止粒度过大的物料进入机体堵塞出料口。禁止空车长时间运转造成磨辊、磨环损坏。

链接

球磨机磨粉作业存在的危险有害因素常见的有磨粉堵粉尘爆炸和机械伤人等。雷蒙磨存在的危险有害因素有机器伤人事故。

(4)配料混捏作业。

①间断式配料混捏作业。

b. 开机前应对沥青烟气净化、混捏锅、沥青和焦粒配料秤、糊料输送机及其附件进行全面检查,确保开机不会对操作人员造成危险后方可启动。

a. 设备工作时严禁对机器进行调整,如需调整应等待机器全部停止后再进行操作。

c. 禁止用手直接触摸检查糊料温度,应戴好手套防止烫伤。严禁将头、手或身体其他部位伸进未完全停止旋转的缸体中。取样或观察锅内温度时应停锅操作。严禁将手伸进转动部位检查设备。

d. 停水、停气、停电及发现异常情况时应紧急停车,停止生产。糊料在混捏锅内停留时间过长,禁止启动混捏锅。混捏锅操作时维护门应关闭,否则无法启动。

e. 应定期检查混捏锅缸体与墙板连接处的螺栓确保正常,如松动应用扳手复紧以免影响缸体密封。

f. 应定期检查混捏锅内衬板磨损情况,磨损严重时应及时更换。物料最大粒度不应超过搅刀与内衬板间的间隙。

②连续式配料混捏作业。

a. 开机前应对沥青烟气净化、预热螺旋、混捏机、沥青和焦粒配料秤、糊料冷却设备及其附件进行全面检查,确保开机安全后方可启动。

b. 配料系统启动前应检查通风除尘管路、螺旋输送机及配料秤各润滑点润滑情况确保正常。配料称皮带下各托辊应定期进行校正确保在同一水平面上(特别是重量传感托辊)。

c. 连续混捏系统启动前应打开各部分冷却水阀门,保证冷却水畅通无阻。润滑系统、润滑油箱油、减速机油经检查确认正常后空负荷运转 10 min 再带料生产。

d. 生产过程中应勤检查减速机运转、电机三角皮带松紧、断裂等情况,出现异常应停机处理。

e. 混捏机停产时应空转 20 min 再清理混捏机内糊料及电动机循环冷却风机内空气过滤器。

f. 预热螺旋或混捏机内积铁或有其他杂物时,应立即停机处理。若混捏机预热螺旋电流突然急剧上升,说明机内积铁或有其他杂物,应立即停机处理。

链接

间断式配料混捏作业存在的危险有害因素常见的有堵料、导热油、粉料泄漏、着火、烫伤、灼伤、火灾爆炸、触电、机械伤人等。连续式配料混捏作业存在的危险有害因素常见的有导热油泄露烫伤、着火、观察孔糊料喷出伤人、火灾爆炸、触电、机械伤人等。

典型例题

【单选题】预焙阳极生产中,连续混捏系统启动前,润滑系统经检查确认正常后空负荷运转(　　)min 再带料生产。

A. 5　　B. 10

C. 15　　D. 20

B。【解析】连续混捏系统启动前应打开各部分冷却水阀门,保证冷却水畅通无阻。润滑系统、润滑油箱油、减速机油经检查确认正常后空负荷运转 10 min 再带料生产。

(5)成型作业。

①振动台启动和停机应在零幅位置。振动给料机处于自动位且振幅设定符合要求。三工位转动式成型机振台转动时,作业人员应远离振台及炭块推出端。

②成型时重锤下严禁站人。在压重下操作时应插好保险销。重锤提到上限位后,严禁人员到模具内工作,应将重锤安全夹关闭。禁止把手、脚伸进模具或重锤下。清理重锤粘料时,应注意脚底下防止滑倒,抓紧手持工具防止掉入模具内。

③成型模具、重锤表面润滑宜采用自动喷油装置进行。若自动装置损坏时应及时修复,在未修复前采用人工刷油或人工喷油时应远离设备操作。

④在振动给料机处观察糊料或清理料斗粘料时,应停电源、停液压后专人指挥清理料斗,避免工器具掉入输料小车。检查糊料时应戴手套。

⑤成型机运行时禁止检修。成型机初次运行时应打铃提醒与警示。振动台出现故障时应在专业人员的指导下进行检修,禁止私自拆卸。

⑥严禁在冷却链板或生坯输送辊道上走动、翻越,摆放其他杂物和工器具。勤巡视,避免滚轮磨损卡住轨道。

链接

成型作业存在的危险有害因素常见的有液压油泄漏、堵料、模具提不起、小车越位、糊料烫伤、机械伤人等。

3. 焙烧

(1)堆垛作业。

①开车前检查各种安全设施、卡具、吊具、钢丝绳确保完好,经确认天车轨道上无人、试车无异常情况,鸣铃后方可运行。

②应使用专用梯子上下驾驶室,严禁从地面设施和堆物进出驾驶室。严禁通过堆垛天车中间轨道通道攀爬上另一台堆垛天车。

③天车运行禁止打倒车。除特殊情况外,停车刹车应平稳缓慢,以防振动发生意外事故。堆垛天车夹块提到上限位才能行走大车。

④严禁天车悬挂重物长时间停顿。夹具夹持炭块时,应确认夹紧指示灯亮后方可起吊。

⑤使用堆垛天车副钩吊运炭块或重物时,应先检查夹具和钢丝绳确保完好,由专人在地面指挥,必要时应有专人手扶或用绳子拉引吊物。吊运前应确认炭块被夹牢固后方可起吊。吊物上禁止站人。

⑥指挥人员必须与堆垛天车密切配合,正确指挥其进行吊运,指挥吊运时应远离吊物。

⑦炭块堆垛应整齐、平稳,最多不应超过 8 层,长度小于 600 mm 的不应超过 6 层。跺距、高度、层数应严格控制,做到齐、平、稳。

⑧夹具夹块及垛块时,采用低速挡并对正,避免滑块、歪拉斜吊,听从地面人员指挥。堆垛天车停运时应将手柄打到零位后方可停电锁门下车。

链接

堆垛作业存在的危险有害因素常见的有炭块脱落、砸伤设备人员等。

(2)编解组作业。

①作业前应对设备油路、电路、限位、工具等情况进行认真检查,确认无误后,空载运行一段时间,再次认真检查后方可作业。

②设备运转中禁止将头、手及其他身体部位伸进设备内,身体禁止接触翻转机。严禁在转动设备上进行清焦、撬炭块等作业。

③设备在运行中发生故障可采用手动方式完成相应操作程序。检修调试时禁止将炭块留在翻转机内,人工无法撬动时应及时停机处理。

④作业中严禁跨越运输机及在运输机上蹲、坐和行走。多功能天车向接收台夹放炭块时禁止启动接收台。严禁在天车炭块转运区域内行走和停留,所有人员应走安全通道。

⑤多功能天车夹块时应走专用通道;夹具下降、起落、夹运过程中,所有人员应避开夹具,在距夹具正下方 5 m 外位置避让。

⑥设备处于自动装置状态时禁止遮挡光电开关,避免设备错误动作造成人员伤害。液压油缸动作过程中,如遇紧急停车,应打手动使油缸完成剩余动作。编制品应平齐禁止歪斜,并及时纠正倾斜制品。夹具工作时禁止编组机工作。操作人员应在指定地点上下设备,禁止跨越、攀爬设备。

⑦在设备内部进行检修等作业前,应停机并在操作台上悬挂相应的安全警示牌。

链接

编解组作业存在的危险有害因素常见的有炭块卡住、挤伤、设备链条断等。

(3)装出炉作业。

①焙烧装出炉应与多功能天车协同工作指挥手势信号要清楚明确。指挥天车装炉应避免挤伤。吊运炭块运行时应采用低速运行,运行中严禁打反车减速与停止,防止炭块从夹具中滑脱。

②天车吊炭块严禁从设备及人头上经过。严禁作业人员在相邻两个炉室同时作业,上下炉室时应使用梯子,禁止站在炭块或使用天车钢丝绳上下炉室。上、下料箱梯子一定要放稳,扶好踩牢避免梯倒摔伤。

③检查炉室、火道、炉体维修时,炉室应充分冷却后方可进行,并采取安全措施防止烫伤。

④热炉室禁止装炉。严禁从人的上部传递工具或材料,禁止从料箱上向下抛掷任何物品。

⑤在进行炉室清理和维护时，作业人员要与天车工密切配合，地面要有专人指挥；用手动工具维护炉室时应站稳用力均匀。在料箱中作业时应检查梯子确认放稳后方可进行。

⑥修炉炉室、待装炉室等应有禁止跨越标识。修炉料箱应有安全防护栏，并由专人监护。吊运耐火材料时应仔细检查吊钩、钢丝绳、灰斗、砖箱确保安全可靠，确认后方可吊运。

链接

装出炉作业存在的危险有害因素常见的有烫伤、摔伤、砸伤、人身伤害等。

(4)焙烧调温作业。

①交接班时应详细检查焙烧调温各部位确保正常，确认无误后方可开始操作。

②使用天然气或煤气时经常检查燃气压力、温度确保正常，保持燃气管道通畅、阀门严密，避免燃气泄漏发生中毒事故。应有便携式或固定式燃气泄漏报警仪。

③在炉面作业时要细心，禁止在料箱、火道间跳跃、跨越，避免踩空或坠入料箱。

④观察火道和燃烧孔、清理或取放热电偶、调整负压时，应佩戴专用劳保用品，避免身体接触排烟架、高温套管等高温物体，防止烫伤。

⑤进行移炉作业移动燃烧架、测温架和排烟架时，应由专人统一指挥，详细检查吊具、挂钩和钢丝绳扣确保牢固可靠。应与天车工密切配合，吊挂应牢靠，移动要平稳，注意防止撞人碰物。

⑥定期清理排烟架内沉积的沥青烟垢和焦油，避免发生火灾事故。炉室点火时应按操作规程先点火后给天然气或煤气。严禁先送气后点火，如果燃气点不着或发生灭火现象时，应查明原因，排净炉内混合气体后方可再次点火。若发现有燃气泄漏应立即查明原因，并采取防漏措施。

⑦热电偶转接时应先松开热电偶导线，轻提慢放，防止热电偶损坏，并注意防止烫伤。当发生停电、停气、停排烟机或其他需要停炉的情况时，应严格按停炉规程进行停炉操作，待情况恢复正常再按规程进行开炉操作。

⑧排烟架最高温度不应超过操作规程允许的最高温度。当排烟架或烟道发生着火时应严格按灭火规程进行操作。

⑨进入烟道进行检查清理作业时，检查人员应穿戴特殊防护用品，系好安全带，配有安全照明工具和对外联络设备，同时烟道外应设专人监控。

链接

焙烧调温作业存在的危险有害因素常见的有烟道着火、排烟架着火、炉室天然气或煤气爆炸、热电偶烫伤、掉入炉室、高空作业设备砸伤等。

(5)焙烧净化作业。

①设备运转前检查所有防火保护系统、管道、配件、喷嘴无堵塞、阀门开关灵敏。检查水泵确保运行正常。检查轴承润滑、油缸充油情况。

②净化系统运行时监控电压、电流情况，防止打火。应随时观察净化设备运行情况，如发现故障或异常应及时处理并立即通知相关部门。应密切监视烟道各处温度负压情况，如发现温度过高、负压波动应立即关闭净化系统改为旁通。

③净化系统送电运行时禁止在电捕除尘器上面进行检查。在净化管道上和运转的设备上行走时严禁身体与各传动部位接触，防止发生意外。

④电捕送电时要先试电压。电捕检修作业时低压配电室应先停电并悬挂警示牌，再接地放电。

⑤设备运行中禁止进行检修、加油、清理卫生工作。应定时排放电捕焦油。排焦油时防止烫伤。

⑥电捕除尘器内作业属危险作业，应制订作业方案，需两人以上进行工作，室外要由专人监护。

⑦电捕焦油器检修，首先要确保变压器停电，经过充分通风、极板和极丝放电、降温等安全措施后，确保电捕室内温度不超过 40 ℃，检测无烟气方可进内检修。若需照明必须使用安全电压。

⑧在净化系统内检修需要动火，应制订方案报安全管理部门审批获准，办理动火工作许可票并采取安全措施后方可动火作业。

链接

焙烧净化作业存在的危险有害因素常见的有烟道着火、电捕焦油器打火引起火灾爆炸等。

(6)焙烧炉修炉作业。

①焙烧炉炉室下陷、火道墙变形影响焙烧生产时，应及时上报进行修炉作业，避免出现安全事故。

②焙烧炉空炉室修炉前应设置安全标志。严禁作业人员在相邻两个炉室同时作业。在空炉室内进行修炉作业时，炉室上面应有专人监护。

③作业人员下炉室前应先检查炉室温度，温度符合要求后方可进行操作。上下炉室梯子应放稳。在炉室内工作时应系好安全带。在空炉室内作业时禁止向炉面抛掷物品。

④监护人指挥天车严禁从检修炉室上面经过。从焙烧炉炉面向下传递修炉材料等物品时，修炉人员要从炉室内离开。在炉室内修炉工作时两人应有一定间隔，避免相互影响。

链接

焙烧炉修炉作业存在的危险有害常见的因素有烫伤、摔伤、砸伤等。

(7)炭块清理作业。

①清理炭块前应检查炭块温度防止烫伤；炭块清理时相互之间应保持安全距离，防止相互碰伤。

②清理过程中天车夹块时应离开防止砸伤；使用小夹具夹炭块时严禁将手放到夹具内。

③打磨炭块清理铲时应戴好防护眼镜；禁止在炭块上取暖。

链接

焙烧炭块清理作业存在的危险有害因素常见的有烫伤、摔伤、砸伤等。

4. 辅助系统

(1)导热油系统。

①启动前应对系统设备进行全面检查，确认一切正常后方可启动。

②导热油系统严禁超温、超压工作。热煤烟气闸板调整应结合热煤温度需要，同时

满足煅烧设备负压要求，配合工艺温度要求负压，小幅度适量调整。热煤烟气过高会导致热煤油温度过高将影响后续生产，同时损伤热煤炉寿命。如热煤设备突发性断电，应在5 min内落下闸板切断烟气热源，避免系统局部温度过高烧损导热油盘管。热煤烟气闸板一般调整空间和位置多在高空处上下调整，应采用规范的楼梯及扶手，作业时应注意安全。

③经常巡视检查各压力、温度仪表、指示确保正常。导热油系统管路严禁存在泄漏现象，应定期对管路进行巡检。

④导热油管线处严禁动火作业。严禁接地线、天线及重力敲打。导热油操作间严禁堆放易燃、易爆物品。导热油管线设备检修应降温回油并采取一定的安全防火措施。严禁非作业人员转动导热油管线阀门。

⑤导热油加热系统停炉，油温应冷却到 60 ℃以下才能停止循环泵。各循环泵在操作运行前应检查润滑，泵轴、泵运转方向、泵前、泵后的压力、流量、温度等确保符合工艺要求。

⑥膨胀槽正常运行时油位应保持在 1/2 处以上，并关闭系统内所有排气阀。应勤检查导热油管路的固定支撑，严禁焊死管路的膨胀节。

⑦余热导热油锅炉炉膛应定时清灰。进入导热油加热炉内检修时，应进行空气吹扫后检修人员方可进入。

链接

导热油作业存在的危险有害因素常见的有高空坠落、导热油泄漏烫伤、着火、爆炸等。

(2)余热锅炉。

①接班前要对余热锅炉进行全面检查。检查引风机对轮螺丝、地脚螺丝无松动，轴承箱油位、冷却水压力正常，盘车灵活，安全罩牢固。锅炉各部阀门灵活、严密，安全阀、水计、压力表等完好正常，确认正常后投入运行状态。

②锅炉上水、水压实验、锅炉煮炉升压应严格按照操作规程进行。

③锅炉运行时，操作工应严格执行设备点检制，保证锅炉安全运行。经常检查锅炉承压部件无泄漏，锅炉三大安全附件准确、完好，水位应保持在规定范围内。

④如遇到突然停电，关闭连排，关闭供水阀门，并使各控制按钮归复零位。如停水，当除氧器、软水箱无法确保锅筒水位时，经允许后可往软水箱中注入生水。

⑤因严重缺水事故而紧急停炉时，严禁向锅炉给水。禁止进行排污调整工作。

⑥冲洗水位计时应站在水位计的侧面，打开阀门时应缓慢小心。防止汽水烫伤和防止玻璃板破碎伤人。

⑦锅炉运行中禁止带压对承压部件进行焊接、拧紧螺丝作业。

⑧排污时应戴手套。排污装置有缺陷或排污工作地点和通道上无照明时，禁止排污。

提示

余热锅炉存在的危险有害因素常见的有爆管、烫伤、蒸汽灼伤、高空坠落等。

案例分析

案例场景

C 铝业公司在电解铝生产过程中，发生了一起安全生产事故，事故造成 1 人死亡，直接经济损失 29 万元。事故经过如下：

2019 年 6 月 3 日，新投入使用的 6 000 t 料仓不下料，白某估计可能是料仓顶部漏雨进水后产生了结块，需进去掏。随后白某、邓某等四人先后下到料仓底部。白某在检查下料口时，陷入氧化铝中，邓某立即拨打 120 和 119，救援人员到达现场迅速组织抢救。虽实施几套救援方案，但白某最终未能保住其生命。

事后调查小组对该起事故进行分析，该起事故发生的直接原因是白某等违章指挥、违章作业、冒险蛮干、安全意识淡薄。间接原因是 C 铝业公司对员工安全教育不够，致使部分员工缺乏安全防护知识。

知识点讲解

考点一　生产安全事故等级

生产安全事故根据造成的人员伤亡或者直接经济损失可分为一般事故、较大事故、重大事故、特别重大事故四个等级。

提示

生产安全事故等级的具体内容在第四章案例分析考点一中有详细叙述。

考点二　应对电解铝事故发生的应急预案

制定事故应急预案应按照《生产经营单位安全生产事故应急预案编制导则》的要求，结合具体情况，至少应包括以下应急预案：火灾事故应急预案；重大设备事故应急预案；破坏性地震抢险救援应急预案；厂内重大交通事故抢险救援预案；天然气泄露、爆炸、火灾事故应急预案；人员伤害紧急救治应急预案；电解槽漏炉事故应急预案；电解槽直流电停电事故应急预案；电解槽交流电停电事故应急预案；电解槽停风事故应急预案；电解槽停料事故应急预案；电解槽压槽事故应急预案；电解槽抬槽事故应急预案；电解槽阴极母线熔断应急预案；动力锅炉爆炸事故应急预案；铸造车间天然气泄漏应急预案；铝液漏铝爆炸事故救援预案；触电、电击伤害救援应急预案；整流柜爆炸、电解系列停电事故应急预案；整流机组变压器、动力变压器火灾事故应急预案。需注意，以上预案由企业自行制定。

考点三　贮运送料作业的安全生产要求

本案例关于贮运送料作业的安全生产要求在本章考点五中有详细叙述。

考点四　氧化铝仓堵料清理作业的防范措施

在氧化铝仓堵料清理作业中主要安全生产防范措施有：

（1）作业人员清理堵料时应系好安全带。

（2）作业过程中应有人员监护。

提示

本案例还可能涉及铝电解生产主要工序、设备安全技术要求以及铝电解生产设备维护和检修要求等相关考点的考查，因此，针对本章所涉及的考点需考生理解掌握。

同步自测

一、单项选择题(每题的备选项中,只有1个最符合题意)

1. 全世界生产的氧化铝和氢氧化铝,90% 以上是用拜耳法生产的。下列步骤不属于拜耳法的是(　　)。

A. 原矿浆制备　　B. 赤泥分离、洗涤

C. 晶种分解　　D. 萃取

2. 氧化铝生产工艺中,关于熟料窑安全要求的说法,正确的是(　　)。

A. 熟料窑新换耐火砖点火烘窑时,应关闭窑尾立烟道门

B. 熟料窑点火时,现场人员应站在窑口正面稍远距离,观察窑内情况

C. 疏通下料口积料,设专人监护,多人工作时设专人指挥

D. 喷煤时,现场人员应站在窑头上进行观察

3. 铝电解生产工艺中,关于出铝作业安全要求的说法,正确的是(　　)。

A. 新使用或间断使用的铝包可直接使用

B. 出铝时,作业人员应在距观察口侧面 15 cm 以外进行观察

C. 铝液盛装不能过满,应大于铝包口 25 cm 左右

D. 出铝时,若发生阳极效应,应加快出铝作业

4. 预焙阳极生产工艺中,关于焙烧安全要求的说法,错误的是(　　)。

A. 堆垛作业易发生炭块脱落、砸伤设备人员事故

B. 严禁通过堆垛天车中间轨道通道攀爬上另一台堆垛天车

C. 炭块堆垛应整齐、平稳,最多不应超过 6 层

D. 吊运前应确认炭块被夹牢固后方可起吊,吊物上禁止站人

二、案例分析题

C 氧化铝厂生产氧化铝的生产工艺为原料储运、石灰消化、原矿浆制备、高压溶出、赤泥沉降洗涤。该厂生产的主要工作由本厂负责,辅助性工作承包给 D 厂。原料、中间产品、产品主要有铝土矿、石灰、液碱、燃煤、硫酸、柴油、硫酸铵、赤泥、氧化铝、灰渣、煤气、过热蒸汽、液氨、水等。主办公楼有 2 部电梯、1 套消防系统、26 个灭火器。

C 氧化铝厂自备煤气站和热电站。煤气站生产氢氧化铝焙烧用煤气,煤气生产能力为 65 000 $N \cdot m^3/h$。热电站有:3 台 130 t/h 燃煤锅炉,1 套 12 MW 汽轮发电机组,1 套25 MW 汽轮发电机组。热电站生产 270 ℃ 的蒸汽,生产能力为 220 t/h,蒸汽在管道中的压力为 3.7 MPa。

2021 年 3 月,C 氧化铝厂组织了安全检查,对发现的事故隐患分析表明,现场作业人员没有意识到的事故隐患占 31%,查出的两个重大事故隐患Ⅰ和Ⅱ在 2021 年 1 月份检查时已经发现。重大事故隐患Ⅰ未整改的原因是 C 氧化铝厂的甲车间认为是乙车间负责整改,乙车间认为应由甲车间负责整改;重大事故隐患Ⅱ未整改的原因是 C 氧化铝厂认为应由 D 厂出整改资金,D 厂认为应由 C 氧化铝厂出整改资金。

根据以上场景,回答下列问题:

1. C 氧化铝厂工人进入燃煤锅炉作业时,应遵守哪些要求?

2. 当燃煤锅炉发生事故后,C 氧化铝厂应如何进行处理?

3. 为了避免溶出器超压运行、堵塞,C 氧化铝厂应采取哪些安全防范措施?

4. 确定重大事故隐患Ⅰ和Ⅱ的整改责任单位,并说明理由。

答案详解

一、单项选择题

1. D。【解析】拜耳法生产氧化铝的基本工序流程为：原矿浆制备→高压溶出→溶出矿浆的稀释以及赤泥分离、洗涤→晶种分解→氢氧化铝分离、洗涤→氢氧化铝焙烧→种分母液的蒸发及一水碳酸钠的苛化。
2. C。【解析】新换砖点火烘窑时，应打开窑尾立烟道门，防止煤粉在电收尘系统积存燃烧、爆炸，防止大量水分进入电收尘影响送电。故选项A错误。点火时现场人员应站在窑头两侧，篦冷机、电收尘及喷枪平台不应有人。喷煤时窑头不应站人或通过，防止回火伤人。故选项B、D错误。
3. B。【解析】新使用或间断使用的铝包应预热后方可使用，不应使用受潮冷包。故选项A错误。铝液盛装不能过满，应低于铝包口20 cm左右，以免运输时溅出。故选项C错误。出铝时，若发生阳极效应，应立即停止出铝，并将吸铝管抽出待效应熄灭、电压稳定后方可继续出铝。故选项D错误。
4. C。【解析】炭块堆垛应整齐、平稳，最多不应超过8层，长度小于600 mm的不应超过6层。跺距、高度、层数应严格控制，做到齐、平、稳。故选项C错误。

二、案例分析题

【答案】

1. 工人进入燃煤锅炉作业前应先观察有无松脱的结疤、耐火砖等。作业时气流温度应为40 ℃以下，至少两人以上同时在场，内外相互监护。作业前必要时可检测一氧化碳和氧含量，进入一次的时间不超过20 min。
2. 当燃煤锅炉发生事故后，C氧化铝厂应当按照应急预案采取措施，组织抢救，防止事故扩大，减少人员伤亡和财产损失，保护事故现场和有关证据，并及时向事故发生地县级以上人民政府负责特种设备安全监督管理的部门和有关部门报告。
3. C氧化铝厂应采取的安全防范措施有：

   (1)溶出器、料浆管道等压力容器、管道应设2个安全阀。高压管道法兰应设置防护罩。

   (2)对溶出系统压力、温度及液位等参数进行检测监控，应有相应联锁系统，不应超压运行、带压检修。

   (3)溶出器及安全设施应定期检查，带压管道不应外力击打。溶出器堵塞不应高压冲击，应泄压后再清理。

   (4)溶出器停用，清扫管内余料应缓慢，应降低稀释槽的液位，防止物料溢出伤人。
4. (1)重大事故隐患Ⅰ的整改责任单位应是C氧化铝厂。理由：甲车间和乙车间均属于C氧化铝厂的生产经营部门，因此应由C氧化铝厂出资对其安全生产重大事故隐患进行整改。

   (2)重大事故隐患Ⅱ的整改责任单位应是C氧化铝厂。理由：C氧化铝厂将辅助性工作承包给D厂，应当与其签订安全生产管理协议，并在协议中明确各方对事故隐患排查、治理和防控的管理职责，C氧化铝厂对D厂的事故隐患排查治理负有统一协调和监督管理的职责。

【解析】

1. 本案例第1问主要考查进入燃煤锅炉作业的要求。氧化铝生产时，允许进入窑、炉、槽、罐等容器内工作的气流温度为40 ℃以下，至少两人以上同时在场，内外相互监护。进入前应先观察有无松脱的结疤、耐火砖等。进入狭小密闭空间及二氧化碳管道时，进入前应对有毒有害气体的浓度进行监测，需一氧化碳气体含量在30 mg/m^{3}以下、氧含量执行《缺氧危险作业安全规程》、进入一次的时间小于20 min。

2. 本案例第2问主要考查特种设备事故的处理。《特种设备安全法》第二条规定，特种设备是指对人身和财产安全有较大危险性的锅炉、压力容器（含气瓶）、压力管道、电梯、起重机械、客运索道、大型游乐设施、场（厂）内专用机动车辆，以及法律、行政法规规定适用本法的其他特种设备。国家对特种设备实行目录管理。特种设备目录由国务院负责特种设备安全监督管理的部门制定，报国务院批准后执行。第七十条规定，特种设备发生事故后，事故发生单位应当按照应急预案采取措施，组织抢救，防止事故扩大，减少人员伤亡和财产损失，保护事故现场和有关证据，并及时向事故发生地县级以上人民政府负责特种设备安全监督管理的部门和有关部门报告。
3. 本案例第3问主要考查溶出器超压运行、堵塞的安全防范措施。溶出器超压运行、堵塞时，易发生灼烫、容器爆炸事故，应采取的安全防范措施有：(1)溶出器、料浆管道等压力容器、管道应设2个安全阀。高压管道法兰应设置防护罩。(2)对溶出系统压力、温度及液位等参数进行检测监控，应有相应联锁系统，不应超压运行、带压检修。(3)溶出器及安全设施应定期检查，带压管道不应外力击打。溶出器堵塞不应高压冲击，应泄压后再清理。(4)溶出器停用时，清扫管内余料应缓慢，应降低稀释槽液位，防止物料溢出伤人。
4. 本案例第4问主要考查重大事故隐患的整改责任单位。生产经营单位是事故隐患排查、治理、报告和防控的责任主体。生产经营单位应当保证事故隐患排查治理所需的资金，建立资金使用专项制度。对于重大事故隐患，由生产经营单位主要负责人组织制定并实施事故隐患治理方案。甲车间和乙车间均属于C氧化铝厂的生产经营部门，因此应由C氧化铝厂出资对其安全生产重大事故隐患进行整改，故重大事故隐患Ⅰ的整改责任单位应是C氧化铝厂。生产经营单位将生产经营项目、场所、设备发包、出租的，应当与承包、承租单位签订安全生产管理协议，并在协议中明确各方对事故隐患排查、治理和防控的管理职责。生产经营单位对承包、承租单位的事故隐患排查治理工作进行统一协调、管理，定期进行检查，发现问题及时督促整改。承包、承租单位拒不整改的，生产经营单位可以按照协议约定的方式处理，或者向安全监管监察部门和有关部门报告。C氧化铝厂将辅助性工作承包给D厂，故重大事故隐患Ⅱ的整改责任单位应是C氧化铝厂。

第十一章　重金属及其他有色金属冶炼安全

知识架构

- 重金属及其他有色金属冶炼安全
  - 重金属及其他有色金属的概述
    - 重金属
      - 种类
      - 冶炼的原料
      - 冶炼的方法
    - 其他有色金属
      - 贵重金属
      - 稀有金属
  - 铜的冶炼
    - 基本定义
    - 铜冶炼的安全要求
      - 铜冶炼作业
      - 铜水吊运作业
      - 浇铸作业
      - 阳极整形作业
      - 铜电解作业
      - 硫酸铜生产作业
      - 脱砷作业
      - 硫酸镍生产作业
    - 铜冶炼设备的安全要求
      - 铜冶炼用炉窑
      - 熔体排放设备
      - 铜包
      - 浇铸设备
      - 铜电解设备
      - 除尘设备
    - 铜冶炼设备维护与检修安全要求
      - 检维修计划落实“五定原则”
      - 加强关键装置、重点设施的安全管理
    - 铜冶炼生产过程中常见的危险有害因素与防范措施
      - 铜冶炼熔炼工序
      - 铜冶炼湿法精炼工序
  - 锌的冶炼
    - 锌冶炼的安全要求（火法）
      - 竖罐炼锌工艺
      - 密闭鼓风炉炼锌工艺
      - 维护与检修
    - 锌冶炼的安全要求（湿法）
      - 锌精矿备料
      - 沸腾焙烧
      - 焙砂浸出
      - 浸出液净化
      - 过滤
      - 电积
      - 熔铸
      - 辅助及附属
      - 维护与检修
    - 锌冶炼生产过程中常见的危险有害因素与防范措施

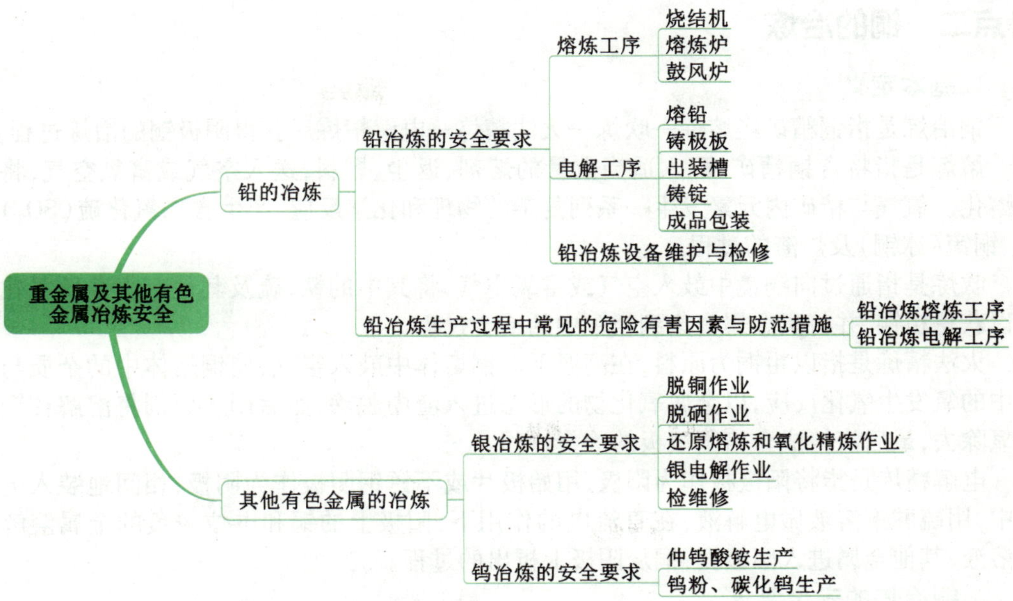

考点解读

考点一　重金属及其他有色金属的概述

1. 重金属

(1)重金属的种类。重金属主要有铜(Cu)、铅(Pb)、锌(Zn)、锡(Sn)、镍(Ni)、钴(Co)、锑(Sb)、汞(Hg)、镉(Cd)和铋(Bi)等。

(2)重金属冶炼的原料。以硫化矿为提取重金属的矿物原料,如 $CuFeS_2$, ZnS, PbS 等。以多金属共生矿为提取重金属的矿物原料,如 Cu-Pb-Zn, Pb-Zn, Ni-Co-Cu 等。

(3)重金属冶炼的方法。

①造锍熔炼。造锍熔炼的原理是基于主体金属对硫的化学亲和力大于其对氧的化学亲和力,从而使金属与硫或几种金属硫化物之间相互熔合为锍。造锍反应的目的是将炉料中的待提取的有色金属和贵金属聚集于锍中。

②还原熔炼。在熔融状态下金属氧化物料发生还原反应,产生熔融金属和熔渣的熔炼方法。金属矿通常以氧化矿或硫化矿产出,硫化矿也可经预处理转变为氧化矿,因此还原熔炼是最普遍的熔炼方法。

③湿法冶炼。湿法冶炼是指在室温或低于 100 ℃的温度下用溶剂处理矿石和精矿的过程,以使有价值的金属溶解在溶液中,而其他杂质不溶解,然后从溶液中提取金属的过程。

2. 其他有色金属

(1)贵重金属。贵重金属主要有金、银和铂族等金属。这些金属大多数拥有美丽的色泽,具有较强的化学稳定性,一般条件下不易与其他化学物质发生化学反应,因此,为了提炼这些贵金属,需要特定的燃烧炉进行提炼工作。

(2)稀有金属。稀有金属主要有锂、铍、钛、钒、锗、钼、铯、镧、钨、镭等。稀有金属常见的制备方法有氢还原法、水溶液电解法、熔融盐电解法、碘化物热分解法、金属热还原法等。

考点二　铜的冶炼

1. 基本定义

铜冶炼是指铜精矿经熔炼—吹炼—火法精炼—电解精炼后获得阴极铜的冶炼过程。

熔炼是指将含铜精矿，配入适当数量的熔剂、返尘、燃料，送入空气或富氧空气，将物料熔化。氧气与精矿内元素发生一系列复杂的物理和化学反应，产生含二氧化硫（SO_2）烟气、铜锍（冰铜）及炉渣的过程。

吹炼是指通过向铜镜中鼓入空气或富氧空气，将其中的铁、硫及其他有害杂质氧化除去以获得粗铜，并将贵金属富集到粗铜中的冶金过程。

火法精炼是指以粗铜为原料，在高温下向铜熔体中鼓入空气，使铜熔体中的杂质与空气中的氧发生氧化反应，以金属氧化物的形态进入渣中脱除，然后用还原剂将溶解在铜中的氧除去，最后浇铸成合格阳极板的冶金过程。

电解精炼是指将阳极板作为阳极，用始极片或不锈钢阴极作为阴极，相间地装入电解槽中，用硫酸铜溶液做电解液，在直流电的作用下，阳极上的铜和电位较负的金属溶解进入溶液，其他金属进入阳极泥，铜从阴极上析出的过程。

2. 铜冶炼的安全要求

（1）铜冶炼作业。

①生产过程中，应适时按照设备安全操作规程进行巡检；作业人员在操作前，应对作业条件及现场环境等进行安全确认，方可进行操作。

②生产过程中，炉窑周围熔体容易喷溅到的区域严禁放易燃易爆物品；严禁用潮湿或过冷的工具接触高温熔体，防止熔体爆炸伤人；炉体水冷构件发生漏水时，应立即截断供水，在条件许可的情况下，对泄漏的水进行引流，避免水进入炉内或流淌到炉体耐火材料上。

③应定期检查压缩空气“气动三联件”，确保风量、压力、汽水分离器处于完好状态，防止压缩空气含水过高而造成炉内进水，引发喷炉、爆炸事故。

（2）铜水吊运作业。

①工作前应按照设备使用要求进行安全确认，若发现包体有发红、裂纹、包环和包耳脱落等现象，则禁止使用。

②装有高温熔体的铜包在吊运过程中应走规定路线，避开地面行人，铜包倾翻侧严禁站人；严禁与其他物体碰撞；倾倒铜水或其他熔体时，应防止飞溅或洒落伤人。

（3）浇铸作业。

①出铜前，应保证溜槽、中间包和浇铸包应按设计要求砌筑并烘烤、干燥。

②出铜过程中，应控制好铜模温度，模内不得积水，脱模剂应干燥，并控制好出铜速度，避免因出铜速度过快，中间包或浇铸包漫包溢铜造成人员和设备伤害事故；处理黏膜时，应停止浇铸设备。

（4）阳极整形作业。

①在启动设备前，应确认各部件处于完好状态；操作前应确保安全区域内人员安全在可控状态。

②铜阳极吊装作业时应明确指挥人员及信号，吊车工应听从阳极指吊人员的指挥，不得擅自操作；铜阳极在吊运过程中，操作人员应站在吊运的安全距离内，防止铜阳极意外滑落砸伤及铜阳极的飞边毛刺割伤。

③堆放阳极板时，应保证阳极板有一定的倾斜角度，防止阳极板翻倒砸伤人员，同时要求堆放整齐，便于行走及现场管理。

(5)铜电解作业。

①应定期检查短路铜排连接点螺栓是否松动，接触是否良好。锁槽前应清理短路排和导电板接触部位，确保其接触良好。

②生产过程中应对各电解槽内电解液的流量、液位等进行检查，避免电解液断流或漏空引气事故。定期检查电解槽设备、供回液循环管道，发现跑、冒、滴、漏现象应及时处理。

③对供回液管道、槽间导电铜排、绝缘胶块进行更换时，应统一由一人指挥，多人配合作业，动作应协调，防止扭伤。

④在槽面上操作时应注意防止踏空跌伤。槽面操作人员在吊车起吊时应与吊车保持安全距离。

⑤传统电解法生产的始极片进行剥离时，两侧操作人员应协调配合，按要求进行，防止始极片划伤和掉落砸伤。

⑥在搬运及加工始极片过程中应按规范操作，防止边缘尖利部位割伤。应使剥离架的生产始极片用的母板两边挂耳距离相等，防止掉板砸伤。

⑦打磨钛母板时，应佩戴防护眼镜，打磨好应整齐摆放在备用架上，防止倒塌伤人。对钛母板表面进行打磨抛光处理时，应正确使用磨光机，防止跑位伤人，打磨过程中磨板机不应正对人，防止飞屑伤人。

⑧在机组操作台及关键部位应设置紧急停止按钮，操作前应确保操作人员在安全区域内。检查各运转机构以及关键部位是否灵敏、正常，机电设备需配备灭火设施。

⑨设备运行过程中，严禁触摸活动部件，不得将身体置于机组的下面或靠近移动部分。进入阴极冲洗室、残极冲洗室处理时，应确保蒸汽及冲洗水处于关闭状态。手动剥离阴极片时，操作员应戴保护性手套，防止铜刮伤。安装极板夹边条时，应正确使用修剪工具以免伤手。

(6)硫酸铜生产作业。

①硫酸铜生产作业时，应定期检查蒸发槽的进、出液阀门、蒸汽阀和压缩空气阀有无损坏；对蒸发槽进液时，当距离蒸发槽上沿 200～300 mm 时，先停泵，待管道内无液体流出时，关闭阀门；对蒸发槽进行比重和温度测量时，防治电解液溅起灼伤，防止摔倒。

②离心机开机前应手动盘车，检查转动鼓是否转动灵活，若转动鼓抱死应及时处理；离心机作业过程中，操作人员不得接触转动部件，出现异常应立即断电停机进行处理。

(7)脱砷作业。

①脱砷作业时，应及时检查风机运行是否正常，防止砷化氢气体中毒；停电 2.5 h 后，方可进入脱砷现场进行操作；停电前不得关闭风机，不得掀开槽面盖布，防止砷化氢气体中毒。

②脱砷循环液的铜离子范围应控制在 2 g/L 以上，以防止砷化氢气体的产生，导致砷化氢气体中毒；在进行槽面操作时应踩稳，以免踩滑摔伤。

(8)硫酸镍生产作业。

①对搅拌器减速机加油时，应站好防止摔倒，防止高压触电；对结晶槽进液时，结晶槽液位距结晶槽上沿 100 mm 时，停止进液，防止搅拌时电解液溢流。

②结晶作业时严禁站在结晶槽盖上，防止滑倒跌入结晶槽；冷冻盐水槽补加氯化钙

时，防止盐水溅起伤害或滑倒跌入低温盐水槽内造成人身伤害；氨压机组在进行操作时，防止泄漏。

3. 铜冶炼设备的安全要求

(1)铜冶炼用炉窑。炉窑投入使用前应进行烘炉，确保炉窑达到工艺要求；加入熔体中的原辅材料应确保达到工艺要求；吹炼炉生产时，安全坑内及熔体泄漏安全控制所需范围之内的地面，不得有积水。

(2)熔体排放设备。熔体排放设施两侧的高度应根据排放熔体压力、流速和落点进行设计，且达到安全要求，防止熔体溢出；熔体排放设施需满足膨胀需要，防止变形；需根据排放熔体温度、落点，安装耐火材料，减小受熔体冲刷的影响；外部配置冷却系统装置。

(3)铜包。使用的铜包应经专业生产厂家生产、检验合格；包耳每年应至少进行一次探伤检查；应定点存放不得占用安全通道；工作前应按照设备使用要求进行安全确认，若发现有发红、裂纹和包环脱落等现象，则禁止使用；铜包盛装高温熔体时，液面距包沿应大于150 mm。

(4)浇铸设备。溜槽、中间包、浇铸包和铜模应干燥无水分；出铜速度应适当。

(5)铜电解设备。电解槽内设起槽墩或移动楼梯；洗涤机组应设置酸雾收集装置，电解液循环系统应设置酸雾排空装置，防止酸雾伤害人及设备；电解槽面、浓酸储存处应设置应急冲洗装置；电解槽应做防腐蚀处理；电解槽应能承受阴、阳极放置其槽沿所产生的重量。

(6)除尘设备。锁风下料装置应锁风有效及下料顺畅；提升缸动作应顺畅到位，气缸应压盖紧固，不松动；气源三联体中分水滤气器的水量应低于其容量的1/3，减压阀输出压力应在正常工作范围内，油雾器内部应有油；收尘袋及收尘骨架，应及时根据生产实际情况进行更换。

典型例题

【单选题】铜电解精炼是将阳极铜板作为阳极，用纯铜薄片(始极片)或不锈钢板作为阴极，阴阳极相间装入电解槽中，用硫酸铜和硫酸的混合溶液作电解液，在直流电作用下电解，阴极上得到高纯度的电解铜。电解槽和存放电解液的设施是该工艺的基础设施。下列电解槽安全技术措施中，错误的是(　　)。

A. 在浓酸储存处应设置防泄漏设施

B. 电解车间槽面和浓酸储存处应设置应急冲洗装置

C. 电解液存放设施应能满足紧急停电时电解液的存放要求，并设置应急泵

D. 电解液循环系统应设置酸雾降温装置

D。【解析】电解液循环系统应设置酸雾排空装置，防止酸雾伤害人及设备。故选项D错误。

4. 铜冶炼设备维护与检修安全要求

企业在进行检维修前应编制检维修计划，检维修计划应落实“五定原则”，即定检修方案、定检修人员、定安全措施、定检修质量、定检修进度，并做到：

(1)安全控制措施和检修方案得到安全确认并严格按照检修方案执行。

(2)对检修人员进行安全培训教育。

(3)确认工艺、设备设施具备维修作业条件后，办理交付检修手续。

(4)办理各种作业许可证。

(5)对检修现场进行安全监督检查。

企业在检修后应办理检维修交付生产手续。

企业应加强对至少包括冶炼用炉、铜电解精炼装置、燃料供给系统、除尘系统等关键装置、重点设施的安全管理。

企业应建立关键装置、重点设施档案，按照安全重要性实行分级管理，明确各专业的职责，定期进行监督检查，并形成记录。

5. 铜冶炼生产过程中常见的危险有害因素与防范措施

(1)铜冶炼熔炼工序危险有害因素与防范措施，如表 11-1 所示。

表 11-1　铜冶炼熔炼工序危险有害因素与防范措施

场所/环节/部位	危险有害因素	易发生的事故类型	主要防范措施
熔炼炉	原料、辅料水分进入高温熔体	灼烫、火灾、爆炸	加入各冶炼炉的原料、燃辅料应有专用厂房或仓库，无厂房或仓库的应有其他防雨、防潮措施
	耐火砖蚀损或掉落，高温熔体泄漏	灼烫、火灾	(1)熔炼炉应配备重要工艺参数的测量装置，测量数据传输至工业自动化控制系统，应有出现炉体发红情况的应急处置设施；出现紧急情况应有风冷或其他应急处置设施炉体温度检测报警。 (2)铜冶炼用炉窑冷却水系统须配备应急备用泵。 (3)加强炉体检查，观察是否有发红现象；密切关注耐火砖热电偶温度的变化情况并做好记录；调整工艺控制，适当降低渣型控制，便于炉体挂渣。 (4)对炉墙变薄的部分加装轴流风机强制冷却。 (5)控制好炉渣磁性铁及熔池温度
	水冷件漏水进入炉体高温熔体	灼烫、火灾	带有水冷件、余热回收的冶炼炉，应设置流量、温度报警装置。其参数应上传至自动控制系统。应有防止水进入炉内的安全设施(如切断阀、水冷闸板、泄流口等)
	喷枪运行系统、氧化、油、工艺空气管路、阀门失控造成二氧化硫烟气泄漏	中毒和窒息	(1)各冶炼炉应安装收尘及二氧化硫烟气收集处理系统。 (2)操作平台必须设立安全防护设施。 (3)现场安装二氧化硫烟气浓度监测装置。 (4)调整 ID 风机、硫酸风机转速。 (5)硫酸系统风机与铜熔炼用炉间应有安全联锁装置
	炉内形成喷发性泡沫渣时，附近有人、有可燃物体接触，遇水爆炸	灼烫、火灾、其他爆炸	(1)易受高温辐射、炉渣喷溅或物体撞击的梁柱结构和墙壁、设备、操作室等，应有隔热、防撞击设施。 (2)应设置熔体泄漏后能够存放熔体的安全设施，如安全坑、挡火墙、隔离带等。 (3)储备一定数量的应急处置物资，如灭火器、沙袋、防火服等

（续表）

场所/环节/部位	危险有害因素	易发生的事故类型	主要防范措施
火法精炼炉	原料、辅料高水分入炉	其他爆炸、火灾、中毒和窒息	(1)加入各冶炼炉的原料、燃辅料应有专用厂房或仓库,无厂房或仓库的应有其他防雨、防潮措施。 (2)进料前,相关作业人员应对入炉原料、辅料进行检查,确保安全,方可进料
	大面积停电	火灾、灼烫、中毒和窒息	(1)倾动式精炼炉窑应配备应急电源或发电装置;具备紧急停车装置。 (2)工艺用风的流量、压力与炉子倾动角度应有联锁控制装置。 (3)应设置熔体泄漏后能够存放熔体的安全设施,如安全坑、挡火墙、隔离带等;并储备一定数量的应急处置物资,如灭火器、沙袋、防火服等。 (4)冶金炉窑周围不应有易燃易爆物质,并确保安全通道畅通
	水冷件漏水,进入炉内	其他爆炸、火灾、中毒和窒息	(1)带有水冷件、余热回收的冶炼炉,应设置流量、温度报警装置,其参数应上传至自动控制系统。 (2)应有防止水进入炉内的安全设施(如切断阀、水冷闸板、泄流口等)。 (3)水冷构件应进行日常点检、维护
	耐火砖蚀损或掉落,炉体发红或高温炉体泄漏	其他爆炸、火灾、中毒和窒息	(1)精炼炉应配备炉体耐火砖厚薄度测量的设施、装置及措施。 (2)出现炉体发红情况应有风冷或其他应急处置设施。 (3)铜冶炼用炉窑冷却水系统应配备应急备用泵。 (4)加强检查,定期测量炉体各方位温度,观察炉内掉砖情况,当出现温度过高或炉体局部发红,及时报告处理。 (5)应设置熔体泄漏后能够存放熔体的安全设施,如安全坑、挡火墙、隔离带等;并储备一定数量的应急处置物资,如灭火器、沙袋、防火服等。 (6)冶金炉窑周围不应有易燃易爆物质,并确保安全通道畅通
阳极浇铸系统	高温熔体遇水爆炸	灼烫、火灾、其他爆炸、中毒和窒息	(1)阳极浇铸系统应有防爆、防灼烫防火灾、防泄漏措施。 (2)浇铸阳极板前,确保溜槽、中间包、浇包、铜模干燥。 (3)浇铸过程中应有相应的模温控制设施或相应的控制措施,确保在浇铸位铜模无积水。 (4)烘烤溜槽、浇包等辅助设备应有相应的安全控制设施。应设置蒸汽收集及排气装置

（续表）

场所/环节/部位	危险有害因素	易发生的事故类型	主要防范措施
阳极浇铸系统	高温熔体遇水爆炸	灼烫、火灾、其他爆炸、中毒和窒息	(5)浇铸操作室应有相应的防铜水喷溅进入室内的设施,如操作室窗户使用夹胶玻璃或铁丝网。 (6)浇铸系统配置有液压站的应与高温区进行隔离,液压油应设置油温、油压报警装置及液位检测装置。 (7)固定式铜冶炼炉的排放口应配置堵口工具、设施或装置
余热锅炉	余热锅炉爆炸	锅炉爆炸、火灾、中毒和窒息	(1)余热锅炉与铜熔炼用炉间应有安全联锁装置。 (2)余热锅炉不正常信号(水流量低、汽包液位低)反馈给铜熔炼用炉自动化控制系统,保证铜熔炼用炉实现自动停产。 (3)余热锅炉或汽化冷却装置安全附件、监测控制设施完备;给水系统必须有备用装置,并实现安全联锁控制;余热锅炉系统有强制循环泵的必须配备备用泵,泵实现双回路供电,并根据重要工艺参数(流量、温度、压力等)实施可靠的安全自启联锁

(2)铜冶炼湿法精炼工序危险有害因素与防范措施,如表 11-2 所示。

表 11-2　铜冶炼湿法精炼工序危险有害因素与防范措施

场所/环节/部位	危险有害因素	易发生的事故类型	主要防范措施
精炼	电解液泄漏	中毒和窒息	(1)电解相关构建筑物应做防腐处理。 (2)在浓酸储存处应设置防泄漏设施。 (3)应配置安全存放电解液的设施;存放设施应能满足紧急停电时电解液的存放;需设置应急泵类设施。 (4)电解车间槽面和浓酸储存处应设置应急冲洗装置
净化	酸雾、砷化氢超过岗位限值	中毒和窒息	(1)电积脱砷厂房应设抽风系统,槽面抽风系统与硅整流应设联锁装置。 (2)电解液循环系统应设置酸雾排空装置

提示

铜冶炼中除上述危险有害因素外,还存在机械伤害、起重伤害、车辆伤害、高处坠落、物体打击、触电、高温中暑等危险有害因素。

典型例题

【单选题】余热锅炉发生爆炸会产生火灾、中毒和窒息等危害。下列余热火锅安全技术措施中，错误的是(　　)。

A. 余热锅炉与铜熔炼用炉间应有安全联锁装置

B. 余热锅炉系统有强制循环泵的必须配备备用泵

C. 余热锅炉不正常信号反馈给铜熔炼用炉自动化系统，应能发出报警信号

D. 余热锅炉或汽化冷却装置安全附件、监测控制实施完备

C。【解析】余热锅炉不正常信号(水流量低、汽包液位低)反馈给铜熔炼用炉自动化控制系统，保证铜熔炼用炉实现自动停产。故选项C错误。

考点三　锌的冶炼

1. 锌冶炼的安全要求(火法)

(1)竖罐炼锌工艺。

①焙烧工序。

a. 上料时，使用吊车、带式运输机作业和干燥窑作业应符合相关规定。

b. 沸腾炉。开炉时应防止火灾、爆炸和中毒。使用重油、柴油应防止油罐着火。清理下料装置时防止烫伤，清理排料口时应先缩风。沸腾炉炉膛应保持负压，防止向外冒烟气。使用压缩风吹扫沸腾层时，应戴好面罩式安全帽。应先把风管放入炉内，然后开风管阀门，宜缓慢。停风时，先关风，后拿风管，防止烫伤。

②制团工序。

a. 干煤。使用煤气过程中，突然熄火或点火点不着时，应立即关闭煤气阀门。停止使用煤气时，关闭煤气阀门，确保阀门不泄漏煤气。干燥窑窑尾温度不得超过规定，防止煤粉爆炸。燃烧室点火、干燥窑窑尾温度超高时，窑附近一定范围内不应有人，更不应打开窑尾门。检修和更换布袋时，应采取措施，防止摔伤。

b. 压团。棒磨机转动时附近应无人，更换铁棒时，避免砸伤、碰伤。碾磨机人孔门应有安全联锁装置。不能使用带环的钎子，钎子被压密机、制团机绞住时，应立即松手，停机处理。

c. 干团。移动布料大车、地平车时，应确认前方无人。挪动地平车时上方的漏斗门应先挂好。经常检查滑线，防止触电、短路。

③焦结工序。

a. 更换炉内篦子、冷却水套时，应先停止加料、送风，封闭加料口，防止喷火伤人。进入炉内应系好安全带。处理炉结、换篦子、拆跳板要从上向下进行。焊割、吊运冷却合金管要防止烫伤、砸伤。打压试验，不应超压，炉内不得有人。

b. 在排料口捣运炉结，不能站在罐笼中央，取焦结矿宜站在侧面，防止烫伤。在处理焦结炉排料口堵塞时，不要站在筛子上，以防滑倒或烫伤。引风机停电时，应停止排料、关严排料炉门，并停止炉体维护工作。进入降温塔前应将塔门全部开通，塔内通风。处理塔内积尘，应从塔顶向下进行，防止积尘脱落伤人。

④蒸馏工序。

a. 蒸馏。调整蒸馏炉温度或封挡空气道时，防止烫伤、煤气中毒。单项煤气压力、空气负压突然减小时，立即联系相关岗位，缩小其他部位煤气压力或空气负压。全部停电掉

闸,当班负责人统一指挥作业,掌握各种压力变化,停止补炉与扫除等作业。使用喷补机补炉时,不超过额定压力,阀门、胶管等部件要牢固,调试、使用喷枪应防止伤人。不能在同一座炉子上同时进行补炉和扫除。补炉前、后应调整好煤气压力和蒸馏炉罐口压力。拆卸废气管时,防止烫伤、中毒、砸伤。开炉时按照计划进行。点火前应向煤气管道送蒸汽,防止爆炸。

b. 蒸馏炉排渣。检查排渣口挡板,处理排料辊上的粘料、杂质时,防止喷火和炉内物料掉在钎子上弹起伤人。不应将手和头伸进杂质门。风机停电时,要关严送风流量计闸门,防止废气倒流。处理炉结前,排放渣料和开炉加焦炭时,排渣岗位一定范围内不应有人,防止冷却炉渣的水喷出烫人。蒸馏炉大、中修后,打开冷却水套的水、汽阀门,防止开炉后阀门打不开、水套爆炸或烧坏。在清扫大送风管道时,要三个人配合,依次清扫,防止废气中毒。

c. 出锌。出锌、加锌时,锌包周围不得站人。塔前地面不应有积水,防止熔体遇水爆炸。处理转子压盘,转子轴冒火时,要停止转子转动。更换转子时,停止送风、排渣、补炉等作业,在负压状态下进行作业。作业时不应踩储锌槽的边沿。不应将潮湿和漏水的水管放入锌槽中,不应把冷却水管插入冷凝器内部。扒锌粉、捞锌渣时,防止烫伤。停炉放锌,要按计划进行。储锌槽、锌液槽上不应站人和行走,应用铁板盖牢。

d. 废气排出。冷凝器、洗涤机附近不应有明火,洗涤机入口废气管道应保持正压,各种孔门要密封,防止废气中毒、爆炸。要及时清理冷凝器水封内物料,防止水流入炉子,引起爆炸。开炉加料前,冷凝器各部位畅通、无泄漏,防止开炉时冷凝器爆炸。水力喷射机停水时,防止废气倒流,防止损坏水管,洗涤机保持正压,防止堵塞。洗涤机轴瓦温度超过 60 ℃,要及时更换。更换洗涤机、清理洗涤机及管道内物料时,应戴好防毒面具,夜间要有专人指挥,并安排监护、接应人员。洗涤机电气联锁掉闸要迅速停车,关严洗涤机出口闸门,停水,保持正压。如果压力过大,打开顶节的放散口水封盖,但不能同时打开其他炉子的放散管。

e. 处理炉结。使用吊车拆卸蒸馏炉的上延部时,周围不应有人,防止砸伤、烫伤。拆除蒸馏炉加料装置后,应将炉子罐口用铁篦子盖牢。处理炉结时,要避免加料吊车碰伤。使用吊车处理炉结时,炉结松动后方可用吊车,防止损坏炉子。用钎子处理炉结时,扶钎子的人要系好安全带,防止坠入炉内。

⑤精馏工序。

a. 精馏。确保各部位温度在指标范围内,发现温度过高、压力过大应及时采取措施,并汇报。扫除冷凝器应先泄压。换热室、直升墙不能同时清扫。停电掉闸,不能供应煤气时,应立即关闭所有煤气阀门和废气挡板,防止回火爆炸。若停电时间过长,防止锌液凝固。开塔时各煤气阀门应关严,塔内不应有煤气。开关煤气阀、取样、点火时,应站在侧面上风口处,有人监护。更换大煤气阀门前,应采取措施,避免点火时灭火。发现精馏塔的下延部没有回流锌,塔有响声,应立即报告。经确认精馏塔堵塞后,应立即停止加料并按照规定速度降温,降到 900 ℃。同时疏散塔周围人员,并派人警戒。必要时打开铅塔上盖或停塔。使用吊车应遵守《起重机械安全规程 第 1 部分:总则》的规定,不应超载,不准斜吊、前后碰撞,运行要平稳,操作者应在重物行走方向后面 2 m 以外,行车范围内应无障碍物和人员。吊固体锌时,应防止锌垛倾倒砸人。吊运熔溶金属时应用专用吊具,锌包不应装载过满,防止液锌洒落烫伤。加锌、扒渣、更换加料管时,防止烫伤。锌渣装入渣斗不应过满。应及时处理加料器的异常情况,防止铅、镉塔顶部、冷凝器鼓开。

b. 出锌。塔前地面应无积水。封堵出锌口时,要堵严;疏通出锌口时,应侧身并戴好防护镜。开停铸锭机时,相关岗位应联系好。铸锭机开车前,上下应无人员和工具。浇铸时要控制好流量,防止锌液溅出烫伤,清理锌液表面锌渣时,操作人员应站在锌包的侧前方,身体不应靠近铸锭机的转动部位。码锌锭时要采取防散倒措施。起吊前,作业人员应离开锌垛。

(2)密闭鼓风炉炼锌工艺。

①烧结工序。

a. 配料。清理料仓时,要防止跌入料仓,防止仓内积料塌落时喷出伤人。进入料仓应先清干物料,系好安全带,应使用安全电压照明。应注意烧结机和吊车的运行。跨越轨道时,应躲避行车。行车运行时,不应进入机架内部等危险区域作业。皮带跑偏,应用专用工具调节。清理托辊粘料应打反锤。

b. 制粒。清理进出料溜子,防止钢钎落入圆筒内或损坏皮带。设备运行中,不得触及转动部位。

c. 烧结。开停炉(机)时,严格按照程序进行。点火前,水封保持适当水位;点火炉冷却水套管路应通水;经过大、中修或新砌的点火炉,应按升温曲线烘炉。点火后,逐步调大煤气量,不应一次性将煤气调整到最大值。清理点火仓、主料仓内粘料应站在侧面。烧结机运转时,不应靠近弯道、站在轨道上,不应更换炉篦条。突然停水、停电或停煤气时,应立即关闭煤气阀门,打开点火炉放散间,排走余气;待来水、来电、来气后,取样分析炉内气体成分合格,按点火程序重新点火。当水套缺水时,应先停机、停火,待温度降低后再补水,不应立即补充冷水,以免发生爆炸事故。清灰时应防止中暑、烫伤,还应佩戴防护用具,防止二氧化硫中毒、窒息。

d. 烧结矿排出。链板运行中,不能攀沿机架,不应打开检查门。运行中探测缓冲矿仓料位时,防止过热物料溅出伤人。不应进入振动筛子内清理物料。清扫、检查矿仓时,防止掉入矿仓内。

②熔炼工序。

a. 鼓风炉加料。箕斗加料时,周围不应站人,应停电挂牌,装载不可过满。箕斗运行时,不应手扶、攀登,运行到两端时应减速,以防车速过快脱轨翻车。处理杂料时,应先通风,戴好防毒口罩,不应有明火。烧结矿输送车轨道周围等危险区域不应有人。两批炉料不应同时加入炉内,不应同时打开大、小料钟。炉顶处理故障时,加料吊车不能开到炉顶,应停止加料。

b. 空气预热。热风炉点火时,燃烧室应处于负压状态,防止中毒、爆炸。煤气压力不足时,应立即关闭阀门。鼓风炉休风时,停用鼓风炉煤气,打开放散阀。换热风炉时,燃烧的热风炉和送风的热风炉不应同时操作,应按顺序进行。

c. 熔炼。熔剂浮渣不应与杂料混合,应保持干燥。熔剂渣应冷却、破碎后进仓。鼓风炉渣口应封堵,避免跑铅。开铅泵时,附近人员应撤离铅锌冷却槽,铅液流动正常后才能进入,发生异常应及时停泵。不应跨越冷却槽。加铅锭时,防止烫伤。在铅泵附近作业,防止触电。站在泵边工作时,防止跌入铅池内。疏通、封堵风口和渣口时,人应站在侧面。

d. 出锌出渣。锌包、渣包装载不应过满,吊运中不应靠近。冰铜含量高时,应采用冲水淬渣方式排出,避免大量黄渣进入烟化炉。渣池进水应及时抽干,渣口水套符合要求,放渣时人应站在侧面,防止渣液伤人。冲水淬渣时,应停止其他操作。不应跨越正在放渣的流槽、渣口,放渣后不应马上清理冲渣口。当水套缺水时,应先停机、停火,待温度降低后再补水,不应立即补充冷水,以免发生爆炸事故。烧氧时应注意角度、深度,找准位置,防止烧坏水套或炉缸；开氧气时应缓慢拧开阀门，不应突然开大。处理聚渣或烧氧时，应背脸侧身，使身体处于安全位置。

e. 炉结爆破。爆破作业应执行《爆破安全规程》，爆破作业的人员，应经过专业培训，合格后才能作业。不应携带火种、易燃物等进入炸药加工间。应用专用工具运、带雷管和炸药，不应在衣服口袋内装雷管。准备好所需爆破材料，各爆破孔应符合爆破要求。发出警报哨声，各路口应挂警告牌、派出岗哨，防止无关人员闯入爆破现场。点火时应由一人统一指挥，明确核实各人所负责的爆破孔，装好炮后，迅速撤离现场。每人只许装一炮、点一炮。严格控制每次放炮的数量，要注意数好每次炮声与实际的数量是否相符。发现哑炮，应等待一段时间后，指定一人排除。爆破结束后，应对爆破材料进行检查整理，销毁剩余炸药。记录当班的使用量。

③精馏工序。

本知识点内容参考上述竖罐炼锌工艺中的精馏工序要求。

④烟化炉工序。

a. 电热前床作业。探测前床内液面高度，钢钎严禁同时接触两根炭极。吊运熔融金属线路地面无积水。配合行车吊运渣包时，不得用手直接接触渣包、吊钩等，应使用相应的工具并与渣包保持安全距离。

b. 粉煤制备及输送。粉煤仓、球磨机附近不应有明火、带入火种。检修时，应先清净粉煤。热风炉点火、停风要防止煤气中毒、爆炸。防止球磨机进口温度过高而造成煤仓、布袋室着火、爆炸。粉煤输送前后，应防止输送管堵塞。进料后，慢慢打开旋塞，防止管道积粉煤较多而造成燃烧爆炸。加料期间不得更换中间仓。遇突然停电，应及时关闭阀门，防止输送管和煤仓回火而引起爆炸。烟化炉大、中修前，应控制粉煤量，清空粉煤仓，防止粉煤自燃。

c. 加煤。不应关闭粉煤仓消防蒸汽阀门或加上堵板。进入粉煤仓应先清理仓壁上的积煤，防止积煤掉落伤人。清扫粉煤仓应至少有三人以上同时作业，一人进仓，两人留在仓外用于拉紧仓内人员的安全带，安全带的另一端应固定在牢固的位置；作业时应使用木制工具。进煤应按程序进行，进煤压力不应超过规定。

d. 三次风口。炉内进第一包渣后方可开始送煤，渣放至风口线以下方能停煤；停炉时，渣位应降至风口线以下，然后先停鼓风机，后停排风机，炉体温度降至 100 ℃后再停冷却水。应根据炉况适当控制给煤量，防止喷火和粉煤爆炸。检查和清理三次风口，应在停炉时进行，防止喷火、喷渣和溅渣伤人。

e. 加料放渣。渣包吊运时，地面和平台人员应首先撤离到安全地带，吊运过程中应避免行车的大、小车同时移动，造成摇动过大，熔渣溅出伤人。渣口门要堵好；各水套及进出水管应完好，冲渣水压正常。各岗位应密切配合，加料时要控制好风量，防止未送风而加料堵死风口。加料、处理风口时，放渣口周围不应有人员，以防喷渣伤人。倒料时应缓慢，不应过快过猛。放渣时，人要离开冲渣槽。用水喷渣口时，防止烫伤。突然停电时应立即将渣口小水套打开放渣，控制渣的流向，防止热渣流入冷却水池，引起爆炸；需用爆破方法清理积渣时，应严格按照爆破作业安全要求作业。放渣前应先开通循环水，严禁无水放渣；放渣时，应适当控制放渣量，溜槽周围严禁站人，横跨溜槽应走安全通道。

(3)维护与检修。

①清理、检修作业应制定施工方案和安全措施，易燃易爆场所动火等危险性较大的作业应经企业有关部门审批。

②进入烟道、储罐等密闭设备和地下室、废井、地下仓库、冷库、料仓等空气不流通的场所内清理、检修，应执行《缺氧危险作业安全规程》，防止中毒、窒息和砸伤。作业后要确认作业人员全部撤出危险区域。

③运转设备运转时，周围应无障碍物和人员，维护保养、检修、处理故障，都应停车、拉闸、挂“禁止合闸”牌（谁操作谁拉闸挂牌），停止加料、送风引风、供汽供水，并安排监护人。

④检修承压设备前，应将压力泄放到常压状态。带料承压管道、容器不应重力敲打和拉挂负重；拆卸管道及槽罐人孔等，应将料、风、汽、水排空；作业时不应垂直面对法兰，拆卸螺栓由下而上，防止物料喷出。

⑤打开、封堵炉（塔）门砖时，不应正对炉门；观察各种炉、窑、塔、器内部燃烧情况和处理炉、塔及管道内部故障，扫除和补炉（塔）时，应站在开口处的侧面，防止喷火伤人或中毒。在高处操作过程中不应向下抛掷工具和物料，防止砸伤下面人员。

⑥焊接、切割作业执行《焊接与切割安全》，电工作业执行《用电安全导则》。

2. 锌冶炼的安全要求（湿法）

（1）锌精矿备料。

①上料设备。抓斗吊车装卸干燥物品时，应采取相应措施防止物料扬尘。输送皮带应设置紧急停车装置。输送皮带因处理设备卫生或故障时，均先停车后处理。调节给料量或处理输送物料堵塞时，应有安全防范措施。

②干燥窑。处理干燥窑下料口堵料时不能正面操作，窑头加完料后要将下料入口盖好，以免回火伤人。干燥窑司窑，观察燃烧室或窑内情况时，应站在观火孔侧面，以防喷火伤人。燃烧室高温矿应冷却至 60 ℃才能进入输送皮带送下道工序，防止皮带损伤和粉尘逸出污染环境。使用煤气（天然气）过程中，突然熄火或点不着火时，应马上关闭燃气阀门，放散燃烧室余气，待试点火正常后，才能再次点火。为防止爆炸，应严禁熄火后立即点火，煤气（天然气）管道堵塞时，排污阀应慢慢打开。煤气（天然气）正常后，应及时关好排污阀和放散阀。使用煤气（天然气）时应打开燃烧室两个以上的煤气嘴，并通过调整煤气（天然气）开关的大小来调整燃烧室的温度。停用煤气（天然气）时，关闭煤气（天然气）阀，并从燃烧室操作孔确认燃烧已经终止。干燥窑点火作业，应先开窑尾风机，煤气（天然气）点燃后，再开窑头风机。保证烟气系统及循环水系统的畅通，做到定期清理。

③运输带斗及鼠笼破碎设备。清理带斗时，应停车。严禁站在鼠笼漏斗上操作。鼠笼破碎设备开车时严禁打开操作门。停稳后才能进行清理操作或处理故障。

④振动筛。清理筛上杂物时，应从侧面操作。发生振动重锤偏心或筛板螺栓松动等故障，处理时应停车，并有专人监护。

典型例题

【单选题】湿法炼锌系统中，干燥窑在煤气（天然气）突然熄火或点不着火时，若操作不当、误点火，可能引发爆炸、中毒和窒息事故。下列干燥窑安全技术措施中，错误的是（　　）。

A. 干燥窑点火作业，应先开窑尾风机

B. 使用煤气（天然气）过程中，突然熄火时，首先应试点火

C. 煤气（天然气）管道堵塞时，排污阀应慢慢打开

D. 使用煤气（天然气）时应打开燃烧室两个以上的煤气嘴

B。【解析】使用煤气（天然气）过程中，突然熄火或点不着火时，应马上关闭燃气阀门，放散燃烧室余气，待试点火正常后，才能再次点火。故选项 B 错误。

（2）沸腾焙烧。

①沸腾炉。在开炉或烤炉如使用煤气，应严防煤气中毒、火灾和爆炸等事故。如使用柴油或重油，应采取相应的消防措施，防止火灾。打开沸腾炉操作门观察炉况时，炉气出口应保持负压，并应侧着身体站在上风向，防止热矿冒出烫伤。清理沸腾炉出入口时，应先缩减风量，清理下料入口后，才能清理排料出口。使用压缩风吹沸腾层时，操作人员要戴好面罩式安全帽，应先把风管插入炉内，然后开风，开阀门时应缓慢进行，停吹时应先关风，然后拿出风管，防止风管烫伤人。开炉点火应及时调整沸腾炉排风机入口负压，避免炉膛正压过大外冒烟气。

②鼓风机。开车前应先盘车，检查风机油位。鼓风机主机或副机突然出现强烈振动或碰撞发生研磨声时，应紧急停车处理。风机换机操作时，严防只关出口阀而不开放散阀，造成顶风现象。

③余热锅炉。沸腾炉点火升温前，应先检查，确保余热锅炉的安全附件灵敏、可靠，同时保证锅炉软化水的供应。锅炉使用的压力表和安全阀应按要求定期校验。运行中应随时校对压力表指示是否准确。经常清洗水位计，确保水位计指示准确，防止出现假水位的现象。严防锅炉满水与缺水事故的发生，锅炉出现严重缺水时，禁止继续向炉内加水。如断水时间过长或水套变形时应停炉检修。排污、放汽操作应防止蒸汽烫伤。排污时，不得两个排污点同时进行，应注意汽包水位，防止缺水。蒸汽管道送汽前，应先疏水、后暖管、再送汽。锅炉在运行中禁止带压对受压部件进行焊接和紧固螺栓等工作。检修后或新投产的锅炉允许在升压过程中热紧螺栓，但热紧螺栓时的压力不准许超过 3×10^5 Pa，并只能使用标准扳手，不准许接长扳手的手柄。锅炉的超水压试验，只有在锅炉受压部件进行了检修后才进行。锅炉的高低水位、压力超高等报警器，在冬季要做好仪表管路的防冻工作。锅炉停炉后，应采取防腐措施，做好保养工作。只有当炉水温度降至 70 ℃以下时，方可放干炉水。

④给水除氧。给水泵启动前，应详细检查，保证相关设备安全可靠。经常检查除氧水箱的水位、压力、温度，严格控制超标，运行中要严防缺水。连续排污扩容器的水位不得高于最高水位。

⑤电收尘。电收尘壳体、收尘极、气流分布板、灰斗楼梯、操作台和保温箱等各处接地可靠。收尘器各人孔门应与高压供电设备联锁，即当门被打开时，应立即自动切断高压供电设备电源，并导走电场余电，只有将门关闭后，高压供电机组方可启动送电。处理电场故障时，由两人以上配合处理，一人负责安全监督。应将电场对应的硅整流停车断电，确认接地完好，挂上“有人工作，禁止合闸”牌，反复核准发生故障的电场后，方能处理电场故障。故障处理完后，应将所有人员、工具和别的金属杂物全部清出场外，断开接地，关闭检修场所，方可取走警告牌，开车送电。

⑥排风机。开车前应检查电气和机械部分运转正常，严格检查润滑、冷却情况。严格将排风机出口压力控制在适当范围。应定期检查排风机振动情况，防止风机叶片腐蚀造成偏心，引起设备事故。

（3）焙砂浸出。

①焙砂加入作业。应采取相应防护措施，防止高温焙砂、溶液烫伤。经常检查溜槽、管道设备，采取有效的跑、冒液事故防范、补救措施。

②冷焙砂加入作业。冷焙砂运输和加入场所，应采取收尘、隔尘措施防止粉尘。冷焙砂加入前采用筛分，去除杂物。如有球磨机，按照球磨机的相关规定维护和运行。

③矿浆分级作业。要经常检查，防止发生跑、冒液现象。

④球磨机。开动球磨机时,开车前做好一切检查工作,注意转动部分不能有人有物,开车顺序:先开球磨机后进矿浆。球磨机检修时,应通知电工将配电室内电源切断,拿下保险,并挂上"禁止合闸"警告牌。筒内有人时,安排专人监护,检修完试车时,应检查球磨机内外是否有人和障碍物,确认无误后方可开车。

⑤浸出反应槽罐。严格控制溶液酸度,防止剧烈反应造成溶液冒槽、飞溅。槽罐排气引出室外,保持槽罐排气畅通(槽内处于微负压状态)。槽内积渣应及时清理,防止搅拌设备损坏或者有效反应空间减小。入罐清渣时,首先应将设备断电,挂安全警示牌,检查检修设施结实可靠,同时防止槽盖上物品坠落,操作时,罐内应保持通风良好。

⑥浓缩澄清槽。保持底阀完好、畅通。开、关浓缩槽底阀及处理底流积渣时,防止槽内渣料垮塌伤人。槽盖板要经常检查,做到结实可靠,浓缩澄清槽负荷要经常检查。

⑦加酸作业。操作时应戴好耐酸手套和防护面罩等防护用品,操作人员不准许离开操作现场,以防浓硫酸泄漏。操作时要检查酸泵、管道,确保完好、安全无误。所有酸阀应定期注油、扳动,防止锈死。操作现场严格管理水和浓硫酸,防止两类物质接触。同时应准备碱、石灰等应急物资,配备清水喷淋装置等个人安全应急系统。

(4)浸出液净化。槽罐作业应按照操作规程进行,防止液体冒出、飞溅伤人。净化罐应按要求加盖密封,配有抽风装置,减少或杜绝砷化氢自罐面溢出对操作人员的危害,保持作业现场通风,现场应配备砷化氢气体检测、报警装置。严禁烟火。操作时应防止金属相碰产生火花,以免引起氢气爆炸。

(5)过滤。开过滤器时,应先检查出液阀是否打开,过滤器是否顶紧。压滤机、压力表、调压阀不准私自调动。拆洗压滤机前,应先停压滤泵。拆洗压滤板,要防止斜拉掉板伤人。压滤机顶紧,当压力超过上限时应及时停车处理。

(6)电积。

①电解槽。通电时电解槽内应注满电解液。确认系列内全部形成电路后方可送电。通电、停电时每槽所装的极板,各电解系列都要保持一致。出槽时从槽内最多同时吊出一半阴极,待全部装完新的阴极,并确认导电后方可再取出另一半阴极进行更换,以防发生断路。平整单片阳极时,采取相应措施防止发生断路。经常检查,防止电解槽漏液,采取保障措施保持槽内液面。槽上作业,要严防槽间短路。采取通风措施,减少现场酸雾,现场应注意避免电解酸液造成的伤害。锌电解工序,楼面禁止吸烟,防止氢气爆炸。

②冷却塔。应定期清理冷却塔,防止塔壁结晶、积渣导致垮塌。应定期检查冷却塔塔体,防止泄漏,风机风叶应定期校准。

③剥锌作业。剥锌前应对工具、设备进行认真检查,确保安全、方便。应熟练指挥、配合行车作业,作业时集中精力,注意来往吊车,协助吊运。现场要保持定置管理,锌片码堆应按安全规程要求并保持合适高度。

④平板作业。应熟练指挥、配合行车作业,落吊后阴极板应放稳。操作前检查工具是否牢固,防护用品是否可靠。

⑤刷板作业。作业前应检查刷板设备设施,保持润滑良好。经确认无误后方可送电,试车运行。机械发生故障应停车后进行检查、处理。及时清理刷板机内和循环水桶中的铝粉灰,对铝粉起火有应对措施。

(7)熔铸。

①熔铸炉。入炉锌片应保持干燥,有少量水分时一次进料量要少。扒渣口(进料口)前有人时不能进行进料作业。现场各类入炉物料应保持干燥,并做到定置堆放,同时保证现场安全通道畅通。定期对设备进行检查维护,对容器、模具、管道进行清理。各类作业

工具要经常检查，防止受潮发生锌爆伤人，或由于缺陷引起突发事故。

②铸锭机。开动铸锭机前应检查确认有无障碍物，浇铸前检查锭模和所用工具确保干燥，冷模作业前，先对模具进行预热或加油处理。开动铸锭机前，要对设备状况进行检查，对机器翻、转部位的灵活度进行确认，对设备冷却等附属系统进行检查。设备发生故障时，应停机处理。对设备进行清扫和维护时也应停机后进行。

③码锭作业。首先要检查锌锭传送设备设施（如落锭辊道、辊道输送机、码锭台等）是否完好、牢固。作业过程中，锌锭堆码要整齐，不可超高，防范锌锭翻落、滑落伤人。码锭要配合传送设备做到及时、稳妥。

(8)辅助及附属。

①起重作业。起重作业时应掌握作业对象的位置和高度，起、落要平稳。重吨位物件起吊时，应稍离地面试吊，确认吊挂平稳，制动良好，然后升高、缓慢运行，不准许同时操作3只控制手柄。行车起重作业，当吊钩（抓斗）接近卷扬限位器或大、小车临近终端，以及邻近吊车相遇时，速度要缓慢。不允许用倒车代替制动、限位代替停车、紧急开关代替普通开关。行车运行时，严禁人员攀越、上下。不得在吊车运行时进行检修和调整机件。运行时由于突然故障而引起吊件下滑时，应采取紧急措施向无人处降落。行车运行中发生突然停电，应将开关手柄放置到“0”位。起吊件未放下或索具未脱钩，操作人员不准离开驾驶室。

②仪表。仪表设备应定期校检，非操作人员严禁操作自动设备、仪表。更换、安装带压管道、容器上的计量器具或检测用具应卸压，以防物料喷出伤人。现场作业前应对工作区域进行安全监测。两人以上作业时，并设专人现场监护，做好应急防范措施。

③动力系统。动力系统主要为企业提供水、电、汽、风、天然气等能源，各企业应参照相关国家或行业标准、设备使用说明书，结合本企业的实际情况，制定企业的动力规程，包括安全管理制度、操作规程、运行规程、检修规程、安全规程、事故应急预案等。

(9)维护与检修。

①设备清理检修作业应严格实施停电挂牌。应关闭进出料、风、汽、水等管道、溜槽的阀门，加盲板，挂警示牌，由施工负责人进行安全确认后方可施工。进入槽内清理、检修，应确保槽罐内氧含量高于19.5%，并对槽罐内进行强制鼓风换气。（注：海拔不同，大气中氧气浓度有变化）

②检修承压设备前，应将压力泄放为零。不应重力敲打和拉挂负重带料承压管道、容器；拆卸管道及槽罐人孔等，应将料、风、汽、水排空；作业时不应垂直面对法兰，拆卸螺栓由下而上，注意物料喷出。

③多人作业时，应专人指挥、互相监护、统一行动。使用电气设备、电动工具，应有良好的漏电保护装置。允许进入窑、炉、槽、罐等容器内工作的气流温度为40 ℃以下，至少两人以上同时在场，内外相互监护。进入前应先观察有无松脱的结疤、耐火砖等。进入狭小密闭空间及二氧化碳管道时，进入前应对有毒有害气体浓度进行监测，一氧化碳气体含量在30 mg/m^3以下，氧含量执行《缺氧危险作业安全规程》的规定，进入一次的时间小于20 min。

④在各类窑体上等高处作业时应采取防坠落措施，在活动爬梯上作业应设专人扶梯保护。检修作业过程中，气瓶安全附件应齐全、灵敏可靠。氧气瓶、乙炔气瓶应分置存放，使用间距大于5 m，距离易燃易爆物品、火源大于10 m。吊运气瓶应使用吊笼；乙炔气瓶应竖直使用。穿越皮带机等运行的输送机械设备应走过桥，不准许在螺旋盖板和流槽盖板上行走。

⑤地面及作业平台上的坑、孔、沟、池应有盖板或围栏。临时开挖的坑、沟或在通道上设置的障碍物,应有明显的防护、警示标志,夜间应设置警示灯。

3. 锌冶炼生产过程中常见的危险有害因素与防范措施

(1)火法竖罐炼锌工序危险有害因素与防范措施,如表11-3所示。

表11-3　火法竖罐炼锌工序危险有害因素与防范措施

场所/环节/部位	危险有害因素	易发生的事故类型	主要防范措施
1. 焙烧			
沸腾炉	开炉或烘炉燃烧介质使用防护不当	火灾、其他爆炸、中毒和窒息	参见正文中关于焙烧工序沸腾炉的安全操作技术要求
2. 制团			
干燥窑	煤气(天然气)突然熄火或点不着火	其他爆炸、中毒和窒息	参见正文中关于制团工序干煤的安全操作技术要求
3. 焦结			
降温塔	进塔之前未良好通风	中毒和窒息	(1)进入降温塔前将塔门全部开通,塔内通风。经检测氧气浓度达到19.5%以上,毒害气体浓度符合安全标准后方可进入塔内,并设专人在塔外监护。 (2)处理塔内积尘,应从塔顶向下进行,防止积尘脱落伤人
4. 蒸馏			
蒸馏	使用煤气操作过程违规	其他爆炸、中毒和窒息	参见正文中关于蒸馏工序蒸馏的安全操作技术要求
蒸馏炉排渣	送风管道使用及其清扫	中毒和窒息	参见正文中关于蒸馏工序蒸馏炉排渣的安全操作技术要求
	水套水汽阀门使用不当	其他爆炸	
出锌	锌液与水接触	灼烫、其他爆炸	参见正文中关于蒸馏工序出锌的安全操作技术要求
废气排出	冷凝器部件密封不严,有堵塞	其他爆炸、容器爆炸	参见正文中关于蒸馏工序废气排出的安全操作技术要求
	洗涤机废气管道未保持正压	其他爆炸、中毒和窒息	

（续表）

场所/环节/部位	危险有害因素	易发生的事故类型	主要防范措施
5. 精馏			
精馏	使用煤气操作过程违规	其他爆炸、中毒和窒息	参见正文中关于精馏工序精馏的安全操作技术要求
	熔融金属吊运未使用专用吊具	火灾、其他爆炸	
出锌	锌液与水接触	灼烫、火灾、其他爆炸	参见正文中关于精馏工序出锌的安全操作技术要求

（2）火法密闭鼓风炉炼锌工序危险有害因素与防范措施，如表 11-4 所示。

表 11-4　火法密闭鼓风炉炼锌工序危险有害因素与防范措施

场所/环节/部位	危险有害因素	易发生的事故类型	主要防范措施
1. 烧结			
开停炉和点火作业	使用煤气操作过程违规	其他爆炸、中毒和窒息	参见正文中关于烧结工序烧结的安全操作技术要求
水套	水套缺水	容器爆炸	
清灰作业	未佩戴防护用品	中毒和窒息	
2. 熔炼			
空气预热	燃烧室处于非负压状态	其他爆炸、中毒和窒息	参见正文中关于熔炼工序空气预热的安全操作技术要求
熔炼	炉前地面有积水、渣口未封堵	灼烫、火灾、其他爆炸	参见正文中关于熔炼工序熔炼的安全操作技术要求
出锌出渣	地面有积水，渣、锌包装载过满	灼烫、火灾、其他爆炸	参见正文中关于熔炼工序出锌出渣的安全操作技术要求
	水套缺水	容器爆炸	
3. 烟化炉			
电热前床作业	钢钎同时接触两根炭极	触电	参见正文中关于烟化炉工序电热前床作业的安全操作技术要求
	接触吊运中的渣包、吊钩	灼烫、其他爆炸	
粉煤制备及输送	煤粉仓、球磨机附近有明火、火种	火灾、其他爆炸、中毒和窒息	参见正文中关于烟化炉工序粉煤制备及输送的安全操作技术要求

（续表）

场所/环节/部位	危险有害因素	易发生的事故类型	主要防范措施
3. 烟化炉			
三次风口	三次封口送煤、检查和清理作业违规	火灾、其他爆炸	参见正文中关于烟化炉工序三次风口的安全操作技术要求
加料放渣	渣包吊运摇动过大	灼烫、火灾	参见正文中关于烟化炉工序加料放渣的安全操作技术要求
	无水放渣、渣流向控制不当	灼烫、火灾、其他爆炸	

（3）湿法炼锌工序危险有害因素与防范措施，如表11-5所示。

表11-5 湿法炼锌工序危险有害因素与防范措施

场所/环节/部位	危险有害因素	易发生的事故类型	主要防范措施
1. 锌精矿备料			
干燥窑	煤气（天然气）突然熄火或点不着火	其他爆炸、中毒和窒息	参见正文中关于锌精矿备料工艺干燥窑的安全操作技术要求
2. 沸腾焙烧			
沸腾炉	开炉或烘炉燃烧介质使用防护不当	火灾、其他爆炸、中毒和窒息	参见正文中关于沸腾焙烧工艺沸腾炉的安全操作技术要求
余热锅炉	锅炉满水或缺水	容器爆炸	参见正文中关于沸腾焙烧工艺余热锅炉的安全操作技术要求
电收尘	设施未可靠接地	触电	参见正文中关于沸腾焙烧工艺电收尘的安全操作技术要求
3. 焙砂浸出			
浸出反应罐槽	酸碱度控制不当，入罐前未断电、未良好通风	灼烫、触电、中毒和窒息	参见正文中关于焙砂浸出工艺浸出反应罐槽的安全操作技术要求
加酸作业	危险化学品与水接触	灼烫、其他爆炸	参见正文中关于焙砂浸出工艺加酸作业的安全操作技术要求
4. 浸出液净化			
净化作业	净化罐未密封加盖，现场未配备砷化氢气体检测、报警装置，现场存在烟火	灼烫、火灾、其他爆炸	参见正文中关于浸出液净化工艺的安全操作技术要求

（续表）

场所/环节/部位	危险有害因素	易发生的事故类型	主要防范措施
5. 电积			
电解槽	槽体断路、短路，工作区域有烟火	火灾、灼烫、其他爆炸	参见正文中关于电积工序电解槽的安全操作技术要求
6. 熔铸			
熔铸炉	入炉物料潮湿，作业工具潮湿或有缺陷	灼烫、其他爆炸	参见正文中关于熔铸工序熔铸炉的安全操作技术要求
铸锭机	锭模、工具潮湿	灼烫、其他爆炸	参见正文中关于熔铸工序铸锭机的安全操作技术要求

提示

湿法炼锌工序中除上述危险有害因素外，还存在机械伤害、起重伤害、车辆伤害、高处坠落、物体打击、坍塌、淹溺、电离辐射等危险有害因素。

典型例题

【单选题】采用湿法冶炼锌时，浸出液净化作业中存在的危险有害因素主要包括（　　）。

A. 灼烫、火灾、其他爆炸　　B. 中毒、窒息、灼烫

C. 高温、触电、火灾　　D. 触电、电离辐射、灼烫

A。【解析】采用湿法冶炼锌时，浸出液净化作业中存在的危险有害因素主要包括灼烫、火灾、其他爆炸。

考点四　铅的冶炼

1. 铅冶炼的安全要求

（1）熔炼工序。

①烧结机。

a. 烧结机应严格根据系统开、停机程序进行操作。

b. 烧结机点火前不得开启吸风机，应检查水封是否密封良好，确认无漏气且助燃风机风量稳定正常后，方可点火。

c. 烧结机点火时应背脸侧身，保持风压、气压稳定，稳定风气比，同时应先点火后送气，以免火焰喷出伤人或产生爆炸事故。点火时，应先用火把在炉内点着火，随后逐步调节水封送气，并及时送煤气，待点火炉喷嘴全部喷火正常后方可开启并逐步调大煤气量，不得一次性将煤气调整到最大值。当水套缺水时，应先停机、停火，待温度降低后再补水，防止发生爆炸事故。

d. 烧结机停机时，应先降低送风量并打开放空阀，同时关闭水封、切断煤气，保持助燃风机送风不变，待炉内温度降低后方可停机，并采用蒸汽清扫。

②熔炼炉。

a. 开停炉前各控制室、炉前、加料、余热锅炉等岗位应相互联系确认；使用转炉的，操作人员应确认炉体周围无人及障碍物后，方可启动声音报警。开停炉前主控室和现场控制处应安排专人负责；渣口、铅口应堵好，防止跑渣；使用转炉的，下料口旋转区域附近不得站人和堆放易燃物品，待炉体旋转到位后，各限位、制动开关应位于正确位置。

b. 给料时不得正对加料口查看炉内情况。处理加料口内壁粘渣时，钢钎或圆钢应对准凝结渣块，不得直接打在加料口壁上，同时应站在适当位置，避免热渣喷溅伤人。

c. 出铅出渣时，烧氧管、铅模等应保持干燥无水，捅铅口或渣口时不得使用空心管及潮湿的工具，炉体周围地面不得有积水。不得在铅流槽和渣流槽上踩踏、跨越，不得向未凝固的铅液面洒水；吊铅块时，吊钩要牢固，并钩稳铅鼻。铅液放入铅包运输前，应检查铅包，确认干燥、无积水、无裂缝，铅包内铅液不得过满，液面距离包口应大于200 mm。

d. 铸渣时，渣模应保持干燥无水，避免热渣爆炸溅出伤人。铸渣机运行中不得直接用手清理轨道，不得在铸渣机上行走或从链条下钻过。

③鼓风炉。

a. 探测料位或处理物料架空、跑空风时，应谨防喷火喷料伤人。上料小车应配置鸣笛，启动时和运行中应不断鸣笛。上料应及时、均匀，防止炉顶冒烟。

b. 熔炼时，水套漏水或缺水应及时处理，不得浇水冷却，防止蒸汽烧伤及水套爆炸。观察风口和使用风镐应佩戴护目镜。

c. 跑渣或有冰铜流出应首先撤到安全位置，再及时采取补救措施减风处理。粘渣流动不畅时，应及时降低渣坝并尽量减少烧氧，不得烧氧至咽喉口；处理聚渣或烧氧时，应背脸侧身，使身体处于安全位置。烧氧时应注意角度、深度，找准位置，防止烧水套或炉缸；开氧气时应缓慢拧开阀门，不得突然开大。

(2)电解工序。

①熔铅。

a. 锅台作业应至少有两人以上，不允许单人作业。作业时应使用专用工具，不得用手伸探，不得用铁棍等工具捅压锅内物品。

b. 铅锅应有安全防护设施，避免人员掉入铅锅造成人身伤害。加料时铅液温度应适当，避免铅温过高造成铅烟挥发。

c. 熔铅过程中，不得用大量冷水降温；回残片及舀铅时应距离锅台10 m以上，锅台上严禁站人。放置铅泵、搅拌机应小心谨慎，防止跌入铅锅。

②铸极板。

a. 铸阳极板前吊泵时不应离锅太近，防止跌入锅内；放泵后锅上应立即加盖防护锅罩。出铅管应安装牢固，防止脱落和铅液烧伤。不得向阳极模上浇水，不得在浇铸小车上站立或走动，以免踩脱陷入铅液中烧伤。

b. 铜棒送不到位时应停车处理，不得在未停车时用手去摆正铜棒；如果裁刀出现挤片，应停机处理，不得用手撕拉。拉架过程中行车吊稳后，作业人员应迅速撤离到排板机过道上，不得在吊起的大架下逗留。

c. 机组上出现挤片、掉片等故障时，应停机处理；提片机上方挂有极板时，应先将极板取下。机组停机处理故障时，PLC系统开关应断电，悬挂警示牌或留专人看管，不得任何人私自启动各种开关。

③出装槽。

a. 处理掉片、挂片等应用专用工具进行，不得用手直接操作。收拢残片时应防止钢丝绳挤手，残片收拢挂好后方可起吊。

b. 在短路铜排起吊或行走时，操作人员不得站在短路铜排两侧。放架时作业人员应与大架保持适当距离。洗片时应站在洗片机两端，不得站在机械移动或转动范围内。现场应配置淋洗设施和洗眼器。

④铸锭。

a. 在机组运行过程中，不得在铅模上行走，不得在输送辊道上站立、逗留，不得跨越铅槽和用脚蹬浇铸箱。

b. 吊运铅垛时应小心谨慎，摆放整齐，防止铅块掉落，吊运工具应定期更换。

⑤成品包装。

a. 压缩气体管路、压力表和安全阀应定期检查，并确保所有安全附件都应处于良好状态。

b. 开动压缩气体阀门应从高压到低压逐级开启并缓慢旋转，压缩气体管路应用卡子或铁丝扎牢，以免气压过大爆裂伤人。

c. 使用氮气进行包装作业的应保持现场通风良好，避免因氮气泄漏造成缺氧。

典型例题

【单选题】铅电解工序阶段，熔铅过程中，不得用大量冷水降温；回残片及舀铅时应距离锅台(　　)m 以上。

A. 5　　B. 8

C. 10　　D. 12

C。【解析】铅电解工序阶段，熔铅过程中，不得用大量冷水降温；回残片及舀铅时应距离锅台 10 m 以上，锅台上严禁站人。放置铅泵、搅拌机应小心谨慎，防止跌入铅锅。

(3)维护与检修。

①所有生产设备检修、项目检修前应制定《检修安全施工方案》，方案中应有安全技术措施，并明确检修项目安全负责人，经审批后方可进行检修；检修结束应及时恢复安全装置，经企业安全生产主管部门验收合格后，方可投运。企业应制定严格的大修计划，规定重点炉窑的强制检修时间按时进行。

②涉及吊装、动火、动土、断路、高处、盲板抽堵、受限空间等检修作业时，应严格执行审批手续；进入烟气管道、炉体、储罐等密闭设备和料仓、窨井等空气不流通的场所内清理、检修，应执行《缺氧危险作业安全规程》的相关规定。

③检修承压设备前，应将压力泄放到常压状态；带料承压管道、容器不得重力敲打和拉挂负重；拆卸管道及槽、罐的人孔等，应将料、风、汽、水排空；作业时不得垂直面对法兰，防止物料喷出。所有运转设备的维护保养、检修都应停车，悬挂“禁止合闸”标识牌，并关闭进出料、风、汽、水等管道、溜槽的阀门。

④使用电气设备、电动工具，应有良好的漏电保护装置；高压静电设备应打接地开关放电，应安排专人监护；使用行灯电压不得大于 36 V，进入潮湿密闭容器内作业不得大于 12 V。

2. 铅冶炼生产过程中常见的危险有害因素与防范措施

(1)铅冶炼熔炼工序危险有害因素与防范措施,如表11-6所示。

表11-6 铅冶炼熔炼工序危险有害因素与防范措施

场所/环节/部位	危险有害因素	易发生的事故类型	主要防范措施
1. 烧结机			
点火作业	未执行正确点火顺序	火灾、灼烫、其他爆炸、中毒和窒息	参见正文中关于烧结机的安全操作技术要求
水套补水作业	水套缺水	容器爆炸	当水套缺水时,应先停机、停火待温度降低后再补水,不应立即补充冷水,以免发生爆炸事故
2. 熔炼炉			
开停炉	渣、铅口有渣流、铅流渗漏、泄漏	火灾、灼烫、其他爆炸	(1)底吹炉、顶吹炉、基夫赛特炉等熔炼炉均应严格按照开停炉程序操作,其他炉型应参照执行。 (2)开停炉前主控室和现场控制处必须有专人负责;渣、铅口应堵好,防止跑渣;下料口旋转区域附近严禁站人和堆放易燃物品。 (3)各监测点必须有专人监护,以防出现意外情况,并同时负责气、油路安全状况。 (4)使用转炉的,转炉旋转到位后,各限位、制动开关应在正确位置
给料	处理加料口内壁粘渣	物体打击、灼烫	(1)严禁正对加料口查看炉内情况。 (2)处理加料口内壁粘渣时,应站在适当位置,防止热渣喷溅伤人;同时钢钎或圆钢应对准凝结渣块,严禁直接打在加料口壁上
出铅出渣	水冷件漏水	容器爆炸	炉上各水冷件、冷却水不得断流,水温、流量符合冷却要求
	与渣、铅流接触的容器和工具有积水或潮湿	其他爆炸	参见正文中关于熔炼炉的安全操作技术要求
	渣模潮湿有积水	灼烫、其他爆炸	
3. 鼓风炉			
熔炼	水套漏水或缺水	容器爆炸、其他爆炸、火灾、灼烫	(1)炉上各水冷件、冷却水不得断流,水温、流量符合冷却要求。 (2)跑渣或有冰铜流出应首先撤到安全位置,再及时采取补救措施减风处理。 (3)水套漏水或缺水应及时处理,严禁浇水冷却,防止蒸汽烧伤及水套爆炸
	未按操作程序停炉或处置突然停电	火灾、其他爆炸	停炉或突然停电应严格按程序操作,打开放空阀,打开风口大盖转销,防止回火爆炸

（续表）

场所/环节/部位	危险有害因素	易发生的事故类型	主要防范措施
3. 鼓风炉			
出铅出渣	跑渣或冰铜流出	火灾、灼烫	参见正文中关于鼓风炉的安全操作技术要求
	与渣、铅流接触的容器、工具有积水或潮湿	其他爆炸	(1)捅渣、铅时严禁使用空心钢管或未经预热的湿棍，应使用指定规格型号的钢棍预热后操作。 (2)铅模内应保持干燥无积水，严禁过早向铅液浇水冷却；不得在铅模上走动或卧内取暖

(2)铅冶炼电解工序危险有害因素与防范措施，如表11-7所示。

表11-7　铅冶炼电解工序危险有害因素与防范措施

场所/环节/部位	危险有害因素	易发生的事故类型	主要防范措施
熔铅	铅锅安全防护措施缺失或失效	火灾、灼烫、其他爆炸	参见正文中关于熔铅的安全操作技术要求
铸极板	铸阳极板前吊泵时离锅太近	火灾、灼烫	参见正文中关于铸极板的安全操作技术要求
	向阳极模上浇水	灼烫、其他爆炸	
	机械故障处理能源未隔离(断电)	物体打击、机械伤害	
成品包装	使用氮气包装作业现场未通风良好	中毒和窒息	参见正文中关于成品包装的安全操作技术要求

提示

铅冶炼除上述危险有害因素外，还存在起重伤害、车辆伤害、高处坠落、触电、坍塌、淹溺、电离辐射等危险有害因素。

考点五　其他有色金属的冶炼

1. 银冶炼的安全要求

(1)脱铜作业。

①进行吊运物料时，应严格执行“十不吊”相关要求。向反应槽内加物料时，应执行先加物料后加酸的作业方式。加酸作业应开启反应釜尾气抽风装置，操作人员在操作过程中不得正对反应釜观察口。

②严禁在不安全的状态下对正在运行的设备进行润滑、加油、擦拭、维护等作业。作业人员要定时对脱铜反应槽、输送料管道、脱铜后液储存槽、硫酸储槽进行现场巡查。

链接

脱铜作业存在的危险有害因素常见的有灼烫、机械伤害、中毒、窒息、容器爆炸、起重伤害。

(2)脱硒作业。

①配制氯酸钠水溶液时,严禁与浓酸、火源接触。氯酸钠配制结束后,作业人员须及时清洗工作服、工作鞋及相关工具,避免造成灼伤。

②回转窑升温前应制定相应的升温控制方案,升温过程中应注意窑体膨胀情况,随时采取相应的应急措施。回转窑作业过程中应确保烟气处理系统正常运行。

③进行泡料作业时,作业人员应带好防酸面罩,严禁人员站在槽盖上作业,以防槽盖腐蚀坠落至槽内。进行出塔作业时,作业人员应带好防护面屏。打开塔底阀门时,作业人员不应靠得太近,同时缓慢打开阀门,以防高温酸液外溅伤人。

④升温喷油或天然气前应先送风或惰性气体置换,待炉内有明火时才能将燃气或油的流量调大,无明火应停止将油或天然气送入窑内,以防发生爆炸。

链接

脱硒作业存在的危险有害因素常见的有灼烫、中毒、窒息、起重伤害、其他伤害。

(3)还原熔炼和氧化精炼作业。

①生产现场严禁摆放易燃易爆物品,油库或燃气站周围严禁一切火源,且应按照相关要求配备消防设施及应急物资。保持作业现场和生产工具干燥,禁止将带有明火的生产工具与高温熔体直接接触。

②点火升温喷油或燃气前应先送风或惰性气体置换,待炉内有明火时才能将燃气和油的流量调大,无明火应停止将油或天然气送入窑内,以防发生爆炸;停火时应先闭油/天然气,后闭风。

③应定期检查压缩空气“气动三联件”,确保风量、压力、汽水分离器处于完好状态,防止压缩空气含水过高,造成炉内进水,引发喷炉、爆炸事故。

链接

还原熔炼和氧化精炼作业存在的危险有害因素常见的有灼烫、火灾、物体打击、起重伤害、机械伤害、触电、中毒、窒息、高处坠落、其他爆炸、其他伤害。

(4)银电解作业。

①银电解厂房应具备良好的通风条件。电解液配制时,须对酸液飞溅进行安全防护。银电解系统内所有的输送管道均应选用耐硝酸腐蚀材质。

②进行银粉干燥时应与干燥设备保持安全距离,防止烫伤。电解液净化作业时,在用吊车吊运物料时应保持安全距离,避免吊运物脱落、倾倒造成人员伤害;采用热分解法时,还需防止冒釜,或者水蒸干引起火灾、爆炸等事故发生。

链接

银电解作业存在的危险有害因素常见的有灼烫、中毒、窒息、起重伤害、物体打击、触电、火灾、其他伤害。

(5)检维修。检维修应做到如下要求:进行危险、有害因素识别及风险评价,并制定控制措施;编制检维修方案,并经安全管理部门审批;对检维修单位、人员进行资质确认;办理工艺、设备设施交付检维修手续；对检维修人员进行安全培训教育；检维修前对安全控制措施、方案进行确认；为检维修作业人员配备合格、齐全的劳动保护用品；办理相应的作业许可证；检维修期间对检维修现场进行安全检查；检维修后办理检维修交付生产手续。

2. 钨冶炼的安全要求

(1)仲钨酸铵生产。

①钨精矿预处理。电加热反应釜应严格按照受限空间操作规程进行作业；进入现场作业人员及相关人员应按规定正确佩戴劳动防护用品；严格按照特种设备要求，定期检验校验安全阀、压力表等；编制碱性料液泄漏应急处置措施，并进行演练。

②除杂与制备。电工、金属焊接作业应穿绝缘鞋，鞋带应系牢。登高作业不应穿光滑的硬底鞋。槽罐应设置液面指示装置和防止冒槽的溢流装置。槽罐区设围堰，地沟加盖板，现场应设事故喷淋及冲洗设施。对涉及强酸、强碱及高碱料浆等生产岗位实施有效的监控。液氨罐区属于重点防火防爆区域，应杜绝一切火源，事故风机及应急照明均采用防爆类。

③结晶与干燥。钛结晶锅加料过程中不得出现冒槽，结晶过程应控制蒸汽大小。双锥烘干机应配备蒸汽安全阀，并定期校验。收尘器设备清理检修作业应严格实施停电挂牌。

(2)钨粉、碳化钨生产。

①电解制氢。严格动火作业审批，设立禁火区，现场严禁吸烟。当氧气回收时，应设氧中氢含量报警装置。对氢、氧含量不间断进行分析。

②氢气储罐。应具有储罐超温超压、泄漏报警装置，并安排人员值班管理。配备足够的劳动保护用品和应急救援物资。

③还原炉、高温钼丝炉。定期检查高温设备，保持设备的高温保温隔离层完好。涉及高温物料作业的员工配备和穿戴相应防护用品。

案例分析

案例场景

某铜业公司铜冶炼主体工序有熔炼、精炼、电解、收尘、制酸、贵金属回收、渣选矿、余热发电、废水回收处理；生产设备设施主要包括熔炼炉、吹炼炉、精炼炉、圆盘铸造机、电解槽、余热锅炉、冶金用桥式起重机、带式输送机、天然气站、制氧站（制氧机、氧气储罐）、总降变压站、自动灭火系统、叉车、电梯等；原料、中间产品和产品有铜精矿、硫酸、盐酸、硝酸、氧气（压缩）、氮气（压缩）、氯气、天然气、煤粉、氢氧化钠、液氨、砷化氢、硫化氢、五氧化二钒、二氧化硫、粗铜、阳极铜、电解铜、水蒸气、柴油（闭杯闪点 65 ℃）、重油、矿渣等。

公司建立了安全教育培训管理制度，2017 年新任总经理甲初次安全培训时间为 42 学时，主管安全的副总经理乙安全再培训时间为 18 学时，安全科长丙的安全再培训时间为 16 学时，新上岗操作工丁初次安全培训时间为 72 学时，操作工戊安全再培训时间为 20 学时。

公司组织制定了铜熔炼工序《铜液泄漏现场处置方案》，并对作业人员进行了培训。

知识点讲解

考点一　安全培训时间

生产经营单位主要负责人和安全生产管理人员初次安全培训时间不得少于 32 学时，每年再培训时间不得少于 12 学时。煤矿、非煤矿山、危险化学品、烟花爆竹、金属冶炼等生产经营单位主要负责人和安全生产管理人员初次安全培训时间不得少于48学时，每年再培训时间不得少于16学时。生产经营单位新上岗的从业人员，岗前安全培训时间不得少于24学时。煤矿、非煤矿山、危险化学品、烟花爆竹、金属冶炼等生产经营单位新上岗的从业人员安全培训时间不得少于72学时，每年再培训的时间不得少于20学时。

考点二 铜电解设备的安全技术要求

铜电解设备的安全技术要求在本章节考点二中有详细叙述，考生需熟悉并掌握。

考点三 特种设备的概念

特种设备是指对人身和财产安全有较大危险性的锅炉、压力容器（含气瓶）、压力管道、电梯、起重机械、客运索道、大型游乐设施、场（厂）内专用机动车辆，以及法律、行政法规规定适用《特种设备安全法》的其他特种设备。

考点四 铜熔炼工序现场处置方案

发生铜液泄漏引燃可燃物时，灭火材料应选用干燥沙子或其他耐火材料，不得选用水、二氧化碳。当铜熔炼炉样品磁铁矿含量超过15%时，禁止操作熔池熔炼炉。当熔池内熔体的磁铁矿含量过高时，应把喷枪保持在熔池上面，此做法能够在一定程度上降低反应速度，降低形成泡沫渣的危险。禁止将喷枪插入炉渣中。

同步自测

一、单项选择题（每题的备选项中，只有1个最符合题意）

1. 常见的重金属元素有铜、铅、锌、锡、镍、钴等。重金属冶炼工艺十分复杂，下列不属于冶炼重金属的方法是（　　）。

A. 造锍熔炼　　B. 湿法冶金
C. 还原熔炼　　D. 重塑法熔炼

2. 铜冶炼中，阳极浇筑系统易发生高温熔体遇水爆炸事故，为防范此类事故，下列安全技术措施中，错误的是（　　）。

A. 浇铸阳极板前，应确保溜槽、中间包、铜模干燥
B. 浇铸过程中应确保在浇铸位铜模无积水
C. 应设置蒸汽检测装置和报警装置
D. 浇铸系统配置有液压站的应与高温区进行隔离

3. 湿法炼锌系统中，沸腾炉因开炉或烘炉燃烧介质使用防护不当，会引发火灾、爆炸、中毒和窒息。下列沸腾炉安全技术措施中，错误的是（　　）。

A. 使用柴油或重油，应采取相应的消防措施，防止火灾
B. 打开沸腾炉操作门观察炉况时，炉气出口应保持正压
C. 清理沸腾炉出入口时，应先缩减风量
D. 使用压缩风吹沸腾层时，操作人员应先把风管插入炉内

4. 铅冶炼过程中，在电解工序阶段，易发生火灾、灼烫等事故。下列电解工序采取的安全技术措施中，错误的是（　　）。

A. 熔铅作业时不得用铁棍等工具捅压锅内物品
B. 熔铅过程中，可采用大量冷水进行降温

C. 铸阳极板作业时不得向阳极模上浇水
D. 机组上出现挤片、掉片等故障时,应停机处理

5. 锌的湿法冶炼过程中,需使用球磨机,下列球磨机安全技术措施中,错误的是(　　)。
A. 开车时,应先进矿浆再开球磨机
B. 开车前,转动部分不能有人有物
C. 球磨机检修时,应通知电工将配电室内电源切断,拿下保险
D. 检修完试车时,检查球磨机内外是否有人和障碍物

二、案例分析题

某有色金属有限公司主要从事金属铜冶炼,2019 年 10 月 18 日点火投产,2020 年达到项目设计能力,年产阴极铜 40 万 t,硫酸 160 万 t。现有从事冶炼、收尘、制酸、电解、起重、锅炉等 46 个不同性质的工种作业。主要设备设施有闪速吹炼炉,阳极炉,5 台冶金炉窑,6 台余热锅炉,一套磨矿浮选系统、电解系统、化工制酸系统、制氧系统,6 台 50 t 桥式起重机,15 辆叉车,若干乙炔瓶、氧气瓶。

该公司按照规定设置了安全管理机构,配备了专职安全管理人员,负责全公司日常的安全生产管理工作。

2021 年 3 月 4 日凌晨 5 时 50 分,该公司冶炼厂熔炼炉西侧炉墙水套内表面的耐火材料及挂渣被烧穿,西侧炉墙 1.1 m 处炉壳(拱底以上)失去耐火材料和挂渣的隔热被熔穿,高温熔体泄漏至一楼安全渣坑、地面和二楼平台,高温熔体热辐射引燃并烧毁一、二楼电缆,造成熔炼系统全面停电。

为了保护厂房支柱和减少设备设施损失,该公司冶炼厂组织人员出动 4 车次消防水罐车(载重 6 t/车)对一楼安全通道的熔体表面、炉体基础立柱上的熔体表面和安全渣坑熔体表面喷洒水降温。

16 时 30 分,突然发生爆炸,造成 10 人被蒸汽灼烫或挫裂伤(其中 4 人重伤),事故直接经济损失 71.18 万元。

根据以上场景,回答下列问题:
1. 辨识该公司现有的特种设备。
2. 分析该起事故的直接原因。
3. 简述防止高温熔体泄漏的安全技术措施。
4. 简述该公司冶炼厂熔炼炉漏炉现场处置方案应包括的内容。

答案详解

一、单项选择题

1. D。【解析】重金属冶炼的工艺十分复杂,主要有火法、湿法、电冶金等方法,其大致可分为造锍熔炼、还原熔炼、湿法冶金等类别。
2. C。【解析】阳极浇铸系统应有防爆、防灼烫、防火灾、防泄漏措施,还应设置蒸汽收集及排气装置。故选项 C 错误。
3. B。【解析】打开沸腾炉操作门观察炉况时,炉气出口应保持负压,并应侧着身体站在上风向,防止热矿冒出烫伤。故选项 B 错误。
4. B。【解析】熔铅过程中,不得用大量冷水降温;回残片及舀铅时应距离锅台 10 m 以上,锅台上严禁站人。故选项 B 错误。
5. A。【解析】根据《锌冶炼安全生产规范(湿法)》,开动球磨机时,开车前做好一切检查工作,注意转动部分不能有人有物,开车顺序:先开球磨机后进矿浆。球磨机检修时,应通

知电工将配电室内电源切断，拿下保险，并挂上“禁止合闸”警告牌。筒内有人时，安排专人监护，检修完试车时，应检查球磨机内外是否有人和障碍物，确认无误后方可开车。

二、案例分析题

【答案】

1. 该公司现有的特种设备有：6 台余热锅炉；6 台 50 t 桥式起重机；15 辆叉车；若干乙炔瓶、氧气瓶。
2. 该起事故的直接原因：冷却水遇上高温熔体瞬间气化膨胀，大量能量无法释放，发生蒸汽物理性爆炸，喷射出的蒸汽及炉渣灼伤、挫伤到作业人员。
3. 防止高温熔体泄漏的安全技术措施有：

(1) 熔炼炉应配备重要工艺参数的测量装置，测量数据传输至工业自动化控制系统，应有出现炉体发红情况的应急处置设施；出现紧急情况应有风冷或其他应急处置设施炉体温度检测报警。

(2) 铜冶炼用炉窑冷却水系统须配备应急备用泵。

(3) 加强炉体检查，观察是否有发红现象；密切关注耐火砖热电偶温度的变化情况并做好记录；调整工艺控制，适当降低渣型控制，便于炉体挂渣。

(4) 对炉墙变薄的部分加装轴流风机强制冷却。

(5) 控制好炉渣磁性铁及熔池温度。

4. 该公司冶炼厂熔炼炉漏炉现场处置方案包括事故风险分析、应急工作职责、应急处置、注意事项。

【解析】

1. 本案例第 1 问主要考查特种设备。特种设备是指对人身和财产安全有较大危险性的锅炉、压力容器（含气瓶）、压力管道、电梯、起重机械、客运索道、大型游乐设施、场（厂）内专用机动车辆，以及法律、行政法规规定适用《特种设备安全法》的其他特种设备。
2. 本案例第 2 问主要考查事故发生的直接原因。事故发生的原因包括直接原因、间接原因和其他原因。其中，直接原因是指机械、物质或环境的不安全状态以及人的不安全行为；间接原因是指技术、设计上的缺陷以及管理上的缺陷。
3. 本案例第 3 问主要考查防止高温熔体泄漏的安全技术措施。具体内容详见答案。
4. 本案例第 4 问主要考查现场处置方案的内容。现场处置方案主要包括(1)事故风险描述。简述事故风险评估的结果（可用列表的形式附在附件中）。(2)应急工作职责。明确应急组织分工和职责。(3)应急处置。主要包括：应急处置程序；现场应急处置措施；明确报警负责人以及报警电话及上级管理部门、相关应急救援单位联络方式和联系人员，事故报告基本要求和内容。(4)注意事项。包括人员防护和自救互救、装备使用、现场安全方面的内容。